Quelle chaleur allons-nous connaître ?

Quelles solutions pour nous nourrir ?

Du même auteur

Les Jeux de l'amour et de la mort, Éditions du Masque, 1986.
Ceux qui vont mourir te saluent, Viviane Hamy, 1994 (écrit en 1987) ; J'ai lu, 2008.
Debout les morts, Viviane Hamy, 1995, prix Mystère de la critique 1996, Prix du polar de la ville du Mans 1995, International Golden Dagger 2006 (Angleterre) ; J'ai lu, 2005.
L'Homme aux cercles bleus, Viviane Hamy, 1996 (écrit en 1990), Prix du Festival de Saint-Nazaire 1992, International Golden Dagger 2009 (Angleterre) ; J'ai lu, 2008.
Un peu plus loin sur la droite, Viviane Hamy, 1996 ; J'ai lu, 2006.
Sans feu ni lieu, Viviane Hamy, 1997 ; J'ai lu, 2008.
L'Homme à l'envers, Viviane Hamy, 1999, Grand Prix du roman noir de Cognac 2000, prix Mystère de la critique 2000 ; J'ai lu, 2008.
Les Quatre Fleuves (illustrations Edmond Baudoin), Viviane Hamy, 2000, prix Alph'Art du meilleur scénario, Angoulême 2001.
Pars vite et reviens tard, Viviane Hamy, 2001, Prix des libraires 2002, Prix des lectrices ELLE 2002, Prix du meilleur polar francophone 2002, Deutscher Krimipreis 2004 (Allemagne) ; J'ai lu, 2005.
Coule la Seine (illustrations Edmond Baudoin), Viviane Hamy, 2002 ; J'ai lu, 2008.
Sous les vents de Neptune, Viviane Hamy, 2004, International Golden Dagger 2007 (Angleterre) ; J'ai lu, 2008.
Petit Traité de toutes vérités sur l'existence, Viviane Hamy, 2001 ; Librio, 2013.
Critique de l'anxiété pure, Viviane Hamy, 2003 ; Librio, 2013.
Dans les bois éternels, Viviane Hamy, 2006 ; J'ai lu, 2009.
Un lieu incertain, Viviane Hamy, 2008 ; Flammarion, 2018 ; J'ai lu, 2010.
L'Armée furieuse, Viviane Hamy, 2011 ; Flammarion, 2018 ; J'ai lu, 2013, International Golden Dagger 2013 (Angleterre).
Le Marchand d'éponges (illustrations Edmond Baudoin), Librio, 2013.
Salut et liberté, Librio, 2013.
Temps glaciaires, Flammarion, 2015 ; J'ai lu, 2016.
Quand sort la recluse, Flammarion, 2017 ; J'ai lu, 2018.
L'Humanité en péril. Virons de bord, toute !, Flammarion, 2019 ; J'ai lu, 2020.

Europäischer Krimipreis de la ville d'Unna pour l'ensemble de son œuvre, 2012 (Allemagne).

Fred Vargas

Quelle chaleur allons-nous connaître ?

Quelles solutions pour nous nourrir ?

Flammarion

ISBN : 978-2-0802-8655-0

J'avais bien l'intention, ayant bouclé mon livre sur *L'Humanité en péril* [1], de ne pas vous laisser en paix (pas plus que moi-même) et de persister à vous assommer par de nouveaux éléments, tant la question du dérèglement climatique et des conséquences du déclin du pétrole est trop ample pour être traitée en un seul volume. Et surtout parce que ces nouveaux éléments sont à mon sens cruciaux, et vous comprendrez très vite à votre tour qu'ils le sont bel et bien.

Vous voilà une nouvelle fois contraints de prendre votre courage à deux mains pour finir de me lire. Il me faut vous préciser que les données que je tiens à vous exposer ici ne sont pas toutes des compilations (il en faut, et il y en a beaucoup, ce type de recherche n'étant pas d'ordre imaginatif, mais industrieux et spéculatif), mais que certaines sont des postulats inédits issus de mes propres analyses et qui n'engagent que moi. L'objectif de ces analyses me tenait tant à cœur que j'ai pris grand soin de les éprouver et de les affermir pas à pas, mais ceci dans la mesure des moyens d'information, souvent bien maigres, dont je disposais.

Je ne peux pas dire que ce second volume, nécessairement technique, chiffré, et un rien austère, s'apparente à la lecture délassante d'un roman policier. Encore que. Encore que puisqu'il repose sur des suspenses que j'ai dits *cruciaux* : ***vers quelle chaleur nous dirigeons-nous ?*** *Mortelle, intenable, difficile mais soutenable ?* – suspense que j'ai vécu moi-même en serrant les dents, je ne vous le cache pas. Ce n'est pas par perfidie de mauvais goût que je ne peux vous en dévoiler d'entrée le dénouement. Mais il m'est impossible de vous asséner un résultat sans l'avoir au préalable étayé et argumenté par divers biais. Je vous entretiendrai donc du pic et du déclin des trois hydrocarbures, majoritairement responsables du réchauffement de notre Terre, ainsi que de la menaçante déforestation.

Les conséquences du déclin rapide du pétrole sont telles que je tenterai d'en faire le tour, dont tout particulièrement le fait que chaque pourcentage de pétrole en moins affecte proportionnellement à la baisse le PIB et l'économie tout entière.

Autres suspenses tout aussi primordiaux : ***comment parviendrons-nous à nous déplacer ? Comment réussirons-nous à communiquer ? À nous éclairer ? À nous chauffer ? Et, bien entendu, question vitale : comment allons-nous faire pour nous nourrir ?***

Toutes problématiques qui ne découlent que de cette seule cause : le déclin et la fin du pétrole, seigneur et maître du fonctionnement de nos sociétés, suivis par ceux du charbon et du gaz.

J'ai beaucoup regretté, dans ma quête de réponses à ces très grandes questions, de ne pas en trouver dans les divers rapports des grandes instances décisionnelles, ou des agences et sociétés, publiques et privées (je ne parle pas ici du GIEC [a], bien sûr) en charge de proposer des prospectives sur la vie à venir, de modéliser les scénarios du futur à l'horizon 2050. Alors que ce sont là des enjeux bien réels qui nous attendent, et des enjeux vitaux, et je me suis posé bien des questions sur ce silence. On peut en effet rester perplexe et assez effaré devant les imprudences et les fausses pistes qui émaillent ces rapports, et que je vous signalerai chaque fois que nous en croiserons une. D'où vient que ces spécialistes, chacun dans leur domaine, aboutissent à des solutions certes rassurantes mais à vrai dire inapplicables, irréalistes, et généralement toutes semblables ? Du fait que les réflexions ne paraissent pas avoir été menées à leur terme. Attention ! Je n'ai surtout pas l'arrogance de dire que tous ces prévisionnistes ont tort au contraire de moi (et d'autres chercheurs bien sûr, mais dont les publications ne sont pas prises en compte dans les « hautes sphères », pas plus que celle-ci ne le sera). Je suis simplement en train de dire que l'investigation, sur tel ou tel sujet, s'arrête bien souvent à un plancher au-delà duquel elle ne poursuit pas sa course, ce qui nuit à la justesse des estimations et freine les possibilités d'anticipation adéquates. Pourquoi cet arrêt prématuré ?

Il a fallu des décennies pour que les dirigeants du monde finissent par admettre l'advenue d'un pic pétrolier et ses innombrables conséquences, pourtant

---

a. Groupe d'experts intergouvernemental sur l'évolution du climat, regroupant 195 États et rédigeant les Rapports à destination des chefs de gouvernement.

annoncées dès 1972 par le fameux « Rapport Meadows [a] ». Unc incrédulité – qui existait encore il y a peu d'années – et qui nous a fait perdre un temps précieux pour préparer une transition en douceur et sur le long terme, au lieu qu'elle nous prenne de court brutalement. Ce refus d'y croire peut paraître insensé et d'une certaine manière, il l'est : cette éventualité était trop douloureuse et inacceptable, car impliquant un bouleversement tel de nos modes d'existence que l'envisager était intolérable et a généré un déni d'une grande puissance.

On peut supposer sans grand risque de se tromper que, dans le cas des rapports que j'ai mentionnés, sont en jeu les mêmes mécanismes qui ont généré le refus à propos de l'épuisement du pétrole : aller plus loin conduirait immanquablement à affronter l'évidence qu'une modification intégrale de nos modes de vie est à venir, une éventualité que le psychisme repousse car elle est inadmissible. Ainsi retrouve-t-on le réflexe protecteur du déni, qui porte à refréner instinctivement la recherche et à proposer des scénarios qui n'ont aucune chance de se réaliser, en misant sur divers potentiels résolutifs que nous n'aurons pas en 2050, et même avant.

Dans l'ensemble, ces analyses ont toujours recours, pour mener à bien leurs simulations et clore leur sujet, à trois remèdes miracles qui permettront la poursuite d'une existence qui, même modifiée ou très modifiée,

---

a. Dennis Meadows, Donnella Meadows, Jørgen Randers, William W. Behrens, « The Limits to Growth » [Les limites à la croissance], Chelsea Green Publishing, 1972, autrement nommé le « Rapport Meadows ».

suivra alors un cours assez proche de celui d'aujourd'hui : il s'agit de l'existence des véhicules électriques, du potentiel de la biomasse (méthaniseurs, bois, et biocarburants, dont on verra les limites) et des autres sources d'énergie renouvelable, le tout aidé par une électronique qui apparaît nettement comme une évidence éternelle.

Cette croyance (j'allais écrire « foi ») en la pérennité de l'électronique, que rien ne vient étayer, comme si elle avait existé de tout temps et allait se poursuivre de même, peut mener à des décisions désastreuses, et je n'en cite que deux exemples : les opérateurs téléphoniques sont déjà en train de mettre fin aux anciens systèmes de communication (téléphones à prise murale et fax les accompagnant), sans réaliser que leur « foi » en la pérennité de l'électronique leur fait commettre ainsi une erreur colossale. Car quand la fin de l'électronique viendra – et nous en parlerons –, les anciens réseaux, qu'ils dénomment « obsolètes » et qui auraient été notre bouée de secours, auront été débranchés et non entretenus depuis longtemps (dès 2023). Privés de sorte de portables et d'e-mails, et sans assez de transports pour assurer le centième des services postaux actuels, nous nous retrouverons coupés de tout moyen d'échange, à commencer par les administrations d'État qui ne pourront même plus nous faire parvenir nos impôts ! Que ces sociétés de télécommunications qui tiennent le haut du pavé ne se posent nulle question sur l'immortalité de l'électronique dépasse l'entendement et nous envoie ainsi droit dans le mur. Au nom de cette même foi, l'industrie est en train d'abandonner les anciennes ampoules à filament pour imposer les ampoules LED, qui comportent des éléments électroniques. Cela peut paraître un détail, mais que feronsnous quand nous nous retrouverons dans le noir ? Des exemples aussi inquiétants d'aveuglement – et donc en réalité de déni –, il y en a quantité, et il est indispensable que le plus de personnes possible en soient informées. Ce que je fais ici avec vous, à ma modeste échelle.

Dans ces prospectives des grandes instances, il n'est jamais fait allusion non plus à l'immense crise économique qu'engendrera la décroissance du pétrole, comme si le sujet était un tabou absolu, et il semble bien l'être en effet au vu du silence qui l'entoure. C'est cependant aller un peu vite en besogne que de n'en pas parler ! Car nos industries, nos entreprises, nos commerces, nos services et tous nos déplacements reposent uniquement sur les transports et sur le machinisme que ces transports ont permis (tout véhicule motorisé étant également une machine) : leur diminution progressive générera une décroissance économique s'aggravant avec les années et qui affectera la totalité de notre système productif, jusqu'à notre possibilité d'aller au travail ou même de faire nos courses. Les transports ? C'est là qu'est avancée une des réponses miracles : les véhicules électriques, qui viendront remplacer les thermiques. Et l'investigation ne va pas plus loin, sans poser la question essentielle des poids lourds, ressort premier de notre économie, en ce qu'ils livrent les matériaux et produits et distribuent les biens, collectent les ordures, assurent les services postaux, soutiennent l'import-export, etc., poids lourds qui ne pourront jamais fonctionner à l'électricité sans demander un appel de charge tel que nous ne pourrons pas le fournir. Quant aux véhicules plus modestes, assurant entre autres notre propre mobilité, jamais ils ne pourront égaler en nombre et en puissance ceux d'aujourd'hui, et pire, ils connaîtront eux aussi une fin, dont l'éventualité n'est pas évoquée. Et puisque jamais l'électricité ne fera voler un avion ni ne propulsera un puissant navire de fret, et que manquera la masse gigantesque de biomasse nécessaire pour parvenir à faire fonctionner avions et navires aux biocarburants, on assistera à la fin de l'import-export aéronautique. Avec la fin des transports thermiques comme électriques viendra aussi celle des tracteurs agricoles, question vitale sur laquelle je n'ai pourtant trouvé qu'une seule source qui s'en préoccupe [a], et sur les conséquences de laquelle je me suis longuement attardée.

Vous comprenez pourquoi, face à ces crans de blocage ou défauts d'anticipation, je ressentais la nécessité d'explorer en profondeur les multiples conséquences du déclin du pétrole et de tenter d'en analyser tous les effets.

Face à une réduction de la mobilité, il est aussi argué qu'outre les véhicules électriques, nous aurons des biocarburants, et nous sommes là dans l'autre solution miracle. La méthanisation et l'éthanol, à eux seuls, à en croire certaines estimations, devraient nous apporter tout le carburant souhaité, en oubliant qu'un véhicule

a. Fiche de synthèse sur l'agriculture, *in* The Shift Project, *Le Plan de transformation économique de la France*, Odile Jacob, 2022.

au biocarburant, que celui-ci provienne du biométhane des méthaniseurs ou de l'éthanol issu de la culture de plantes à sucre ou de matières lignocellulosiques, nécessite de l'essence pour fonctionner : très peu et le temps du démarrage pour les véhicules au méthane (biométhane ou méthane de synthèse), mais beaucoup plus pour ceux à l'éthanol, qui craignent le froid (en dessous de 13 °C). En oubliant aussi que ces méthaniseurs doivent également nous alimenter en électricité, aidés par un grand développement des énergies renouvelables et de l'éthanol, qui n'est en rien réaliste lui non plus, en même temps qu'en chaleur et en gaz, qui nous seront nécessaires ! Un rêve…

Mais seulement un rêve… Car les méthaniseurs, si nombreux deviendraient-ils, seront dans l'incapacité de nous procurer à la fois le volume de biocarburants souhaité, d'électricité, de chaleur et de gaz qui sont attendus d'eux. Et les biocarburants à l'éthanol dévoreraient bien trop d'hectares, entrant en compétition avec les besoins agroalimentaires.

J'aurais de très loin préféré vous assurer de la continuation, avec d'autres méthodes que celles d'aujourd'hui, de nos modes de vie. L'honnêteté m'impose de vous dire que c'est là chose impossible et que nous devons avoir le cran de regarder ce bouleversement en face, sans déni, et dans tous ses effets. En contrepartie, j'ai étudié à ma mesure chacun de ces effets, très divers et tous enchevêtrés, avec l'attention la plus intense pour tenter de proposer pour chacun des solutions viables, praticables, efficaces et salutaires, qui préservent notre existence matérielle – quoique profondément modifiée – et nous apportent aussi une certaine sérénité psychique.

Vous voici donc astreints à cheminer avec moi au long des différentes étapes de mes enquêtes, afin que vous soyez à même, tout comme moi, et palier après palier, de juger de la fiabilité de leurs issues.

Quelles conditions climatiques allons-nous connaître ?

Les quatre scénarios de réchauffement du GIEC d'ici 2100

J'ai omis à dessein dans mon premier tome, pour ne pas l'alourdir et pour vous épargner, de vous présenter les quatre scénarios de réchauffement de la Terre d'ici 2100, élaborés par le GIEC en 2013 dans son 5e Rapport (approuvé en 2014) [1].

De même, je ne vous ai pas parlé de cette question décisive : ***dans lequel de ces quatre scénarios nous placerons-nous le plus probablement dans les années à venir d'ici la fin du siècle ?*** Question qui me tenaillait, voire m'obnubilait depuis bien longtemps.

Et, sachant en outre que ces scénarios du GIEC nous livrent des températures globales *mondiales*, c'est-à-dire qui tiennent compte de la température des océans *et* des terres, il m'a paru également nécessaire – et ardu vu l'étonnante carence en informations sur ce point – de tenter d'estimer la température moyenne future *sur les terres seules*, plus chaudes que les océans.

À cette question capitale du scénario climatique qui nous attend, dont dépend notre survie, on ne trouve aucune réponse dans les sources (à une exception près, l'étude d'un géologue). Il y a là un silence énigmatique, qui m'a à la fois étonnée et dépitée : force m'a donc été de me lancer sans guides ni repères sur cette thématique complexe et de tenter d'apporter une réponse – nécessairement imparfaite – avec le peu de moyens à disposition, en m'appuyant particulièrement sur l'examen détaillé du pic et du déclin géologique du pétrole et de ses conséquences sur le réchauffement comme sur notre économie future. Examen complété par celui des pics et des déclins du gaz et du charbon, et de la déforestation. J'y ai adjoint l'exposé des prévisions sur la fonte du pergélisol, sur les événements climatiques – pluviométrie, sécheresse, canicules –, leur impact sur les rendements agricoles, et l'étude des risques de déforestation, tous phénomènes étroitement influencés par le type de scénario de réchauffement que nous connaîtrons. Mais là de même, la pauvreté ou la teneur très généraliste des informations est notable. J'évoquerai également la probable fin de l'extraction pétrolière et, parmi bien d'autres, ses conséquences sur la fin du numérique.

Parmi ces quatre scénarios du GIEC, vous êtes tous informés, sans en connaître sans doute le nom, du « scénario du pire », puisque tous les médias (et quantité de revues) se précipitent sur cette hypothèse la plus extrême, nommée à raison « l'apocalypse », mais ne disent pas un seul mot des trois autres cas de figure. On retrouve là leur sempiternelle tendance à se jeter sur les catastrophes et les thèmes qui effraient, tout simplement parce qu'ils font vendre. Dans le cas du changement climatique, il y a en effet de quoi s'effrayer et, en ce sens, il est excellent d'alerter les populations. Mais tous ces articles de divulgation, sans recherche, sans synthèse, sans nuances, ne livrent au public que des informations catastrophistes et extrêmement parcellaires, qui accroissent le sentiment d'impuissance ou nous détournent du problème « apocalypse » pour préserver nos défenses psychiques.

Le GIEC a établi ses scénarios de réchauffement de la température globale mondiale (océans *et* terres), dits les « RCP » (« Representative Concentration Pathways ») ou « Profils représentatifs d'évolution de concentration » (des gaz à effet de serre)[a], depuis les années 1850-1900 jusqu'en 2100 : ils tiennent compte de la quantité de CO_2 émise par la combustion des énergies fossiles et la déforestation, mais aussi des autres gaz à effet de serre (méthane, protoxyde d'azote, gaz fluorés), ainsi que de la vapeur d'eau ou de l'évolution – encore très mal cernée – des nuages, tous phénomènes qui réchauffent également la Terre. (J'évoquerai les gaz à effet de serre sous leur acronyme GES pour alléger le texte.) Concernant le dégel du pergélisol (ou permafrost) et la quantité de CO_2, de méthane et de protoxyde d'azote qu'il libérera, l'étude du GIEC n'était pas encore assez aboutie en 2013 pour que ces scénarios l'intègrent. Ce manque a été comblé par un rapport spécial du GIEC sur la cryosphère, effectué en 2017 et approuvé en 2019[2]. Mais les scénarios RCP, plus anciens, n'incluent pas ce paramètre.

---

a. Les RCP sont des modélisations de la hausse de température depuis 1900 jusqu'à 2100, selon la quantité de gaz à effet de serre émise par l'homme.

Sachez, et c'est déterminant, que ces quatre scénarios sont ***uniquement basés***, arbitrairement, sur les efforts plus ou moins grands que feront les hommes pour réduire leurs émissions de GES, mais ***ne tiennent aucun compte des éventuels freins d'ordre géologique ou économique*** qui pourraient survenir au cours du siècle, événements majeurs susceptibles de changer la donne et les trajectoires des RCP du GIEC, et dont je vous parlerai.

D'autre part, dans ce 5e Rapport du GIEC, les températures indiquées pour chaque scénario sont toutes *chiffrées par rapport à la « période de référence » 1986-2005* (correspondant à environ la température moyenne de l'an 2000) et donc *n'intègrent pas* la hausse de chaleur de 0,6 °C déjà engrangée entre 1900 et 2000.

Le scénario le plus extrême, le RCP 8.5 (celui que prisent tant les médias), est fondé sur une absence totale d'efforts de réduction des GES et une poursuite sans frein du « business as usual [a] » (dit « BAU ») que nous connaissons depuis le début de l'ère industrielle. Je vous dis d'entrée que ce scénario *ne pourra en aucun cas se produire*, et nous verrons pourquoi.

À l'inverse, le scénario le plus modéré, le RCP 2.6, s'appuie sur une réduction progressive volontaire des GES dès 2020 : c'est ce scénario (ou la ligne basse du scénario suivant) qui avait fait l'objet d'un consensus international lors des Accords de Paris en 2015, ayant pour objectif de se maintenir à +1,5 °C en température globale mondiale (océans et terres) ou de rester bien en dessous de +2 °C en 2100, par rapport à la température de l'ère préindustrielle (période de référence 1861-1880).

a. « Les affaires comme toujours ».

Accords que bien des États ont modifiés à leur gré, s'accordant une hausse de +2 °C en 2100 pour revenir à +1,5 °C plus tard : signe d'une incompétence totale car une fois une certaine quantité de GES émise, il est physiquement impossible de « revenir en arrière » [a]. *Suite à ces Accords, le GIEC a rappelé la nécessité de faire baisser les émissions de* CO_2 *de 45 % en 2030, puis d'atteindre une émission zéro carbone en 2050.*

Mais l'humanité a par son inconséquence et son avidité émis entre 2015 et 2019 une telle quantité de GES, ayant de sorte accru l'épaisseur de leur couche dans l'atmosphère, qu'elle a de ce fait anéanti les Accords de Paris et manqué cette marche favorable du scénario RCP 2.6, qui n'est d'ores et déjà plus atteignable. Je donnerai malgré tout les chiffres de ce scénario devenu caduque, à titre de rappel historique sur lequel nous pouvons nous pencher avec bien des regrets et de la colère.

Entre ces deux scénarios figurent deux scénarios intermédiaires : le RCP 4.5 et le RCP 6.0.

Le RCP 4.5 situe le début de la décroissance des GES en 2050, menant en 2100 vers des chaleurs bien difficiles sur les terres. C'est ce scénario qui, susceptible d'atteindre une température globale mondiale *maximale* de +2,6 °C (par rapport à la période 1986-2005, mais de +3,2 °C par rapport à 1900), et une moyenne de +1,8 °C, impacterait à la fin du siècle un quart du globe, plaçant la

a. En raison du phénomène physique de « durée de vie » des GES dans l'atmosphère : 100 ans pour que disparaisse seulement la moitié du CO_2, 120 ans pour que s'élimine le protoxyde d'azote, 10 ans pour le méthane, mais au pouvoir réchauffant 28 fois plus élevé que celui du CO_2.

moitié des hommes en péril[a][3]. Le second scénario, le RCP 6.0, plus dramatique encore, pouvant aller jusqu'à un maximum de +3,1 °C en 2081-2100 (par rapport à la période 1986-2005, mais jusqu'à +3,7 °C par rapport à 1900), dont la moyenne est de +2,2 °C, place l'amorce d'une décroissance des GES en 2080, entraînant des températures très périlleuses avec des possibilités d'adaptation des hommes plus qu'incertaines.

Je résume en tableaux ci-dessous, pour deux périodes, les fourchettes et les moyennes de température (terres *et* océans) pour chacun de ces scénarios selon les données du GIEC[4][5]. La largeur de ces fourchettes est due aux incertitudes qui pèsent sur les boucles de rétroaction, en particulier la fonte du pergélisol, la vapeur d'eau et la réponse des nuages. J'ajouterai sous ces tableaux austères (que vous sauterez – je le sais – avant d'y revenir sans doute plus tard avec quelque intérêt), un graphique[6] illustrant les hausses de températures de 1900 à 2100, selon les quatre scénarios, graphique à mon sens le plus fin mais également le plus complexe à déchiffrer, et que j'ai donc ici simplifié en n'en gardant que les lignes moyennes.

Il est très important de noter que sur ce graphique comme pour les tableaux des RCP, les températures *sont donc données par rapport à un « 0 » arbitraire, correspondant à la période de référence 1986-2005*, soit environ l'année 2000. Si bien que la lecture des températures à partir de ce « 0 » est amputée des 0,6 °C déjà gagnés entre 1900 et 2000 (cette hausse du XXe siècle est figurée par l'épaisse ligne noire sur le graphique). Ainsi savons-nous que la température actuelle est de +1,1 °C par rapport aux températures de 1900 alors que le graphique la

a. Voir planisphère du CNRM-CERFACS.

donne à +0,5 °C : il y manque tout simplement les 0,6 °C de hausse antérieure à 2000. *Si bien que pour connaître la hausse de chaleur véritable depuis 1900, début de la période industrielle, il faut augmenter de 0,6 °C les températures lues sur les tableaux ou le graphique.* Je présenterai donc deux autres tableaux de mon cru indiquant les températures par rapport à 1900, soit accrues de +0,6 °C, afin que cette période de référence 1986-2005 ne nous induise pas en erreur, et je procéderai à cet ajout de 0,6 °C au cours de ce texte. Je me permets de sorte de donner une autre présentation des températures des quatre RCP.

1. Températures mondiales données par le GIEC, par rapport à la période 1986-2005 :

À la période 2046-2065, par rapport à la période 1986-2005 :

RCP 2.6 : 0,4 °C à 1,6 °C, moyenne 1 °C
RCP 4.5 : 0,9 °C à 2 °C, moyenne 1,4 °C
RCP 6.0 : 0,8 °C à 1,8 °C, moyenne 1,3 °C
RCP 8.5 : 1,4 °C à 2,6 °C, moyenne 2 °C

À la période 2081-2100, par rapport à la période 1986-2005 :

RCP 2.6 : 0,3 °C à 1,7 °C, moyenne 1 °C
RCP 4.5 : 1,1 °C à 2,6 °C, moyenne 1,8 °C
RCP 6.0 : 1,4 °C à 3,1 °C, moyenne 2,2 °C
RCP 8.5 : 2,6 °C à 4,8 °C, moyenne 3,7 °C

2. Températures mondiales données par le GIEC <u>par rapport à 1900</u> [calcul personnel intégrant +0,6 °C] :

<u>À la période 2046-2065, par rapport à 1900 :</u>

RCP 2.6 : 1 °C à 2,2 °C, moyenne 1,6 °C
RCP 4.5 : 1,5 °C à 2,6 °C, moyenne 2 °C
RCP 6.0 : 1,4 °C à 2,4 °C, moyenne 1,9 °C
RCP 8.5 : 2 °C à 3,2 °C, moyenne 2,6 °C

<u>À la période 2081-2100, par rapport à 1900 :</u>

RCP 2.6 : 0,9 °C à 2,3 °C, moyenne 1,6 °C
RCP 4.5 : 1,7 °C à 3,2 °C, moyenne 2,4 °C
RCP 6.0 : 2 °C à 3,7 °C, moyenne 2,8 °C
RCP 8.5 : 3,2 °C à 5,4 °C, moyenne 4,3 °C

3. Graphique de températures des quatre RCP du GIEC par rapport à 1986-2005 [a] [7] :

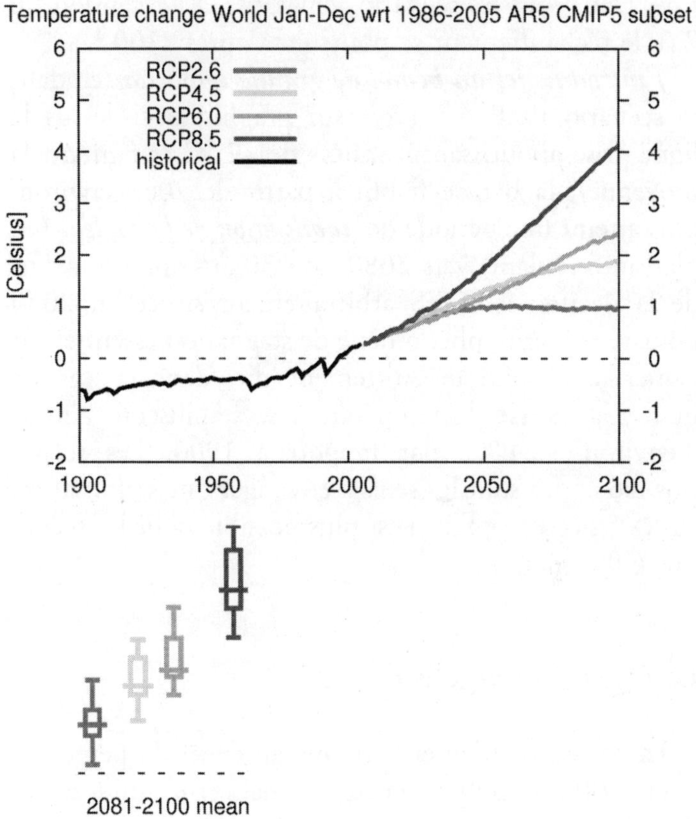

Le Rapport d'études n° 2 du GIEC poursuit : « Entre 2016 et 2035, il est probable que les températures augmentent entre 0,3 °C et 0,7 °C selon les scénarios, par rapport à la période 1986-2005, soit une hausse de 1 °C à 1,4 °C par rapport à 1850. Cette élévation des

a. KNMI : Institut météorologique des Pays-Bas.

températures sera plus importante dans les régions tropicales et subtropicales que dans les moyennes latitudes. [...] Dans tous les scénarios envisagés, à l'exception du 2.6, le réchauffement se poursuivra après 2100 [8]. »

J'introduis ici un bémol de grande importance : dans le scénario RCP 4.5 (voir sur graphique ci-dessus la ligne grise aboutissant à moins de +2 °C et figurant la moyenne), la hausse faiblit à partir de 2062 environ, puis atteint une période de *stabilisation de la chaleur* (en plateau ondulant) vers 2080, soit 30 ans après le début de la décrue des GES arbitrairement située en 2050 pour ce scénario, phénomène de stagnation essentiel sur lequel je reviendrai. Autrement dit, dans ce cas de figure, la hausse de température se stabiliserait autour d'environ +2,4 °C, par rapport à 1900. Les scénarios 2.6 et 4.5 sont les seuls à envisager une stabilisation au XXIe siècle ; ce fait n'est plus possible pour les scénarios 6.0 et 8.5.

Le dégel du pergélisol

La hausse de température due au dégel du pergélisol d'ici 2100 ou 2300 est encore si mal cernée qu'il existe dans les sources une très grande variété d'estimations, allant de +0,04 °C à +0,6 °C.

Le dernier Rapport spécial du GIEC de 2017 sur l'océan et la cryosphère [9] (rapport approuvé en 2019) note que le sous-ensemble de modèles « a [...] montré des *réductions importantes de la zone de pergélisol proches de la surface* [a], avec une perte moyenne de 90 % pour le

a. Moins 3 à 4 mètres.

RCP 8.5 d'ici 2300 et une perte de 29 % pour le RCP 4.5, dont une grande partie se produirait déjà d'ici 2100 [a] ».

De son côté, le site gouvernemental defense.gouv [10] indique en 2017 que plus d'un tiers du pergélisol (ou 37 %) va disparaître d'ici 2100 « dans le meilleur des cas », « ce qui pourrait se traduire par des rejets de gaz à effets de serre (GES) correspondant à au moins 5 ans d'émissions mondiales de CO_2 », soit une hausse de température de 0,085 °C, arrondie à 0,09 °C.

Je n'ai pas traité dans ce chapitre de la libération éventuelle de méthane et de protoxyde d'azote issue de cette fonte, tant les données manquent : en quelle quantité et sur quelle durée de temps ? À partir de combien de degrés de température ? Nul ne le sait encore et les quelques rares éléments avancés sont si contradictoires que mieux vaut attendre une meilleure connaissance du phénomène avant que de l'évoquer. Je ne traiterai donc ici que des émissions de CO_2.

Une courbe de température de 2000 à 2300 a été émise par le GIEC [11]. Elle est déjà ancienne (2001) et a pour but de montrer, en raison de l'inertie du CO_2 dans l'atmosphère, la poursuite de la hausse de température même si les émissions de CO_2 atteignaient leur maximum vers 2035. Ne disposant d'aucune autre courbe générale de température à si longue échéance, on se contentera donc de ce graphique qui semble,

a. Texte original : « *This subset of models also showed large reductions of near-surface permafrost area, averaging a 90 % loss of permafrost area by 2300 for RCP8.5 and 29 % loss for RCP4.5, with much of that long-term loss already occurring by 2100.* »

d'après les indications données, correspondre au maximum du scénario 6.0. Il montre que la poursuite de la hausse de température serait de 69 % entre 2000 et 2100, puis de 22 % entre 2100 et 2200, et de 9 % entre 2200 et 2300. Rapporté au pourcentage de fonte de 29 % d'ici 2300 pour le RCP 4.5, on aurait de sorte, pour ce scénario, environ 20 % de fonte d'ici 2100. *En supposant, sans certitude, que les données avancées ci-dessus soient à peu près exactes* (car on a vu la grande variabilité des diverses estimations), 20 % de fonte d'ici 2100 et donc une hausse de température inférieure à 0,09 °C.

Quant à la boucle de rétroaction [a], elle peut être freinée par la pousse de la végétation sur les sols dégelés, absorbant de son côté une partie du carbone libéré sous forme de CO_2. Une étude de *Nature Climate Change* considère que 59 % du carbone libéré pourrait être capté par la végétation poussant sur ces sols dégelés. Et selon le Rapport spécial du GIEC 2017, cette végétation « *pourrait absorber une partie ou même tout le carbone du pergélisol* ».

Vous réalisez tout autant que moi que ces séries de calculs aboutissent à un résultat assez chancelant, que je ne peux en rien garantir faute de données encore suffisantes, mais qu'en tous les cas, il ne semble pas qu'on soit ici face à la catastrophe dont, là encore, les médias nous abreuvent. Tous, se recopiant les uns les autres, ont baptisé ce phénomène de dégel « la bombe climatique » ou « la bombe à retardement », car ce pergélisol

a. La boucle de rétroaction concernant le pergélisol se résume simplement : plus le pergélisol fond, plus le réchauffement augmente, et plus le pergélisol fond.

renferme 1600 à 1700 gigatonnes de carbone. Seul le scénario 8.5, qui est déjà une catastrophe en soi, pourrait libérer 90 % de telles quantités de carbone en trois siècles, absorption par la végétation non comprise.

Vous vous perdez un peu dans tous ces chiffres, c'est normal, mais avalez un bon café avant de passer à la suite… également chiffrée. J'aimerais vous les épargner mais comment parler températures sans égrener des séries de chiffres ?

Les températures sur les terres

À voir les températures indiquées dans le tableau des RCP reproduit plus haut (par rapport à la période 1986-2005), vous n'êtes pas sur-le-champ choqués par ces hausses de niveau en un siècle, à l'exception du maxima de +4,8 °C (c'est-à-dire +5,4 °C) du scénario RCP 8.5 dans la période 2081-2100.

D'aucuns avancent avec raison que le climat de la planète a déjà connu beaucoup de phases de réchauffement durant la période préhistorique, et depuis l'apparition d'*Homo sapiens* il y a 300 000 ans. En effet, la température s'est périodiquement réchauffée au cours des épisodes interglaciaires, mais au mieux de +1 °C à +2 °C au-dessus de la moyenne de 15 °C, celle observée entre 1860 et 2005. Ce n'est pas pour rien que l'ONU et le GIEC ont tant appelé à ce qu'on demeure à +1,5 °C ou au moins en dessous de +2 °C. Mais en vain.

Si bien que dépasser ce seuil de +2 °C, et même pouvoir atteindre +3 °C, +4 °C ou +5,4 °C (en températures globales par rapport à 1900), est en réalité du jamais vu dans l'histoire des hommes. De plus, ces périodes de hausse au Paléolithique s'étendaient sur 10 000 ans, ce qui donnait aux hommes et à l'ensemble du vivant sur la Terre toute latitude pour s'adapter, tandis que nous allons réaliser un exploit supérieur en seulement un siècle, nous confrontant à un bouleversement brutal. En outre, le nombre d'humains sur la Terre était de 1 million il y a 40 000 ans, de 5 millions il y a 8 000 ans, générant une prédation plus que minime sur les terres, quand nous sommes aujourd'hui 7,5 milliards, face auxquels les ressources de la planète ne peuvent plus suffire, d'autant que l'homme ne les a jamais économisées, loin s'en faut. En même temps que nous risquons d'être confrontés à de telles hausses de températures sur les terres que l'évapotranspiration de l'organisme humain ne suffira pas à maintenir la température du corps à des degrés viables.

Enfin, au XIXe siècle encore, nous pouvions boire sans faire appel aux usines de dépollution, nous n'avions pas encore massacré la Terre entière, appauvri ses sols, dévasté et desséché ses forêts, pollué ses eaux, acidifié les océans, transformé son atmosphère et ruiné sa biodiversité. Ajoutée au danger du réchauffement, cette immense dégradation impacte gravement notre avenir, ne serait-ce que pour se nourrir, boire, se vêtir. C'est ainsi que plus ou moins 0,5 °C compte et prend tout son sens dans ce contexte menaçant.

Mais, comme dit en introduction, ces températures des RCP du GIEC expriment une moyenne mondiale comprenant les terres *et* les océans, plus froids, qui comptent pour 71 % de la surface du globe. C'est pourquoi, afin d'en bien comprendre l'impact, il m'est apparu indispensable, notamment au regard de notre résistance physiologique, du débit des eaux, de l'état des forêts, de la biodiversité et des rendements agricoles, de rechercher quelle hausse de chaleur ces températures engendraient *sur les terres seules*.

Le Rapport spécial du GIEC sur les terres émergées (2017-2019) [12] donne une estimation moyenne d'augmentation de la température sur les terres de +1,53 °C, de 1850-1900 à 1999-2018, quand celle évaluée par la NASA à la surface des océans seuls entre 1880 et 2018 est de +0,87 °C [13]. La température sur les terres a augmenté 1,4 fois plus vite que la température moyenne globale, actuellement de 1,1 °C [a].

Il est bien évident que l'élévation de la température globale mondiale augmentera de fait celle sur les terres. Le GIEC n'a cependant pas évoqué cette hausse de chaleur future sur les continents dans ses quatre RCP. J'en tiendrai compte lorsque nous aborderons plus finement la hausse de températures à venir : cette hausse et les événements climatiques associés sont en vérité très dépendants d'un élément décisif qui n'est pas pris en

---

a. Les océans occupant 71 % de la surface du globe (70 % selon d'autres sources), on obtient en moyenne pondérée entre la température sur les terres et sur les océans une température globale de +1,07 °C sur les terres *et* les océans (aujourd'hui +1,1 °C). En divisant 1,53 °C par cette moyenne pondérée, on parvient à un coefficient de proportionnalité de 1,4.

compte dans toutes les anticipations présentées plus haut : il s'agit, je l'ai dit, des pics et des déclins géologiques des énergies fossiles, et de leurs conséquences, et primordialement de ceux du pétrole.

Les événements climatiques à venir liés au réchauffement

Avant d'amorcer l'exposé des anticipations existantes sur les événements climatiques à venir, je mets en garde mon lecteur car la très grande part de ces prévisions concerne l'irréaliste et catastrophique scénario 8.5. Que le GIEC en use est très normal pour faire prendre conscience aux États du danger que nous courons. Que les autres sources s'y réfèrent constamment tient en quelque sorte de la tentation du sensationnel, du désir assez pervers de choquer brutalement et non de se contenter des demi-teintes. D'où des résultats d'estimations qu'il faut considérer avec recul, compte tenu de leur maximisation. Ne me faites dire ce que je n'ai pas dit : on voit déjà se produire sur Terre ces événements hors normes : inondations inédites, incendies dévastateurs, canicules infernales battant chaque année des records, sécheresses estivales… Il n'empêche que si ces dérèglements sont déjà présents, il convient d'être prudents avec les données qui suivent, et je les signalerai chaque fois qu'elles correspondront à un scénario-apocalypse qui ne pourra pas exister.

La pluviométrie et le cycle de l'eau, les sécheresses

Le Rapport du GIEC de 2013 sur le régime des pluies est encore très généraliste : « Les précipitations à l'échelle planétaire devraient augmenter progressivement au cours du XXIe siècle. [...] La variation des précipitations moyennes dans le cadre d'un net réchauffement de la planète ne sera pas uniforme : les précipitations seront plus fortes dans certaines régions, mais plus faibles ou relativement stables dans d'autres régions. Les terres émergées des hautes latitudes vont *probablement* connaître des épisodes de précipitations plus abondantes [...]. Dans de nombreuses régions arides ou semi-arides des moyennes latitudes et des régions subtropicales, les précipitations diminueront *probablement* [sic]. Les projections à l'échelle régionale ou globale de l'humidité du sol et des périodes de sécheresse demeurent relativement incertaines comparées à d'autres aspects du cycle hydrologique. Néanmoins, une baisse de l'humidité du sol dans le bassin méditerranéen, dans le sud-ouest des États-Unis d'Amérique et en Afrique australe concorde avec les projections de la Circulation de Hadley [a], ainsi, un réchauffement de la

---

a. La cellule de Hadley est une circulation atmosphérique fermée. Elle redistribue l'énergie accumulée à l'équateur vers les plus hautes latitudes dans les deux hémisphères (https://www.futura-sciences.com/planete/definitions/meteorologie-cellule-hadley-13215/). Pour plus de précision et pour les insatiables curieux toujours, les cellules de Hadley se situent entre l'équateur et 30 degrés Nord et l'équateur et 30 degrés Sud. En termes simples, la cellule de Hadley est une circulation à grande échelle consistant en de l'air chaud qui monte près de l'équateur et qui se déplace vers le pôle dans la haute troposphère en créant une bande de basse pres-

planète rend une augmentation de la sécheresse *probable* dans ces régions pour plusieurs degrés de réchauffement ***selon le scénario RCP 8.5*** [14]. »

Tout cela ne nous en apprend guère, et la conclusion de ces estimations montre, ainsi que je vous en ai avertis, qu'elles concernent le scénario du pire.

On trouve des données un rien plus précises, mais guère plus satisfaisantes, sur Météo France : « Il est quasiment certain que, dans la plupart des régions continentales, les extrêmes chauds seront plus nombreux et les extrêmes froids moins nombreux aux échelles quotidienne et saisonnière. Il est très probable que les vagues de chaleur seront plus fréquentes et dureront plus longtemps. [...] Les épisodes de précipitations extrêmes deviendront très probablement plus intenses et fréquents sur les continents des moyennes latitudes et dans les régions tropicales humides d'ici la fin de ce siècle [15]. » Cette estimation est en partie contradictoire, concernant les extrêmes froids, avec ce qu'en dit Jean-Marc Jancovici. Selon ses sources, le réchauffement climatique s'accompagne d'un affaiblissement des vortex

---

sion à l'équateur. Pendant son ascension, l'air s'est refroidi et redescend doucement pour atteindre la surface de la Terre aux environs des 30 degrés Nord et 30 degrés Sud, créant une zone de haute pression atmosphérique subtropicale. L'air ainsi comprimé et chauffé empêche la formation de nuages. Le résultat est un ciel clair, une forte chaleur à la surface de la Terre, un temps sec permanent et la formation des grands déserts tropicaux (https://www.lavionnaire.fr/MeteoCirculation.php). En redescendant, l'air se réchauffe, s'humidifie puis embraie sur un autre phénomène, la force de Coriolis, donnant naissance aux alizés au sud-ouest dans l'hémisphère nord, et au nord-ouest dans l'hémisphère sud.

polaires [a] et donc d'une plus grande fréquence de coulées d'air froid en provenance des pôles. Ces coulées d'air froid n'inversent pas la dynamique moyenne de réchauffement aux moyennes latitudes mais peuvent provoquer des extrêmes froids temporaires plus intenses à ces mêmes latitudes.

Le résumé des conclusions du Rapport technique spécialement consacré à la question de l'eau [16], et qui s'appuie sur les données et projections du quatrième Rapport d'évaluation des impacts du changement climatique, publié par le GIEC en 2007 [17], donne des informations également généralistes, et qui concernent surtout, malheureusement et une fois encore, un réchauffement de +4 °C, soit le scénario-apocalypse RCP 8.5 :

« Une précision s'impose toutefois d'emblée. Les interrelations entre le système climatique et le cycle de l'eau sont nombreuses et d'une redoutable complexité. La montée des températures affecte simultanément différentes composantes des systèmes hydrologiques : la quantité des précipitations, mais aussi leur intensité et leur fréquence ; la fonte de la neige et des glaces ; l'augmentation de la présence de vapeur d'eau dans l'atmosphère ; l'évapotranspiration ; la teneur en eau du sol et

a. « Le vortex polaire est le nom utilisé pour désigner les vents de haute altitude qui tournent autour de l'Arctique en hiver, contenant l'air froid sur la zone polaire. [...] Dans certaines conditions, ce vortex se détend et permet à l'air froid de s'écouler vers des latitudes méridionales : cela occasionne alors de sérieuses vagues de froid. » Telle celle qui a touché les États-Unis en février 2019, « avec des températures descendant jusqu'à -40 °C, et même -48 °C ce jeudi au Minnesota. »

de la végétation [...] ; la force des ruissellements et le débit des cours d'eau. Tous ces phénomènes interagissent les uns avec les autres [...]. »

Tout ceci explique que le langage des experts du GIEC demeure très circonspect. « Mais même si ces prévisions sont donc à prendre avec prudence, on doit aussi constater que, dans ses grandes lignes, le tableau d'ensemble qui suit [issu du Rapport du GIEC [18]], mieux détaillé, fait l'objet d'un très large consensus parmi les scientifiques [19] » : hausse des précipitations dans les hautes latitudes mais baisse dans les latitudes plus basses (région méditerranéenne et zones subtropicales, risque d'inondations dues à la modification du débit des rivières ou à la montée du niveau des mers (Europe du Nord et de l'Est). Les experts du GIEC estiment que le nombre d'êtres humains souffrant d'un manque d'eau pourrait tripler au cours de ce siècle, atteignant le chiffre de 3,2 milliards, « *si les températures devaient augmenter de plus de 4* °*C.* [On retrouve ici de nouveau l'irréaliste scénario-apocalypse RCP 8.5.] Les trois phénomènes principaux affectant les réserves d'eau douce disponibles sont la baisse des précipitations dans certaines régions, la montée du niveau des mers, et la fonte des glaciers. »

« La baisse [...] du débit des rivières ainsi que du taux d'humidité du sol [...] constituent les différents facteurs de la sécheresse » (croissantes dans de nombreuses zones subtropicales, le bassin méditerranéen, une grande partie de l'Australie, le sud-ouest des États-Unis). « Dans le sud de l'Europe, la disponibilité en eau pourrait être réduite de 5 à 35 % [on note la grande largeur de cette fourchette] *si la température augmente de 4 °C* [selon l'apocalyptique RCP 8.5, encore], et entraîner en Amérique latine une probable aridification. [...] L'est de l'Amazonie pourrait voir sa forêt subtropicale [je me permets une correction : l'Amazonie n'est pas une forêt subtropicale mais équatoriale] évoluer en une zone de savane. »

« Le réchauffement des températures et les impacts qui lui sont associés auront également des conséquences sur la qualité de l'eau disponible pour la consommation humaine, avec une dégradation de sa qualité aussi bien en termes biologiques que chimiques. »

« L'agriculture serait bien entendu particulièrement touchée par une baisse de la disponibilité de l'eau. » « De nombreuses industries souffriront également du manque d'eau, au premier rang desquelles le secteur de l'énergie, dont le besoin en eau est loin de se réduire à l'hydroélectrique. »

Nous devons ici garder à l'esprit que ces estimations du GIEC ne tenant pas compte des événements géologiques et économiques, la disponibilité en eau potable sera augmentée d'autant à mesure que les industries et l'agriculture industrielle, qui exercent une prédation colossale en eau douce, outre le fait de la polluer, s'affaisseront puis disparaîtront au cours de ce siècle. Néanmoins, dans ce contexte de baisse des industries, je répète une nouvelle fois que les usines de dépollution des eaux usées doivent être coûte que coûte préservées. En France, « les services qui permettent de rendre l'eau potable, de la distribuer, puis de l'épurer après utilisation ont un coût [20] ». Chacun ne sera peut-être pas en mesure de régler sa facture d'eau, ici ou ailleurs. D'où la nécessité de programmer par avance des subventions pour les usines de dépollution.

Puisqu'il est surtout question, dans le compte rendu exposé plus haut, de l'irréalisable scénario RCP 8.5 et des zones climatiques nordiques, continentales, tropicales et subtropicales, je reprends, concernant la pluviométrie, le cas de la France comme exemple d'une région tempérée à une latitude moyenne, avec une rive sud beaucoup plus chaude.

« Les précipitations se mesurent en hauteur d'eau tombée au sol rapportée à une unité de surface. L'unité utilisée est le millimètre de précipitation par mètre carré. En supposant une répartition homogène des précipitations sur cette surface, 1 millimètre de pluie représente 1 litre d'eau par mètre carré. [...] Les précipitations annuelles moyennes en métropole s'échelonnent de 500 à 2 000 millimètres en fonction de la situation géographique[21]. »

À l'horizon 2021-2050, une étude du ministère de l'Écologie envisage une hausse des précipitations, en hiver comme en été, comprise entre 0 et 0,42 mm par jour. Selon la même source, *à l'horizon 2071-2100*, le ministère prévoit une hausse hivernale de 9 à 76 mm par jour (selon les modèles et les scénarios du GIEC) et, en moyenne estivale, pour les scénarios RCP 4.5 et 8.5, une baisse comprise entre 15 mm et 35 mm par jour[22]. Ceci compte non tenu bien sûr à cette période de la phase de stabilisation du scénario RCP 4.5 dans laquelle nous serons.

Les estimations de DRIAS [a] [23] pour le RCP 4.5 présentent pour la période 2041-2070 (par rapport à la période de référence 1976-2005) une moyenne de hausse des pluies de 100 mm annuels. Ce n'est que dans la période 2071-2100 – soit également sans prendre en compte la phase de stagnation-stabilisation que nous avons indiquée – que les précipitations baisseront de 100 mm par rapport à la période de référence.

DRIAS conclut que « pour la fin du XXIe siècle, les résultats des simulations mettent en évidence une diminution des précipitations totales en moyenne annuelle sur le territoire métropolitain. Pour l'horizon à moyen terme (2041-2070), cette diminution est moins évidente, *notamment pour le scénario RCP 4.5 qui présente plutôt une très légère tendance à l'augmentation*. Il en va de même pour l'horizon proche (2021-2050) ».

Concernant les précipitations estivales, « en moyenne sur la France métropolitaine, quel que soit le scénario considéré, les projections climatiques montrent peu d'évolution jusqu'aux années 2050 ». « Il en va de même pour les précipitations hivernales jusqu'en 2050. »

Selon le site du Sénat français [24] et concernant les variations saisonnières du régime des pluies, les conclusions sont à peu près similaires.

« Peu d'évolution jusqu'aux années 2050 », nous dit DRIAS pour la France. Ce constat d'une certaine stabilité ne doit pas occulter les phénomènes que nous expérimentons déjà sur notre territoire depuis plusieurs années en période estivale : des étés secs, une semaine de canicule en moyenne chaque année, une baisse de

a. DRIAS : Centre national de recherches météorologiques.

l'humidité des sols – herbe jaunie, incendies spontanés des plantations – et une baisse du débit des fleuves (centrales nucléaires à l'arrêt), accompagnés de restrictions de l'usage de l'eau.

Les événements climatiques extrêmes : pluies intenses, inondations, cyclones

Météo France indique que « les épisodes de précipitations extrêmes deviendront très probablement plus intenses et fréquents sur les continents des moyennes latitudes et dans les régions tropicales humides d'ici la fin de ce siècle. Il est probable que la fréquence globale des cyclones tropicaux diminuera ou restera la même[25] ».

« À l'inverse des régions subtropicales [probablement du Sud], les régions situées dans l'hémisphère nord verront leurs précipitations augmenter. Des précipitations plus importantes sont déjà observées sur le continent américain, en Europe du Nord, en Asie centrale et en Asie du Nord. Ces précipitations ont pour conséquence un ruissellement plus important, qui impacte à son tour les écosystèmes et génère *inondations et glissements de terrain*[26]. »

On relève sur le site du Sénat français que l'« on observe également une augmentation de la fréquence et de l'intensité des précipitations extrêmes, en de nombreux endroits de la Terre, et dans certaines régions de la France en particulier. Par exemple, une augmentation significative des pluies extrêmes a été identifiée dans le sud-est de la France, d'environ 20 % depuis le milieu du XXe siècle. […] Ces phénomènes ont des conséquences sur les crues et les inondations, qui résultent souvent de l'intensité ou de la persistance des pluies extrêmes, sans que l'évolution soit directement mesurable dès lors que les inondations constituent des phénomènes complexes, liés à d'autres paramètres tels la gestion et l'entretien des cours d'eau [27]. »

Les canicules

Concernant les canicules, le Rapport 2013 du GIEC [28] pose sans surprise que « les vagues de chaleur font partie des extrêmes climatiques les plus préoccupants au regard de la vulnérabilité de nos sociétés et de l'évolution attendue de leur fréquence et de leur intensité au XXIe siècle ».

Selon Météo France, « la France a été particulièrement éprouvée par la canicule de l'été 2003. Au cours des dernières années, ces événements se sont multipliés dans les différentes régions du monde (Russie en 2010, Texas en 2011, Australie en 2012). […] Alors qu'on comptait en moyenne moins de 5 jours de vagues de chaleur [en France] sur la période 1976-2005, on estime qu'il y a 3 chances sur 4 [29] pour que ce nombre augmente au moins de 5 à 10 jours supplémentaires dans le Sud-Est et de 0 à 5 ailleurs à l'horizon 2021-2050 ».

Il est extrêmement difficile de trouver des données un peu précises sur les canicules à travers le monde, y compris dans les Rapports du GIEC qui les incluent dans les courts passages sur les sécheresses que nous avons déjà vus. Posons donc une évidence : les canicules seront d'autant plus nombreuses et intenses dans les régions du monde les plus affectées par les sécheresses. Le réchauffement climatique aura inévitablement des impacts sur la faim dans le monde. Selon le Programme des Nations unies pour le développement (PNUD), « si les émissions de CO_2 se poursuivent, 600 millions de personnes supplémentaires pourraient être victimes de la faim à horizon 2080 [30] ». Notez bien le : « *si les émissions de CO_2 se poursuivent* », phrase qui nous indique clairement une fois encore que ces projections concernent le scénario 8.5.

Conséquences sur les rendements agricoles

Du GIEC 2018 toujours, bien que ce Rapport espère encore possible le scénario RCP 2.6 (+1,5 °C) alors qu'il n'est plus atteignable : « Les populations défavorisées et vulnérables, certains peuples autochtones et les communautés locales tributaires de moyens de subsistance liés à l'agriculture et aux ressources côtières sont exposés de façon disproportionnée aux conséquences néfastes du réchauffement planétaire de 1,5 °C et plus (*degré de confiance élevé*). Les régions confrontées à un tel risque comprennent les écosystèmes arctiques, les zones arides, les petits États insulaires en développement et les pays les moins avancés (*degré de confiance élevé*) ».

Cette situation générale de stress alimentaire, bien que très différente d'une zone climatique à une autre, affecte le monde entier, et continuera de l'affecter si nous ne mettons pas en place des mesures drastiques d'adaptation, tous procédés nécessaires que je vous exposerai plus loin et qui pourraient permettre de modérer les pertes alimentaires.

D'autre part, en France comme partout ailleurs où la consommation de viande occupe une place considérable, une forte réduction de l'élevage permettra de récupérer les hectares alloués en prairies et fourrages pour les dédier à la culture, afin de compenser les pertes dues à la sécheresse comme au passage à l'agriculture biologique. Cette indispensable réduction s'accompagnera d'une baisse salutaire des émissions de méthane, principalement produites par les ruminants.

Nous avons seulement 10 à 15 ans pour mettre en œuvre un programme de restructuration totale de l'agriculture, qui assurerait une autonomie alimentaire locale à travers le monde.

Les pics géologiques des combustibles fossiles et leur déclin

La combustion des trois énergies fossiles (pétrole, gaz et charbon) comptait en 2012 [31] pour environ 80 % des émissions de CO_2 dans le monde et cette part a continué d'augmenter depuis (81,4 % en 2015 [32]). 44 % de ces émissions proviennent du charbon, 36 % du pétrole et 20 % du gaz naturel [33].

J'ai dit en introduction que le GIEC ne prenait pas en compte, pour établir les courbes de ses quatre RCP, les contraintes géologiques – et économiques à la suite – qui pourraient affecter la production des trois hydrocarbures au cours de ce siècle, et par suite les émissions de CO_2.

Et pourtant, ces contraintes géologiques, autrement dit la diminution progressive des stocks de combustibles fossiles disponibles, après être passées par un pic de production correspondant aux possibilités d'extraction maximales (au-delà desquelles cette extraction décline inexorablement et devient plus difficile et plus chère au fil des ans), vont survenir au XXIe siècle, qu'il s'agisse du pétrole, du gaz ou du charbon.

La plupart des gouvernants et économistes du monde semblent, ou semblaient jusqu'à il y a peu, vivre dans l'idée d'une poursuite d'un approvisionnement sans heurt, tout au moins pour le XXIe siècle et pour bien plus longtemps en ce qui concerne le charbon.

Or ces modifications géologiques vont bel et bien advenir, et il est impossible de savoir si ces gouvernants et économistes en sont informés mais n'y accordent pas de crédibilité, ou si tout simplement ils préfèrent vivre dans un déni ou une ignorance court-termiste.

On peut comprendre que le GIEC n'en tienne pas compte, son objectif étant d'exposer aux gouvernants du monde les conséquences de la poursuite des émissions de GES et les considérables écarts selon les efforts effectués. Mais que gouvernants et économistes passent outre ce phénomène majeur des contraintes géologiques passe l'entendement. Un seul exemple caractéristique pour démontrer à quel point les responsables et leurs collaborateurs sont dans une incroyable inadéquation avec les événements réels à venir : en 2011, un long rapport gouvernemental émanant du ministère français de l'Économie, des Finances et de l'Industrie, très typique des analyses des économistes, intitulé *France*

2030, cinq scénarios de croissance (mais jamais de décroissance, notez-le bien !), présente cinq trajectoires, de la plus noire à la plus optimiste, qui, toutes, misent sur une *croissance* plus ou moins élevée : de 1,3 point entre 2020 et 2030 et de 1,2 au-delà pour le « scénario *noir* » !! Pour le scénario le plus optimiste, une croissance soutenue allant jusqu'à +2,4 points entre 2020 et 2030. Et bien entendu, pas un mot sur les effets de la hausse de chaleur (ses répercussions sur les récoltes par exemple), et encore moins sur les pics géologiques, vous vous en doutez. *Mais où vivent-ils ?* Dans un monde virtuel où le concept de décroissance est tant inacceptable que tout obstacle de nature non financière est omis, bien que des agences internationales, des compagnies ou des départements spécialisés fournissent des données géologiques aux États, généralement les plus optimistes possible. Mais les pays producteurs, eux, ne ferment pas les yeux, telle la Russie qui a annoncé le pic géologique de son pétrole en 2021 ou l'Arabie saoudite et les Émirats arabes unis qui commencent à gérer leurs réserves.

Malgré tout, ces données connues, et depuis longtemps, n'arrivent pas plus à percer de manière signifiante dans les milieux économiques et politiques que dans les « médias de masse », où l'évocation d'éventuels pics et déclins des hydrocarbures semble rester un sujet ignoré, tabou ou indigne d'intérêt. Et pourtant, la notion de « pic géologique » a été révélée par des experts il y a 70 ans, illustrée par la fameuse première modélisation du géophysicien M. King Hubbert [34], dont les travaux sur le pic de production pétrolière et gazière américaine et ses effets connexes ont eu une résonance certaine.

L'arrivée du pic du pétrole conventionnel en 2006 avait été prévue et s'est en effet produite, déterminant la crise dite de 2008. Ce Rapport gouvernemental français parle bien de « crise de 2009 », mais sans jamais la relier à sa cause première : *le passage du pic du pétrole conventionnel.*

Au contraire de ces esprits désespérément obtus, établissant leurs courbes de croissance dans un déni total de réalité, beaucoup comprennent que les ressources en hydrocarbures ne peuvent pas être inépuisables et que leur quantité évoluera. Comprennent de même l'influence déterminante que des changements géologiques, affaiblissant les productions d'hydrocarbures, peuvent avoir sur les émissions de CO_2 et donc sur la probabilité de nous situer dans tel ou tel scénario RCP du GIEC.

D'ores et déjà, et compte tenu de l'advenue *certaine* de ces déclins géologiques, je puis vous répéter que parmi les quatre RCP proposés par le GIEC, nous pouvons éliminer d'emblée le scénario du pire, le 8.5 apocalyptique, car *en aucun cas* au cours de ce siècle nous ne disposerons de quantités d'hydrocarbures permettant de le réaliser, c'est-à-dire de ressources aussi abondantes que celles dont nous avons bénéficié depuis le début de la révolution industrielle jusqu'à nos jours, où elles semblent encore à beaucoup inextinguibles.

Ce scénario 8.5 est donc totalement irréaliste par défaut de combustibles fossiles futurs en suffisance pour assurer une poursuite sans frein de la croissance telle que nous la connaissons.

Quant au scénario le plus optimiste, le 2.6, qui tablait sur la bonne volonté des hommes, il a déjà été exclu, on l'a vu, pour des raisons contraires (l'excès d'émissions de CO_2 en 2015-2019).

Restent donc les deux scénarios intermédiaires, le RCP 4.5 et le RCP 6.0 : seul un examen approfondi des événements géologiques, de la date de survenue des pics, des courbes ultérieures des déclins, différentes selon qu'il s'agit du pétrole, du gaz ou du charbon, des conséquences de ces décroissances géologiques sur les transports, l'industrie, l'économie, et donc sur les émissions de GES peut nous permettre de déterminer la plus ou moins forte probabilité de nous situer dans l'un ou l'autre de ces deux scénarios.

Le pic du pétrole et son déclin

L'importance économique du pétrole est centrale puisque les transports terrestres en sont dépendants à 98 % et ceux par avion à 100 %, transports auxquels le fonctionnement des industries et des entreprises est à 100 % subordonné. *Il est donc la clef de voûte de notre système productif* qui alimente la croissance et le PIB. Ce pourquoi c'est sur cet hydrocarbure que se sont avant tout focalisées les recherches, moins sur le gaz et encore moins sur le charbon, très mal renseigné (alors qu'il émet plus de CO_2 que le pétrole et le gaz).

Parmi les différentes estimations de l'advenue du pic du pétrole, on retiendra celle de l'ASPO [a], qui fixe la date du pic des pétroles (conventionnels et non conventionnels [b] [1]) entre 2020 et 2030 [2], quand

a. Patrick Brocorens ; ASPO : Association for the Study of Peak Oil and Gas (Association pour l'étude des pics du pétrole et du gaz).

b. Le pétrole conventionnel se retrouve dans des réservoirs plus ou moins profonds où il suffit de forer pour l'extraire. Les pétroles non conventionnels « restent dispersés dans les couches peu poreuses et peu perméables du bassin sédimentaire. Ils peuvent même être piégés dans la roche-mère (schistes bitumeux et pétroles

l'AIE [a] [3], usuellement optimiste, la place plus précisément en 2025.

Rystad Energy [b], société indépendante, aux analyses détaillées mais également très optimistes, a proposé d'autres estimations. Matthieu Auzanneau [4], spécialiste des questions pétrolifères et directeur du Shift Project [c], en a fait tout récemment une étude très attentive. Rystad compte surtout, pour repousser le pic, d'un côté

---

de schiste) [Il est alors nécessaire de briser l'enveloppe rocheuse par fracturation hydraulique]. Le tight oil, léger, est également un pétrole de schiste enfermé dans une roche peu poreuse. Dans d'autres cas (sables bitumineux et pétroles lourds), les caractéristiques physiques du pétrole, très visqueux voire solide, ne permettent pas une exploitation classique. » L'offshore profond est également classé dans les non conventionnels en raison de la difficulté technique de son extraction. Extraire du pétrole non conventionnel s'avère toujours plus complexe et plus onéreux que du conventionnel.

a. L'Agence internationale de l'énergie (AIE ou IEA en anglais) est une organisation intergouvernementale autonome rattachée à l'Organisation de coopération et de développement économique (OCDE). Elle est composée de 30 pays membres, pour la plupart importateurs de pétrole.

b. Rystad Energy est un centre de recherches indépendant, spécialisé sur le pétrole et le gaz.

c. « The Shift Project » est une association loi 1901 reconnue d'intérêt général créée en janvier 2010 à Paris. Il rassemble un groupe d'experts et scientifiques professionnels, dont Jean-Marc Jancovici, créateur et président, et Matthieu Auzanneau, directeur. L'objectif de l'association se concentre sur les ressources en énergies et le changement climatique. Le Shift Project joue un rôle de centre de recherches pointues et de laboratoire d'idées pour réduire notre dépendance au carbone en interface avec les acteurs économiques, politiques, académiques et associatifs.

sur un accroissement des extractions dans les champs du golfe Persique, d'un autre sur une part importante de découvertes hypothétiques car non encore estimées : « Les croissances de production attendues par Rystad [après 2023], écrit M. Auzanneau, sont très largement tributaires du développement de découvertes de pétrole dont le potentiel technique et économique n'a pas encore été apprécié. » Rystad compte en effet sur un nouveau boom du « pétrole de schiste » américain, puissant (multiplié par deux par rapport au précédent). Ce boom américain aurait débuté dès fin 2020 et passerait son pic en 2031. Après cette date, « **d'après une projection très spéculative** [*sic*] de Rystad, l'amorce de ce déclin serait compensée opportunément par de multiples répliques du boom américain, **mais de bien moindre importance que celui-ci** [*sic*], en Chine [...] en Argentine, en Inde ou encore au Pakistan [...]».

Mais pour M. Auzanneau, « le potentiel de développement effectif de ces découvertes est par essence **hypothétique** [*sic*], autant d'un point de vue économique que géologique. **À partir de 2023, le maintien de la production dépend de la mise en exploitation effective de découvertes passées, à partir de 2026 de celle de découvertes futures éventuelles** [*sic*] ». En outre, « de façon systématique, ces découvertes [passées] se composent de champs de pétrole conventionnel de plus en plus petits, ou bien de champs difficiles d'accès et dont l'exploitation réclame davantage d'infrastructures ». À ces incertaines roues de secours, Rystad ajoute des ressources *non encore découvertes*, et donc encore plus spéculatives, parvenant de la sorte à fixer le pic de la production mondiale en 2035.

S'il est vrai que c'est la ruée américaine sur le pétrole de schiste – et son énorme financement – qui a permis de surmonter la crise de 2008 (sans dépasser cependant les niveaux de 2006), son extraction est plus onéreuse que celle du pétrole conventionnel, les puits sont épuisés en quelques mois ou un ou deux ans, obligeant à forer sans cesse, et « la plupart des entreprises ayant recours à la fracturation pour exploiter ce pétrole n'ont fait que perdre de l'argent [5] ! » Ceci expliquant que cette exploitation n'ait pu se faire qu'au prix d'emprunts auprès des États et des banques, centrales comme ordinaires, qui ont vu dans cette nouvelle manne la source d'une rentabilité durable et d'un retour de la croissance. À tort. Ces emprunts ont généré une dette colossale, au point que nombre d'exploitants, incapables de la rembourser, ont mis la clef sous la porte. L'ère du pétrole de schiste américain s'est ainsi essoufflée dix ans après ses débuts soi-disant prometteurs, « et ces dix ans ont été globalement déficitaires », mais la dette est restée sur les bras des États et des banques (donc des épargnants).

Ce type d'exploitation ne pouvant survivre sans financements, sauf si elle affaiblit de beaucoup sa production, rien ne permet de supposer qu'elle puisse reprendre à l'avenir, aux États-Unis ou ailleurs, comme l'espère Rystad Energy, avenir par ailleurs lourdement plombé par cette dette non remboursée qui limite de beaucoup d'éventuels investissements futurs incertains. Outre ce frein financier, « le nombre de puits nouveaux effectivement forés diminue de façon très importante depuis mars 2020 », et « des indices le suggèrent, […] les zones particulièrement productives [semblent] se raréfier aux États-Unis, rendant impossible la compensation du déclin rapide des puits en production »[6]. Un nouveau boom de l'exploitation du pétrole de schiste américain paraît ainsi très sujet à caution, pour des raisons tant économiques que géologiques.

Quant aux capacités des États producteurs du golfe (Arabo-Persique), dont les réserves sont encore massives, et toujours selon M. Auzanneau, une tendance au déclin de la production existante totale s'amorcera au cours de cette décennie pour l'ensemble de ces pays, entraînée par un déclin plus ou moins ample des réserves matures[a b]. En Arabie saoudite, de loin la mieux pourvue en pétrole, et en Irak (2e producteur du Golfe), qui ont produit à eux deux 790 millions de tonnes de pétrole en 2019, cette tendance au déclin apparaîtrait en 2025[7]. Les autres États producteurs du Golfe disposent d'une part moindre de production : 180 millions de tonnes par an pour les Émirats arabes unis, 144 pour le Koweït (dont le déclin devrait également s'amorcer en 2025), 78 pour le Qatar et 47,3 pour Oman.

Il faut ici dire un mot du taux de retour énergétique (le TRE), autrement dit la rentabilité des divers types de pétrole, qui calcule le nombre de barils récupérés pour un baril investi (exprimé sous la forme : x barils:1), et conditionne les marges d'extraction. Le TRE moyen de la production mondiale de pétrole conventionnel se

---

a. On appelle réserve mature un gisement dont 50 % a déjà été extrait.

b. Selon la toute récente étude de M. Auzanneau, et en accord sur ce point avec les données de Rystad, cf. références en fin de document, note 4 p. 307.

situe aujourd'hui entre 10:1 et 20:1 (donc 10 ou 20 barils récupérés pour 1 baril investi). Selon Jean-Marc Jancovici, à l'origine, « pour les premiers puits de pétrole (les plus faciles à exploiter), le TRE n'était pas loin de 100:1, autrement dit il fallait consommer l'équivalent énergétique d'un seul baril de pétrole (forage, pompage, etc.) pour en produire cent. Ce taux est de 3:1 et 5:1 pour le pétrole de schiste ou les sables bitumineux. Conséquence de l'effort constant d'investissement pour le pétrole de schiste : l'activité n'est globalement pas rentable et les trois quarts environ des compagnies pétrolières américaines dédiées à cette activité perdent de l'argent [8] ». Contrairement aux pronostics de Rystad Energy, il n'y a pas là de quoi encourager les compagnies pétrolières à renouveler l'expérience américaine du pétrole de schiste. Encore moins à doubler la production, ce qui impliquerait deux fois plus d'investissements de la part d'États ou de banques déjà grevés de dettes. En règle générale, l'exploitation des pétroles non conventionnels ne peut s'envisager que dans des conditions économiques de croissance ou au moins de stabilité favorable.

Et selon l'ASPO [a], le « TRE diminue maintenant de plus en plus rapidement pour le pétrole et le gaz », car les gisements demandent de plus en plus d'énergie pour

a. L'ASPO, Association for the Study of Peak Oil and Gas, comme son nom l'indique, concentre ses travaux sur l'étude des pics du pétrole et du gaz. Elle rassemble des scientifiques de plusieurs disciplines, dont des géologues comme J. Laherrère, ou des ingénieurs spécialisés sur les énergies fossiles et le climat, comme J.-M. Jancovici.

les trouver et surtout pour les exploiter. Certains gisements ont d'ores et déjà des bilans énergétiques très diminués. Selon Chavanne (2015), « les pertes d'énergie du producteur de pétrole au consommateur seraient actuellement de l'ordre de 11 % pour du pétrole conventionnel (dont 2,5 % au niveau de la production), soit un TRE au niveau du consommateur de 9 [9] ». Et pour Pablo Servigne, « au début du XXe siècle, le TRE du pétrole étasunien était de 100:1 [...], en 1990, il n'était plus qu'à 35:1, et en 2015, il est de 11:1. Aux États-Unis, le TRE des sables bitumineux est compris entre 2:1 et 4:1. [...] Celui du pétrole de schiste est d'environ 5:1 et du gaz naturel d'environ 10:1. [...] Ainsi le pétrole des sables bitumineux canadiens n'est tout simplement plus rentable sur les marchés internationaux ». « Les pertes d'énergie seraient d'environ 40 % (dont 25 % rien qu'au niveau de la production) [10]. » « Ce pétrole est plus cher à extraire, plus coûteux à raffiner et plus dispendieux à transporter que le pétrole conventionnel [cette exploitation fournit du bitume, 100 fois plus lourd et visqueux que le pétrole conventionnel, et il faut pour l'exporter le mêler à 30 % de pétrole léger (ce qui affaiblit encore la production du conventionnel) ou le soumettre à une chaîne d'opérations onéreuse]. Ce type de pétrole [...] est difficilement rentable en dessous de 65 $ le baril. Ajoutons que les émissions de gaz à effet de serre engendrées de l'extraction jusqu'au raffinage sont jusqu'à 70 % plus importantes pour le pétrole des sables bitumineux que pour le pétrole conventionnel. » On comprend donc que cette industrie vit sous perfusion financière constante : « Sans même compter les subventions de l'État, l'aide fiscale et la baisse des redevances perçues par l'Alberta, il devient absurde de songer à systématiquement sauver cette industrie de la faillite avec l'argent des contribuables dès que le prix du baril descend. [...] Dans ces conditions, utiliser des fonds publics pour aider les grandes entreprises de ce secteur incapables de rester concurrentielles sans l'apport du gouvernement semble indécent. » En clair, et faute de pouvoir la « subventionner éternellement à coup de milliards de dollars », cette industrie est appelée à disparaître [11].

Et finissons-en avec le futur pétrole de l'Arctique, qui suscite tant de convoitises de la part des opérateurs du secteur – des pays riverains ayant déjà installé des plates-formes –, et de l'inquiétude pour tous ceux qui se préoccupent du climat. Selon l'USGS (Institut d'études géologiques des États-Unis, agence gouvernementale) et selon BP Superfioul, les ressources encore à découvrir seraient de 90 milliards de barils de pétrole et 48 000 milliards de mètres cubes de gaz extractibles, soit 13 % du pétrole et 30 % du gaz naturel non encore découverts dans le monde. « Sauf qu'il s'agit d'estimations obtenues par extrapolation et, *in fine*, ces 90 milliards de barils n'ont, aux dires mêmes de l'USGS, une probabilité d'existence que de 50 % [12]. » Yves Mathieu, géologue et chef de projet à l'IFP [a], parvient à des estimations inférieures de quelques dizaines de milliards de barils. Et pour le géologue Jean Laherrère, en se basant sur des données historiques d'exploitation pétrolière de

a. Institut français du pétrole.

la région, les ressources à découvrir seraient de dix milliards de barils. En bref, « selon la valeur retenue, les ressources cachées de l'Arctique représenteraient donc l'équivalent de 4 mois à 3 années de consommation mondiale de pétrole, au rythme actuel de 86 millions de barils par jour [13] », qui, selon l'AIE, « avoisinera 118 millions de barils par jour en 2030 ». L'étude de la société de consulting en énergie Wood Mackenzie indique que « l'Arctique pourrait ainsi fournir 4,6 millions de barils par jour, soit environ 3,9 % de la demande mondiale, en 2030 [14] ». Un apport minime qui ne vaut pas de mettre en place des infrastructures très coûteuses en raison des dures et dangereuses conditions climatiques de la région. Ainsi l'entreprise Total de même que la compagnie Shell ont renoncé à l'extraction pétrolière en Arctique, compte tenu des risques géoclimatiques encourus, y compris des fuites qui leur coûteraient fort cher [15]. La Norvège a également retiré ses projets. Seul Donald Trump avait annoncé il y a deux ans [a] sa ferme intention d'autoriser des forages dans le refuge national de la faune arctique (aire protégée située au nord-est de l'Alaska). Mais dès son premier jour dans le Bureau ovale, le 20 janvier, Joe Biden a assuré qu'il prendrait des mesures pour garantir de façon permanente la protection du refuge. Il a également prévu d'interdire les nouveaux permis de forage de pétrole et de gaz sur les terres appartenant à l'État ainsi qu'en pleine mer [16].

Le graphique ci-dessous [b], présenté par M. Auzanneau, résume les estimations de la production pétrolière

a. AFP New York, 17 novembre 2020.

b. D'après Rystad Energy UCube.

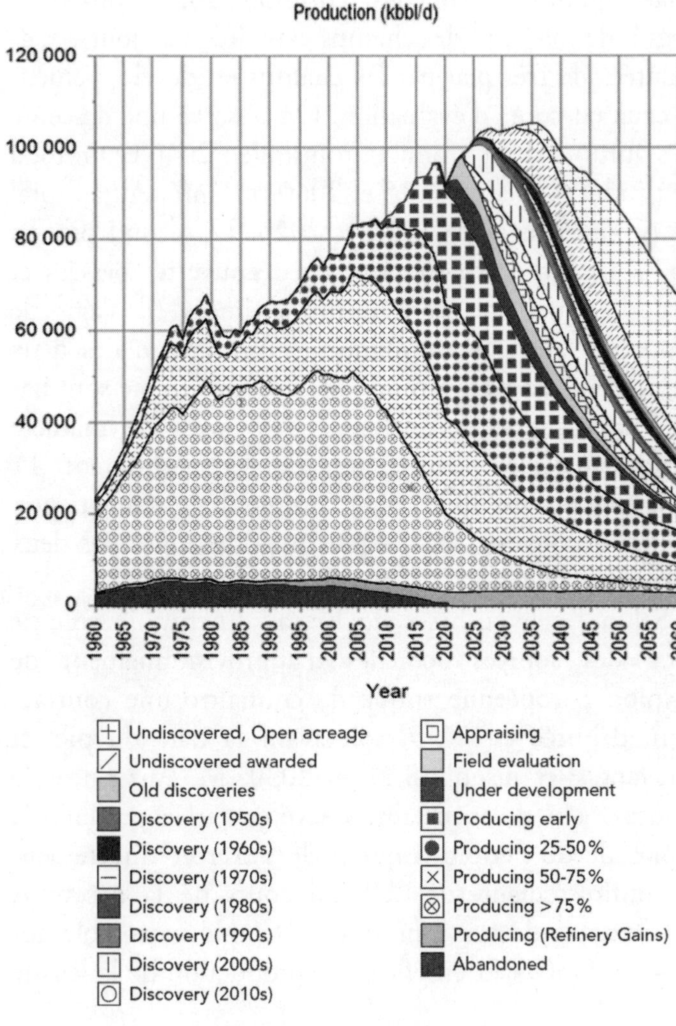

Production (kbbl/d)
120 000
100 000
80 000
60 000
40 000
20 000
0
1960
1965
1970
1975
1980
1985
1990
1995
2000
2005
2010
2015
2020
2025
2030
2035
2040
2045
2050
2055
2060
Year
Undiscovered, Open acreage
Undiscovered awarded
Old discoveries
Discovery (1950s)
Discovery (1960s)
Discovery (1970s)
Discovery (1980s)
Discovery (1990s)
Discovery (2000s)
Discovery (2010s)
Appraising
Field evaluation
Under development
Producing early
Producing 25-50%
Producing 50-75%
Producing >75%
Producing (Refinery Gains)
Abandoned

selon Rystad Energy. Il présente trois pics : en 2023, celui des ressources prouvées et en production (les quatre premières couches, correspondant à différents degrés de maturité des champs exploités à ce jour), augmentées de très peu par les champs en développement et ceux en cours d'évaluation. On observe une descente très abrupte de la production jusqu'en 2040 et un total de production entre 2025 et 2060 très inférieur au total de production entre 1960 et 2025. Le second pic, en 2026, intègre l'exploitation des découvertes passées et hypothétiques car non encore estimées (il s'agit de toutes les autres fines couches, à l'exception des deux dernières). Les ressources de ces découvertes ne sont pas très importantes et déclinent elles aussi de manière rapide, mais les pourcentages de déclin diffèrent. Le troisième pic, en 2035, tient compte des gisements non encore découverts, encore plus hypothétiques (les deux dernières couches).

Selon les hypothèses de Rystad Energy, le volume total des sources actuelles d'approvisionnement de l'Union européenne risque de connaître une contraction, débutée en 2019, soit avant la date du pic, et pouvant aller jusqu'à 8 % en 2030. M. Auzanneau [17] ajoute : « Si des contraintes sévères sur la production mondiale de pétrole risquent de s'exercer directement ou indirectement sur l'UE au cours de la décennie, l'occurrence de ces contraintes [a] semble inexorable au-delà de 2030. » Et en effet, « la production de la Russie

a. Considérablement amplifiées par le bras de fer engagé entre l'Europe et la Russie à propos de la guerre en Ukraine, si elle devait malheureusement se prolonger.

et celle de l'ensemble des pays de l'ex-URSS, qui fournissent plus de 40 % du pétrole de l'UE, semblent être entrées en 2019 dans un déclin systématique. La production pétrolière de l'Afrique (plus de 10 % des approvisionnements de l'UE) paraît promise au déclin au moins jusqu'en 2030 [a] ». On a vu que les capacités du Moyen-Orient amorceraient une baisse en 2025 (mais resteraient conséquentes). Quant à la Norvège, elle a passé son pic en 2000, suivi d'une descente abrupte [18] (éventuellement adoucie par un possible rebond de découvertes).

On peut envisager ce graphique de deux manières, selon que l'on choisit, ou non, d'y incorporer la part des découvertes passées au contenu hypothétique. Dans le premier cas, le déclin mondial débutera en 2023-2025, dans le second en 2026, avec une descente moins abrupte.

Lorsqu'on analyse la production de pétrole mondiale proposée par M. Auzanneau [19], en se réglant sur le pic de 2023-2025 (hors découvertes non estimées), ou bien de 2026 (en tenant compte des découvertes passées non estimées), on peut en déduire la part de pétrole consommée au fur et à mesure par rapport aux réserves restantes jusqu'en 2060. Dans le premier cas (cas A : sans tenir compte des découvertes passées au contenu hypothétique), la descente est abrupte, ai-je dit, et impressionnante. Dans le second (cas B : avec découvertes passées au contenu hypothétique), elle est plus modérée, surtout dans ses débuts.

---

a. Étude de M. Auzanneau, cf. note 4 p. 307.

Je vois des obstacles de taille à une mise en exploitation de ces découvertes passées (de 1950 à 2010) non estimées. En dépit de la course effrénée au pétrole de schiste dès le passage du pic du pétrole conventionnel en 2006, on constate qu'elles n'ont pas retenu l'intérêt des compagnies, et ceci est un fait étonnant. Cela est flagrant pour la part la plus importante de ces découvertes passées, celles de 2000 et de 2010, qui n'ont été ni estimées ni exploitées. Elles ont été délaissées au profit de milliers de forages dans des sites *neufs*. Pourquoi négliger les découvertes passées alors que la recherche de pétrole était si grande ? Le désintérêt qu'elles ont suscité dans une période de quête frénétique ne plaide nullement en faveur de la rentabilité de ces anciennes découvertes. Prendre de tels risques en 2023-2025, une fois le pic irréversible connu, et donc dans une situation financière à l'horizon menaçant, paraît assez douteux.

S'agissant d'un « nouveau boom du pétrole de schiste » espéré par Rystad, cette hypothèse se fonde sur le postulat que des investisseurs seront à nouveau prêts à financer des projets d'estimation coûteux de puits aléatoires non conventionnels, dont l'expérience récente a montré qu'ils étaient déficitaires, ce qui rend cette hypothèse fort peu probable.

Les pourcentages de production de pétrole avancés pour le cas B (ci-dessous) sont nécessairement erronés et donnent des résultats surévalués car ils reposent sur l'hypothèse que la totalité des découvertes passées, une fois estimées, révélera une production bénéficiaire, ce qui n'est pas statistiquement crédible. La production sera donc inférieure (ou très inférieure si l'on tient compte des réticences des investisseurs et des compagnies) à celle figurée sur le graphique.

Enfin, plane en outre le danger de la dette mondiale, à laquelle a largement contribué le soutien massif à l'industrie du pétrole de schiste au cours de la décennie 2008-2018. Elle contribue à creuser une faille dont on ne connaît pas encore le retentissement, qui pourrait fort ressembler à une récession : « L'ensemble de la dette mondiale devrait dépasser cette année [2019] 230 % du PIB mondial. » Ce sont les estimations de l'Institut de la finance internationale (IIF), publiées en novembre 2020 et reprises par Reuters. « Désormais, chacun des 7,7 milliards d'êtres humains vivant sur la planète est endetté à hauteur de 29 400 euros. Cette hausse impressionnante de la dette est principalement due aux États-Unis et à la Chine, qui en sont à eux seuls responsables d'environ 60 %[20]. » Une autre étude, réalisée par Bank of America Merrill Lynch, estime de son côté que depuis 2008 et la faillite de Lehman Brothers, l'ensemble des États ont emprunté 27 000 milliards d'euros[21].

Le FMI avertit que « la dette record fait courir de grands risques à l'économie ». Selon sa directrice, « la planète accuse actuellement un niveau d'endettement colossal, inédit en temps de paix. […] Si les crédits bancaires et les marchés à crédits ont un rôle essentiel pour la prospérité en aidant les familles à acquérir un logement et les entreprises à investir, un endettement élevé ne représente pas seulement un risque pour la stabilité financière, il peut être un poids pour la croissance[22] ».

On ne conçoit guère que le monde riche soit en mesure, dans un tel contexte de dette inédite et de fragilisation financière – accrue par la baisse de PIB due à l'épidémie de Covid –, de réitérer des prêts massifs pour soutenir de nouvelles extractions de pétrole spéculatives comme il le fit lors de la crise de 2008, à moins de créer de l'argent et de générer une dangereuse inflation et dévaluation des monnaies. Un investissement très coûteux dans des découvertes au contenu non estimé, repoussant le pic en 2026, semble donc plutôt improbable.

S'ajoute à cette fragilisation financière actuelle le lien direct et implacable qui unit production de pétrole et PIB (voir graphique p. 63). Malgré tout, le besoin de pétrole est si grand qu'on ne peut éliminer l'hypothèse d'un regain périlleux de création de monnaie ou d'endettement, envers et contre tout, pour permettre aux acteurs du secteur de se lancer sur cette voie, au moins durant quelques années. À moins que les compagnies ne choisissent d'investir dans des secteurs énergétiques rentables susceptibles de réduire notre dépendance au pétrole, tels les véhicules électriques ou le biogaz et l'électricité issus de la méthanisation.

En tous les cas, et pour les quatre raisons que j'ai développées, il faut donc considérer les chiffres du cas « B » comme théoriques et *bien supérieurs à ce que sera la réalité.*

• 2030 :

Cas A : 20 % de production de pétrole en moins par rapport au pic.

Cas B : 3 % de production de pétrole en moins.

- 2035 :

Cas A : 35 % de production de pétrole en moins par rapport au pic.

Cas B : 10 % de production de pétrole en moins.

- 2040 :

Cas A : 45 % de production de pétrole en moins par rapport au pic.

Cas B : 20 % de production de pétrole en moins.

- 2045 :

Cas A : 55 % de production de pétrole en moins par rapport au pic.

Cas B : 35 % de production de pétrole en moins.

- 2050 :

Cas A : 65 % de production de pétrole en moins par rapport au pic.

Cas B : 50 % de production de pétrole en moins.

J'ai donné ces chiffres pour les deux cas, le A (sans tenir compte des découvertes passées au contenu hypothétique) et le B (en tenant compte des découvertes passées au contenu hypothétique), auquel je ne crois pas, comme exposé plus haut. Dès le début du déclin du pétrole en 2023-2025, la prudence sera de mise, car ce passage du pic révélera les premiers signes d'une situation alarmante, chacun prenant conscience qu'elle sera amenée à se détériorer.

En effet, même une chute de seulement 5 % de la production mondiale et donc du PIB mondial – comme on le verra plus loin –, chute continue, chute durable, sans issue et promise à l'aggravation, diffère du tout au tout d'une récession économique ponctuelle conjoncturelle qui prendra fin peu à peu. Au lieu que le début d'une récession sans solution, que l'on sait inexorable et de plus en plus prononcée, entraînant à terme une dépression, ne peut encourager à investir dans un contexte d'appauvrissement à venir et sans plus aucune planche de salut.

Un exemple clair de cette grande différence : on pourra rétorquer que la crise du coronavirus a déjà abaissé le PIB de 5 % dans le monde et d'environ 8 % à plus de 10 % en Europe[23]. Mais il s'agit d'une baisse de PIB *gérée*, avec l'assurance que la crise finira par atteindre son terme et que l'économie parviendra à se redresser par la suite en dépit des faillites qu'elle aura engendrées. Ce qui est totalement différent d'une baisse dont on sait, dès son commencement, qu'elle n'aura pas de terme, et qui place les États, les industries, les entreprises, les banques, les épargnants, dans une situation de crainte, de perte de confiance, accompagnées d'un comportement de défiance et de prudence accrues, d'anticipation de la perte de moyens financiers, et ne les pousse pas à s'impliquer dans des projets aussi onéreux qu'aventureux. Je pense donc le cas A largement probable et n'ai signalé le cas B qu'à titre indicatif.

Tout ici repose aussi, dans les dix à quinze premières années après le pic, sur la pérennité des capacités géologiques et économiques des pays exportateurs et des capacités financières des importateurs. Et sur le prix du baril, dont on ne peut savoir par avance s'il partira à la hausse pour maintenir les revenus des pays exportateurs, ou bien à la baisse pour que les pays puissent importer, ce qui mettra les exploitants en difficulté financière ou en déficit. Il y aura probablement une alternance de phases, selon l'état chaotique du marché. On peut supposer qu'avec un prix à la baisse, les pays importateurs seront encore à même d'acquérir une certaine quantité de pétrole pendant plusieurs années après le pic. Mais ensuite ? Tout dépend de l'ampleur de la baisse du PIB et du déclin des pays exportateurs.

Les chiffres de baisse au niveau mondial de production de quantités de pétrole par rapport au pic, que je vous ai présentés plus haut, sont d'ores et déjà calamiteux, avec une chute de 15-20 % en 2030 par rapport à 2023-2025, de 30-35 % en 2035, dix à douze ans après le pic. Pour rappel, la chute de pétrole qui détermina la crise de 2008 fut de 3 % et les conditions d'endettement n'étaient pas du tout les mêmes. Cet effondrement rapide nous prendra de court : on ne peut qu'être affligé en sachant que nous aurions pu y parer en anticipant cette situation depuis des décennies, en modérant la consommation et en mettant en place, bien plus tôt que nous ne l'avons fait, des mesures d'adaptation au déclin du pétrole pour ne pas se prendre le mur de plein fouet, brutalement, sans aucune préparation.

Le Shift Project envisage, hors pétrole de schiste étasunien et pour la production totale des principaux fournisseurs actuels de l'Union européenne, « une baisse tendancielle de l'ordre de 12 % en 2030 » par rapport à 2019, « un déclin potentiellement plus sévère si les contraintes opérationnelles et économiques de développement de champs de taille de plus en en plus réduite s'avèrent supérieures à ce qui est estimé et retenu dans le cadre du diagnostic de cette étude », baisse qui s'accentuera dans le courant de la décennie 2030 [24]. En 2050, l'approvisionnement de l'UE serait abaissé de 50 % [25].

Ces pourcentages sont issus de calculs de capacités géologiques de barils produits, sans les effets des réactions des acteurs, investisseurs et acheteurs d'un pétrole devenant plus rare, plus cher à exploiter et plus onéreux à la vente. Nous risquons donc d'assister à une spirale d'emballements qui pourraient accélérer le déclin. Ces chiffres du déclin pétrolier annoncent en effet, de manière variable selon les pays, une récession dans ses débuts, puis une dépression ou, à la suite, un défaut de paiement des États ou des banques.

Ce qu'énonce bien J.-M. Jancovici : « À court terme, chaque composante [du système économique et social] cherche à résister et à s'en tirer au mieux, nécessairement au détriment des autres. Et puis de temps en temps, un point de moindre résistance cède [...]. Cela sera une crise bancaire ou financière, la faillite d'une grande entreprise, la cessation de paiements d'un organisme de protection sociale, ou encore le défaut d'un État ; [...] il est à craindre que l'avenir nous en réserve en quantité croissante et de plus grande ampleur [26]. » Et, ainsi qu'il le résume : « La production effective d'un gisement peut ne jamais atteindre le maximum géologiquement possible, parce que :

« – Les acteurs du secteur n'ont plus les moyens d'investir à la hauteur de ce qui est nécessaire pour exploiter les réserves restantes (parce que les pétroliers ne gagnent plus assez d'argent, parce que les banques ne prêtent plus, parce que le besoin en capital pour sortir un baril devient trop élevé, etc.).

« – Le monde entre dans une récession permanente (entre autres à cause de la volatilité sur le prix de l'énergie, mais cela peut aussi provenir d'autres limites à l'expansion) avec à la fois un effet de baisse de la demande, et d'incapacité à investir des producteurs [27]. »

En outre, le taux de récupération est très variable d'un gisement à l'autre, de 5 à 80 % environ, mais est en moyenne de moins de 30 % encore actuellement. Selon une autre source, « en moyenne, seuls 35 % des volumes de pétrole contenus dans les gisements sont récupérés [28] ».

Le passage du pic signe la fin du pétrole facile à exploiter. Son extraction, même s'il s'agit de conventionnel, devient de plus en plus complexe et onéreuse (forages de plus en plus profonds, emploi de techniques spécifiques pour faire monter le pétrole en surface, fracturation de la roche-mère...) et les coûts d'exploitation sont promis à s'élever sans cesse, avec un taux de retour énergétique en diminution. Dans ces conditions de pétrole difficile, l'équilibre entre les exploitants et les investisseurs est, on l'a dit, fragile, selon le prix du baril. Une des grandes questions qui se pose est de savoir quand, même s'il reste du pétrole à extraire, investisseurs et acteurs mettront fin à son exploitation.

Les conséquences du déclin pétrolier

La récession et ses impacts économiques

Cette récession mondiale, qui sera rapidement de grande ampleur, a ceci de particulier que, provenant de la baisse du pétrole, elle impactera donc tous les transports, affectant les particuliers, les entreprises, les industries, les commerces de toute sorte, l'import-export, c'est-à-dire la base indispensable du système économique de nos sociétés. Et comme toute récession, elle entraînera aussi une baisse générale du pouvoir d'achat et donc une baisse de la consommation, chacun se concentrant sur les produits essentiels, une baisse de la production des entreprises générée par le manque de transports, une hausse du chômage, un climat de crainte et de perte de confiance et donc une baisse des investissements (en particulier dans les exploitations pétrolières), une chute des marchés financiers, une baisse du crédit, des mesures restrictives des États. La paupérisation des particuliers (variable selon les pays) abaissera nécessairement les achats de carburant. Il est donc probable que les acteurs du secteur ne disposeront plus, à court ou moyen terme, de bénéfices suffisants pour poursuivre l'exploitation, à moins de recourir à nouveau à l'emprunt et à la dette.

Les deux conditions évoquées plus haut par J.-M. Jancovici – défaut de financement et récession permanente (d'autant que le climat financier actuel est déjà loin d'être au beau fixe) – risquent fort d'être réunies vers 2035, au niveau mondial, avec 30 % voire 35 % de baisse de la production du pétrole par rapport à 2019, entraînant donc 30 % ou 35 % de transports en moins (*a minima*) ou, si l'on veut être « optimiste », vers 2040, quand la production aura atteint 45 % de moins qu'en 2023-25.

Je rejoins ici Pablo Servigne selon qui nous « n'arriverons jamais à brûler un tiers » des réserves prouvées de pétrole, en raison de la « *rupture de l'axe énergético-financier* ». Selon Gail Tverberg, qu'il cite, experte de l'analyse de l'axe énergético-financier : « En contexte de pic, il n'est plus possible d'extraire des quantités significatives d'énergies fossiles sans une quantité toujours croissante de dettes. » (Dettes sous lesquelles nous croulons déjà et dont on se demande comment il sera possible de les rembourser.) Or, poursuit Pablo Servigne, « un système-dette a un besoin boulimique de croissance, donc d'énergie. Mais l'inverse est aussi vrai : notre système énergétique se "shoote" aux dettes. Ainsi, la courroie de distribution tourne dans les deux sens : un déclin de la production de pétrole pousse nos économies vers la récession, et inversement, les récessions économiques accélèrent le déclin de la production énergétique ». Au final, « sans une économie qui fonctionne, il n'y a plus d'énergie facilement accessible. Et sans énergie accessible, c'est la fin de l'économie telle que nous la connaissons »[1].

Ce qui pose la question centrale dc la baisse du PIB. Le lien entre la consommation de pétrole et le PIB par personne est radical et étonnamment précis, au moins depuis 1986. Ainsi la baisse de la production de pétrole entre 2006 et 2010 a été d'environ 3 % et celle du PIB similaire entre 2007 et 2011 (il n'est pas rare que les variations du PIB surviennent un ou deux ans après celles du pétrole). À cet égard, le graphique[a] présenté par J.-M. Jancovici[2][3] est plus qu'explicite :

Comparaison entre la variation de la consommation mondiale de pétrole et la variation du PIB par personne en moyenne mondiale

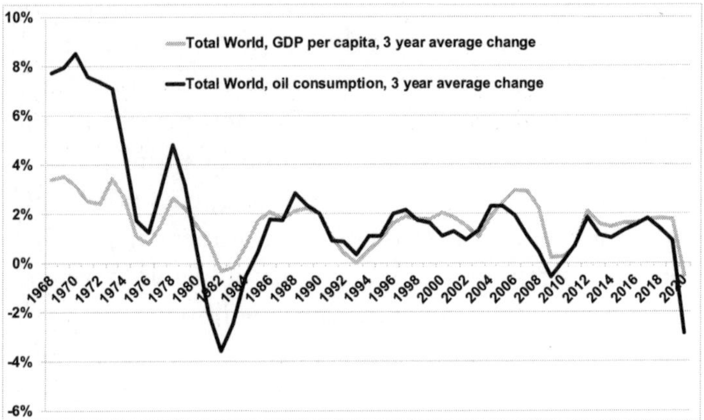

a. ©Jancovici, 2021, sur données BP Statistical Review (pétrole) et Banque mondiale (PIB & population).

Il est donc certain que le PIB mondial ne pourra en aucun cas se maintenir au niveau de 2025, après le passage du pic. Mais chiffrer cette baisse est quasi impossible tant les divers phénomènes économiques et sociaux se combinent, s'enchevêtrent et rétroagissent les uns sur les autres. Les deux courbes ci-dessus laissent penser que 20 % de baisse de pétrole entraîneront mathématiquement 20 % de chute de PIB. Mais ce rapport de proportionnalité avait lieu en période générale de croissance, ce qui ne sera pas le cas quelques années après le pic passé, quand nous entrerons en décroissance irréductible, dans un climat d'alarme financière, voire de panique bancaire, ayant face à nous une descente inéluctable. La baisse du PIB sera en outre aggravée par le réchauffement climatique, la baisse des récoltes due aux sécheresses de plus en plus longues, la baisse du niveau des eaux des fleuves et rivières, et donc le plus faible rendement du nucléaire et autres centrales (les centrales au charbon ayant notamment tout autant besoin de liquide de refroidissement), le coût des événements climatiques extrêmes (incendies, ouragans, tornades, inondations dévastatrices), les migrations, tous facteurs amenés à se répéter et s'intensifier. J'ajoute la disparition à terme du numérique, dont nul ne parle, et qui bouleversera toutes les bases actuelles du travail et de la mondialisation, sur laquelle je reviendrai. Tous ces phénomènes interconnectés laissent penser qu'il est très possible que la baisse du PIB, en temps de décroissance, soit plus accentuée que durant la crise de 2008, même si je m'en tiendrai ici à cette proportion de 1 % de baisse de production de pétrole égale 1 % de baisse du PIB, faute d'autre source d'information.

Je cite ici M. Auzanneau, à propos de l'ampleur de la crise économique : « Le rythme de déclin de la production mondiale auquel on peut s'attendre devrait être bien plus lent que le rythme qu'il nous faudrait tenir pour atteindre les objectifs climatiques… Et ce déclin géologique est largement suffisant pour déclencher une récession mondiale, ou pire. Helle Kristoffersen de Total a affirmé très publiquement en début d'année qu'il risque de manquer 1/10e de la production mondiale pour répondre à la demande à l'horizon *2025*. Les chocs pétroliers de 1973 et 1979 ont été provoqués par des déficits bien moindres… Ce risque-là est nommé, et il est devant nous [4]. »

Même selon l'option 1 % de pétrole en moins / 1 % de PIB en moins, il est fort possible que la rupture de « l'axe énergético-financier » puisse avoir lieu au plus tôt en 2035, ou plutôt en 2040, quand nous en serons à une baisse mondiale de 30-45 % du pétrole et du PIB par rapport au passage du pic. Car nous serons alors plongés dans une grande dépression sur le long terme, qui rend peu crédible qu'on puisse encore dépenser en investissements – que ce soit au niveau des États, des banques (et donc des simples actionnaires) –, s'endetter et être capables d'acheter. D'autant que nombre d'États viennent de fixer des interdictions d'achat de véhicules thermiques aux alentours de ces dates, thème que je commenterai plus loin. Ce qui mettrait fin à l'exploitation du pétrole en (2035-)2040, voire en 2045, nul ne peut être devin en ces matières.

Chaque pourcent de pétrole en moins affectera tous ses usages, à commencer par *les transports qui en dépendent*, source première de sa consommation, qu'il s'agisse de l'avion, des navires pour l'import-export, du parc roulant. J'insiste sur le fait qu'une chute de « seulement » un tiers du pétrole retentira gravement sur *l'industrie*, manufacturière, pétrochimique, agroalimentaire, sur les *entreprises*, les *commerces*, dont le fonctionnement en dépend à 100 %, de même que sur les *engins* agricoles, de chantier ou militaires[a] qui roulent au gazole, sur tous les déplacements des particuliers et sur le *chauffage au fioul* d'une partie des bâtiments.

La réduction graduelle des transports impactera également les possibilités de se rendre au travail, les profits du secteur tertiaire, des sociétés de services, du tourisme, etc., jusqu'aux moyens d'aller se fournir en denrées alimentaires, dans ces sociétés « développées » où la quasi-totalité des villages ont perdu leurs commerces, une erreur de gestion fatale, quand il aurait fallu que l'État et les grandes surfaces qui ont le monopole de ces produits subventionnent le maintien des magasins de proximité immédiate. Mais la loi de l'argent a tranché avant toute anticipation. Au point que nous ne pouvons plus nous nourrir sans pétrole, c'est-à-dire sans se déplacer plus ou moins loin. On se demande par quelle aberration ou inconséquence, à quelque trois ans de la date du pic, un programme de restauration de ces commerces n'a pas encore débuté. Il faut espérer qu'avec la baisse des transports, ils renaîtront d'eux-mêmes, profitant des besoins locaux dus à la difficulté croissante de se transporter, des récoltes agricoles et de l'élevage de

a. Cette liste doit pour l'essentiel à J.-M. Jancovici, voir notes de fin.

proximité, d'un renouveau de l'artisanat local (boulangeries, boucheries...). On examinera plus loin en détail et secteur par secteur l'impact de ce déclin, puis de la fin de l'extraction pétrolière, sur notre système économique et nos modes de vie.

Pour prendre le cas de la France, où la réduction des importations pourra peut-être s'élever à 35-45 % (cf. *infra*) en 2030, l'unique transition – là comme dans bien d'autres pays – pour parer quelque peu à cette situation, qui met en danger la survie même des populations, est le recours aux véhicules électriques, très partiel par rapport aux actuelles capacités, et qui trouvera également son terme, nous en reparlerons de même. Ou aux véhicules roulant au biocarburant ED95, à peine connu, quasiment non développé, mais *le seul* à ne pas exiger un complément d'essence en dessous de 13-15 °C, sur lequel je reviendrai plus loin.

Il ne nous reste que 3 ans avant le passage du pic, avant donc le début du déclin du pétrole et du PIB. La tendance des hommes sera de continuer à vivre comme si de rien n'était, encore que la récente décision de la Commission européenne d'interdire l'achat, dès 2035, de véhicules à essence ou diesel, même hybrides, retentit comme une alerte. Il serait avisé de la part des pays importateurs de *constituer dans la mesure de leurs possibilités des stocks de pétrole* très importants, c'est-à-dire ceux indispensables aux futurs investissements essentiels (démantèlement des centrales nucléaires, nettoyage des oléoducs vides, soutien aux usines de dépollution, approvisionnement des tracteurs), et ce avant que les importations ne se tarissent.

En vérité, il nous faudrait, en ne considérant que la France (dont le cas n'a rien d'original), pour mettre fin à cette grande dépression, disposer en 2035 d'un parc roulant identique à celui d'aujourd'hui mais totalement électrifié, y compris les poids lourds, les tracteurs, les auto-machines, les engins lourds, de même que d'avions capables de voler sans 50 % de kérosène, tout ceci étant strictement irréalisable : car cela exigerait à cette date une quantité d'électricité que nous ne pourrons pas produire en suffisance, une démultiplication irréaliste des énergies renouvelables et des méthaniseurs (qu'il faut pouvoir non seulement construire mais approvisionner !), une poursuite sans heurt de la production de batteries, largement dominée par l'Asie. Combien de temps cette production pourra-t-elle se maintenir ? Réponse difficile car totalement dépendante de la violence qu'atteindra la crise économique dans ces pays, et dans les pays importateurs (cf. *infra*). En bref, s'il existe bel et bien des moyens modestes d'organiser une mutation pour répondre à la fin du pétrole, qui a permis à lui seul l'industrialisation de nos sociétés, nous nous heurterons quoi qu'on fasse tant au mur des ressources planétaires qu'à celui de nos capacités d'innovation technologique et à nos disponibilités financières.

Concernant les oléoducs, se pose un autre problème, majeur, vital : cette gestion de sortie du pétrole, puis plus tard du gaz, ***impose de prendre à temps les mesures indispensables, juste après la cessation de l'utilisation des oléoducs (et des gazoducs, à moins que ceux-ci ne soient utilisés pour acheminer le biogaz), et tant que nous en avons encore les moyens. Et la meilleure des*** *choses à faire serait de constituer dès maintenant un* ***fonds spécial à y consacrer*** *: il est en effet* ***inenvisageable*** *de simplement mettre à l'arrêt les conduites sans les avoir au préalable totalement* ***nettoyées et purgées selon les normes les plus strictes****, au risque d'une pollution gravissime et vitale des sols et des eaux, souterraines et de surface. Ceci est* ***impératif****.*

En effet, ces oléoducs et gazoducs **contiennent un grand nombre de contaminants très toxiques** qui se déposent sur les parois des conduites. Pour cette raison, en temps normal d'exploitation, il est légalement obligatoire que les exploitants procèdent régulièrement à des opérations dites de raclage puis de nettoyage chimique des conduites (tous les 5 à 10 ans au maximum) pour les débarrasser de ces contaminants qui sont corrosifs et menacent donc de percer les tubes, voire de les fracturer. Il s'agit de : la poudre noire (contaminant issu de l'humidité sur l'acier), des hydrocarbures, des biphényles polychlorés [a], des boues formées à base d'hydrocarbures et favorisant le développement de micro-organismes microbiens, des résidus de produits chimiques utilisés pour le nettoyage [b], des revêtements dégradés et, pire encore, **des substances radioactives** très dangereuses, issues de la désintégration du gaz radon : le polonium 218, le plomb 214 et le bismuth 214, hautement radioactifs, ainsi que les produits issus de la désintégration

a. Les biphényles polychlorés sont toxiques, écotoxiques et reprotoxiques. Ces polluants persistants sont présents dans différents milieux organiques.

b. C'est pourquoi le dernier produit chimique utilisé dans la chaîne de nettoyage doit être un non-polluant.

du bismuth 214 : le polonium 214, le plomb 210, le bismuth 210 et le polonium 210. Le dernier produit de cette désintégration est stable, donc non radioactif, mais il est toxique : il s'agit du plomb 206.

Si par malheur les exploitants des oléoducs, quand viendra le temps de la cessation de leur exploitation, les abandonnaient tout simplement sur place sans procéder à leur raclage, nettoyage, purge, et l'évacuation de ces éléments, ils mettraient en danger quantité de personnes. Car en l'absence de raclage-nettoyage, les conduites seront corrodées et percées, l'eau s'y infiltrera et répandra tous ces contaminants dans le sous-sol et les nappes phréatiques, dans lesquelles on puise pour l'alimentation en eau potable (une fois dépolluée). En cas de surcharge de ces nappes, l'eau remontera à la surface des sols, contaminant à leur tour les produits agricoles, et/ou se déversera dans les rivières et les fleuves, également sources d'eau potable (une fois dépolluée de même).

Il est donc vital, je le répète, de contraindre légalement les exploitants à effectuer avec minutie les opérations de raclage-nettoyage des conduites quand se profilera la cessation d'exploitation afin de les laisser propres dans le sous-sol. L'anticipation de ce vaste chantier de décontamination des réseaux de distribution est évidemment une exigence de premier ordre, **une de celles pour laquelle il est indispensable de constituer un stock de pétrole** pour faire fonctionner les engins nécessaires à ces opérations.

L'on sait que bien des industriels d'autres secteurs ont abandonné leur site en l'état après fermeture, laissant la charge de dépolluer les sols à des entreprises publiques. Si tant est que les exploitants des énergies fossiles fassent de même pour les oléoducs, force sera d'user de mesures coercitives (saisie sur les fonds par exemple) pour les contraindre à décontaminer parfaitement les conduites hors d'usage.

Avant cette phase d'abandon des oléoducs, durant les quelque dix-huit années à venir avant (2035-)2040, il y aura d'autres priorités à mettre en œuvre et des choix à faire concernant l'utilisation, l'économie et l'attribution du pétrole restant, et nous serons bien avisés de les faire :

– **Soutenir les entreprises dédiées à la maintenance et la réparation obligatoire des gazoducs et oléoducs** pour le temps qu'il leur reste (si besoin est, car les grandes compagnies multinationales d'exploitation des énergies fossiles auront, espérons-le, les réserves de trésorerie nécessaires).

– **Privilégier et sécuriser les usines d'épuration et de dépollution des eaux**, qu'il s'agisse en amont de la dépollution des eaux des nappes, fleuves et rivières à destination des consommateurs, ou en aval de celle des eaux usées, et veiller à l'entretien des conduites de distribution.

– **Développer les usines de recyclage**, entre autres des batteries, des métaux, des carrosseries, des éléments plastique et métalliques des voitures, des déchets plastiques, du verre, et en constituer des réserves. Une seule voiture contient, entre autres matériaux, 25 kilos de cuivre et 500 kilos d'acier.

– **Privilégier l'entretien des infrastructures électriques et leur *consolidation*.** On a vu qu'elles ont été emportées en 2020 par la violence des inondations dans les Alpes-Maritimes en France. Un phénomène extrême dû au réchauffement climatique, déclenchant des catastrophes en chaîne (électricité, eau, vivres), et qui est amené à se reproduire.

– **Électrifier autant que possible** les 42 % de lignes ferroviaires qui fonctionnent au diesel[5] (en France comme dans bien des pays).

– **Remettre en service les lignes ferroviaires** abandonnées et les électrifier.

– C'est également une **priorité absolue** que de **démultiplier et au plus vite les unités de méthanisation**[a], sources de biogaz pour le chauffage et la cuisson, d'électricité, d'engrais (le « digestat ») et de biocarburant.

Ce *à la condition expresse de laisser sur place les déchets agricoles voués à retourner à la terre afin de lui permettre de se régénérer.* Faute de quoi nous détruirions totalement les sols de notre planète. (Les déchets boisés, eux, ne sont pas autorisés dans les méthaniseurs.) Ainsi : « il est alors important d'être critique quant à l'utilisation des résidus de culture, comme la paille de maïs, tout particulièrement à cause de leurs effets sur la qualité des sols. Comme le souligne Lai (2005), il existerait d'un côté une relation directe entre la quantité de résidus laissés aux champs et les contenus des sols en matière organique, et de l'autre, une relation entre les contenus des sols en matière organique et les rendements des cultures. Malgré le fort potentiel de production d'énergie [dans les méthaniseurs], l'utilité des résidus de

a. Ou méthaniseurs.

culture reste plus importante aux champs, [où ils] participent au maintien et à l'augmentation de la qualité des sols. Ils le font par leur apport en carbone, par l'augmentation de l'activité biologique des sols et de la diversité de leur flore microbienne, par leur contribution à la rétention des sols et la prévention de l'érosion et du lessivage, par la protection des sols contre les effets de la pluie, et par la réduction de l'évaporation. Ils contribuent également à tempérer les propriétés thermiques du sol, permettent un recyclage des nutriments et diminuent la nécessité de l'ajout d'intrants de synthèse[67]. »

À noter que les « méthaniseurs à la ferme », privés, ne fonctionnent pas si aisément qu'on voudrait nous le faire croire : l'épuration obligatoire du biogaz pour en tirer du biométhane, équivalent du gaz naturel, doit passer par plusieurs phases physico-chimiques qui n'ont rien de simple et requièrent des installations spécifiques et l'intervention de techniciens spécialisés.

À noter également que ces méthaniseurs, dont nous aurons absolument besoin, comportent un risque réel de *pollution des sols* – et des eaux à la suite – *via le digestat* qui en est issu et dont une partie provient du lisier des animaux (c'est-à-dire de leurs déjections), et est destiné à être épandu sur les sols. Selon l'ANSES[a], ce digestat peut contenir, en raison des déjections, des bactéries pathogènes antibiorésistantes et des résidus d'antibiotiques. Le rapport de l'ANSES montre également l'insuffisance des connaissances et des méthodes d'analyse dans le domaine.

---

a. Agence nationale de sécurité sanitaire de l'alimentaire.

Il est donc nécessaire que l'étude des effets du digestat soit sérieusement approfondie afin de prendre les mesures adéquates. Il existe des techniques d'« hygiénisation » (une période d'une heure de chauffe à plus de 70 °C) qui permettraient un meilleur « *nettoyage* » du digestat, mais elles ne sont pas obligatoires [8]. Elles devraient absolument devenir la règle, de même que la vérification des cuves pour éviter que du méthane ne s'échappe de fissures. De nouvelles consignes très strictes du futur tri en poubelles dédiées des déchets alimentaires putrescibles devraient elles aussi permettre d'éviter une pollution du digestat.

Qu'attend-on, là encore, pour accroître ces unités ? La France en possédait 1 084 en 2021, quand l'Allemagne dispose déjà de 11 000 unités [9]. L'installation d'une unité de méthanisation est coûteuse, même aidée par des subventions, mais elle devient rentable par la suite en vendant l'électricité et le biogaz produits, et il serait essentiel d'en implanter beaucoup plus d'ici 2027 – avant le début de la récession toujours – pour faire face à la chute du pétrole comme à celle du gaz qui suivra. Y parviendra-t-on ? La PPE (Programmation pluriannuelle de l'énergie) prévoit d'en doubler ou tripler le nombre d'ici 2028 [10], ce qui sera insuffisant.

Et sans qu'il soit nécessairement besoin de pétrole :

– **Subventionner et développer massivement l'enseignement de l'artisanat**, ses filières encore existantes ou oubliées, qui viendront en nécessaire remplacement des produits presque tous actuellement issus des industries : la métallurgie artisanale (forges) pour la fabrication des appareils (poêles en fonte entre autres), d'outils et d'ustensiles, l'artisanat du textile [a], du verre, du bois, de la vannerie, de la céramique, des luminaires, de la matelasserie, et j'en passe des quantités auxquelles on ne pense pas tant il est aujourd'hui encore si facile de se procurer tous ces produits.

– **Enseigner les nouvelles techniques agricoles et d'élevage, aptes à assurer l'autonomie alimentaire.** La France, pour y revenir, possède un potentiel capable de permettre son autonomie alimentaire, mais uniquement à la condition de repenser l'organisation des parcelles, la répartition des différents produits agricoles (sans oublier les vergers), les nouveaux modes de culture et d'élevage, la taille des cheptels, de sorte que le pays soit indépendant au plan alimentaire quand viendra la fin du pétrole.

Pays importateurs ou exportateurs

Il est impossible d'estimer l'impact de la baisse rapide de pétrole selon tel ou tel pays, selon qu'il est producteur, importateur, ou bien les deux à la fois, selon l'ampleur de sa population, de son parc roulant, de l'origine des importations, du nombre et des besoins de ses usines, etc. : c'est une lapalissade que de dire que les pays producteurs – qu'ils soient exportateurs ou non – seront grandement avantagés face aux pays dénués de pétrole comme ceux d'Europe ou comme le Japon, ou

a. Conditionné à la reprise de la plantation de chanvre et à la fin de l'exportation du lin.

ceux trop faiblement dotés, et donc également importateurs, tels la Chine et bien d'autres.

La contraction de l'économie des pays importateurs s'accroîtra bien sûr à mesure que les pays exportateurs dont ils dépendent verront leurs réserves décliner (Norvège, Russie), à l'exception de celles du Moyen-Orient dont l'affaissement sera plus tardif et plus lent, mais qui ne pourront certes pas alimenter le monde entier (en 2017, les pays du Golfe, Arabie comprise, assuraient 35 % de la production mondiale [11]). Les pays du golfe Persique fournissent actuellement à l'Europe 45 % de son pétrole [12]. Il est possible que cette zone puisse maintenir ses exportations, ou une partie, jusqu'en 2040 (sans aucune certitude), mais tôt ou tard, ces pays seront dans l'obligation de conserver leurs réserves. En tous les cas, l'Europe, entre autres, est destinée à se trouver en pénurie de pétrole dans un avenir assez proche.

Les pays importateurs ne seront pas les seuls sinistrés et la zone du golfe Arabo-Persique est un bon exemple des contraintes qui vont peser, mais plus tard, sur les pays exportateurs. M. Auzanneau estime qu'un déclin s'y amorcera dès 2025, en raison de la maturité des champs. La simulation (de 2014) de J.-M. Jancovici montre une production en plateau ondulant de 2008 à 2032-2036 environ, suivie d'une descente assez prononcée [13]. Quand viendra le temps proche où la production du Golfe déclinera, nombre de pays de la région seront confrontés à un grave dilemme, à commencer par l'Arabie dont les exportations de pétrole représentent 90 % des recettes d'exportation, contribuent à 75 % du budget de l'État et à 45 % du PIB. Au Koweït, elles frôlent 50 % du PIB. En Irak, elles alimentent 50 % du PIB et 90 % des recettes publiques. Le pétrole est également vital pour l'Iran en recettes, mais sa consommation d'énergie en dépend aussi à 99 %. Quant aux Émirats arabes unis, l'industrie pétrolière y pèse pour un tiers du PIB [14]. Ces pays, selon leurs réserves, disposeront pour un temps variable de stocks suffisants pour assurer leur consommation intérieure, ce qui les avantagera. Mais, à moins que l'Arabie, l'Irak, l'Iran, le Koweït ne continuent d'exporter le plus possible après le début de leur déclin, la chute économique de ces pays, faute d'entrée suffisante de devises, sera aussi désastreuse que celle des pays importateurs.

La Russie, exportatrice mais en déclin depuis 2019, sera également grevée, mais en apparence moindrement : le pétrole y représente 70 % des exportations et compte pour environ 15 % de son PIB. Cependant, après le passage de son pic, la descente de sa production risque d'être abrupte [15], et vers 2030 les Russes ne disposeront sans doute plus que d'une quantité de pétrole équivalente à celle des années 1960, pour 20 millions d'habitants de plus, et ne seront sans doute plus en capacité d'exporter.

La Chine, devenue 1er importateur de pétrole, ne produit que 32 % de sa consommation, et subira, son pic étant advenu dans les années 2010, une descente aussi rapide jusqu'en 2030, de l'ordre de plus de 70 % en 20 ans. Elle ne pourra plus alors compter que sur les importations venues principalement, et à égalité, de Russie – dont on a vu les limites – et d'Arabie, qui gérera au mieux ses exportations. La situation de la

Chine et de la Russie deviendra donc presque aussi tendue que celle de l'Europe. Il est possible qu'à terme, la Chine, qui assure 47 % de la production mondiale de charbon, bien loin devant tous les autres pays charbonniers, se voie financièrement contrainte d'abaisser son exploitation de charbon (son taux de retour énergétique a diminué de plus de la moitié depuis 1987), dont l'extraction est onéreuse, plus encore que celle du pétrole en raison de ses coûts de transport [16]. Et le pays n'aura quasiment plus de charbon en 2050, date variable selon son degré d'exploitation. Cette baisse pourrait s'opérer au profit, par exemple, d'une vaste amplification des méthaniseurs (auxquels l'apport de déchets alimentaires sera soutenu par son 1,4 milliard d'habitants), susceptibles de lui apporter une petite part de biocarburant. Mais surtout au profit du gaz, que le pays importe à présent pour 41 %, et qui peut lui fournir une part de carburant, extrêmement coûteux.

Les États-Unis, dont la consommation de pétrole est 3,7 fois plus élevée que la moyenne mondiale, sont en situation délicate quant au pétrole de schiste dont les puits ne peuvent guère croître dans les périmètres exploités. Et la découverte de nouveaux territoires d'exploitation est peu probable [17]. Le pays a besoin d'importer le difficile et onéreux pétrole des sables bitumineux du Canada, qui passera à son tour son pic avant 2030, et dont on a vu la précarité puisqu'il subsiste sous perfusion financière constante, qu'il sera bien hasardeux de maintenir en contexte de décroissance économique.

En Amérique du Sud, le Venezuela, le Brésil, le Mexique vont connaître une très forte descente dans les années 2030. Quant à l'Afrique, ses huit pays producteurs ont passé leur pic vers 2020, et si ensuite le déclin est bien marqué, il sera plus doux qu'en Chine ou en Russie par exemple, jusqu'à des quantités très basses en 2060 [18].

Au final, quand en (2035)-2040, la quantité de pétrole consommée au niveau mondial aura atteint 35-45 % de baisse par rapport à la date du pic, et que cette baisse entraînera une chute du PIB mondial, il est inévitable que le monde entier affronte une dépression intense et inédite dans l'histoire, mettant probablement fin aux capacités d'exploitation du pétrole, par « rupture de l'axe énergético-financier ».

La chute des gaz à effet de serre et la température

Évidemment, cette décrue pétrolière dès 2023 ou 2026 – fixons-la en 2025 – et l'arrêt probable de sa production 15 ans plus tard environ économiseront une bonne part de CO_2 et d'autres GES rejetés dans l'atmosphère (l'industrie du pétrole émet un tiers des émissions de GES) durant 75 années d'ici la fin du siècle. Outre les émissions de l'industrie pétrolière, nous devons prendre en compte les réductions de GES issues des effets collatéraux de cette chute. Ainsi de la déforestation massive, qui compte aujourd'hui pour 23 % des émissions de CO_2 (et qui repart à la hausse en Amazonie brésilienne), et dont 40 % est due à des productions destinées à l'exportation : canne à sucre, soja, cacao, riz, bois, bétail et fourrages. Avec la réduction progressive puis la fin consécutive du fret par avion vers 2040 faute de kérosène, cette déforestation sera diminuée (la feuille de route du gouvernement de janvier 2020 prévoit une incorporation de 50 % de biocarburant en 2050 dans l'aéronautique, soit un besoin de 50 % de pétrole que nous n'aurons pas). Cependant, il faut compter avec l'essor possible des transports maritimes au gaz naturel liquéfié (GNL). Mais garder aussi à l'esprit qu'à cette période, les marges d'achat des importateurs seront réduites, y compris celles des pays dotés de gaz.

Et quand viendront la contraction du nombre de tracteurs puis leur disparition, l'agro-élevage industriel atteindra par ailleurs son terme et sera obligatoirement remplacé par une agriculture biologique qui exclut de fait les engrais et pesticides chimiques aux conséquences multiples et désastreuses. La production des engrais azotés sera cependant toujours possible puisqu'elle dépend du gaz et non du pétrole. Ces engrais, utilisés en excès, outre leur effet délétère sur la fertilité des sols (baisse de fertilité compensée en un cercle vicieux par un apport encore plus massif d'engrais), émettent une part très importante des émissions de protoxyde d'azote (pour les 2/3 ou les 3/4), un des plus dangereux GES, qui n'est pas de loin le plus important en volume mais dont le pouvoir réchauffant est 300 fois plus élevé que celui du CO_2 et la durée de vie de 120 ans dans l'atmosphère.

Engrais chimiques et pesticides sont utilisés en une telle abondance dans l'agriculture intensive qu'ils contribuent aussi largement à la pollution des eaux (accroissant le coût de leur dépollution). La cessation de leur emploi lors du passage à l'agriculture extensive biologique ne pourra provenir que de la seule volonté des agriculteurs qui s'imposera probablement, une fois ceux-ci informés des méfaits de ces substances tant sur l'environnement et sur les rendements que sur leur santé.

Quant au méthane, surtout dû à l'élevage, émis par le lisier et la fermentation entérique des ruminants, ses émissions se réduiront de fait avec l'obligation de diminuer de beaucoup la taille des cheptels (mais diversement selon les pays) au profit de l'agriculture biologique, qui aura besoin de plus d'espace pour égaler les rendements agricoles actuels. Espace également nécessaire en raison de l'impact des sécheresses sur les récoltes.

Les gaz fluorés, engendrés par la chaîne du froid, s'amenuiseront en proportion de la baisse du transport des viandes et de leur commercialisation. (L'agriculture contribue au niveau mondial à 24 % des GES, dont 14,5 % sont dus à l'élevage.)

À ces multiples sources de diminution des GES issue du déclin pétrolier (mais celle du méthane issue du bétail et celle des gaz fluorés ne débuteront qu'après 2040) s'ajoute la découverte très récente (2022), due aux recherches du « Global Methane Tracker » de l'AIE, que « les rejets de méthane dus au secteur de l'énergie sont supérieurs de 70 % à ceux rapportés officiellement par les différents pays du monde ». Ces émissions, essentiellement dues à des rejets incontrôlés et des fuites lors de l'extraction, l'exploitation et le transport de charbon, du gaz et du pétrole, et cartographiées sur déjà 1200 sites, « contribuent à hauteur de 8 à 12 % aux émissions mondiales du secteur pétro-gazier [19] ».

On peut dès lors estimer qu'entre 2025 et 2040, le déclin puis la fin de l'extraction du pétrole conduiront, tous effets cumulés (hors engrais), à une baisse progressive des GES atteignant au minimum environ 51 % en 2040, ou plus selon le taux de réduction de l'élevage. Ce pourcentage doit être considéré comme indicatif en raison de la grande variabilité de réponses des sources. Pour affermir le seuil de crédibilité de ce résultat, j'ai privilégié les données les plus récentes et les ai quantifiées à la baisse. Il atteint ainsi, pour reprendre l'expression du GIEC, un « seuil de confiance élevé », et pourrait s'élever à 57 %. Cette chute très conséquente s'accorde plutôt bien, à quelque 10 années près, aux recommandations expresses du GIEC exigeant une baisse des émissions de CO_2 de 45 % en 2030.

Cette décroissance progressive des émissions de GES à compter de 2025 est à comparer avec le schéma du GIEC pour le scénario RCP 4.5 – scénario dont on voit qu'on se rapproche sérieusement –, qui a placé, pour de tout autres raisons que géologiques, le début d'une chute des GES en 2050, provoquant un fléchissement de la hausse de chaleur 12 ans plus tard, aboutissant à *environ* -0,2 °C, et, 30 ans plus tard, à *une stabilisation des températures* qui donnerait, à partir de 2080 comme à la fin du siècle, une moyenne de température globale d'environ +2,3 °C/+2,4 °C par rapport à 1900, et de quelque +3,29 °C/+3,4 °C sur les terres [20] au niveau mondial.

Mais le déclin continu du pétrole à partir de 2025 change la donne.

Dans le cadre de ce schéma du GIEC, la baisse des émissions de GES amorcée en 2050 est tardive et lente, d'environ 50 %, et se poursuit durant 30 ans. Dans notre analyse des divers effets de la décrue pétrolière sur les GES, cette baisse est d'une importance quantitative à peu près équivalente, mais elle débute 25 ans plus tôt et a lieu en environ 15 ans et non pas en 30.

Si bien qu'avec un passage certain du pic en 2025, le *fléchissement* de la hausse de chaleur surviendrait en réalité vers 2037 et **la *stabilisation des températures* débuterait en 2055. Ce qui donnerait à cette date environ +1,9 °C de température moyenne mondiale globale** par rapport à 1900, et +2,67 °C. Mais en réalité moins en raison de la baisse de température durant la période de fléchissement qui précède et que j'estimerai à -0,2 °C, chiffre minimal choisi pour plus de sûreté. On atteindrait donc +1,7 °C en 2055 par rapport à 1900, et donc +2,38 °C sur les terres. D'autre part, en tenant compte de la vitesse accrue de la baisse des GES et donc d'une économie de 51 % des GES dès 2040, nous entrerons en période de stabilisation avant 2055 et donc connaîtrons une température plus basse que +1,7 °C à cette date. Le résultat de mon hypothèse est ainsi surévalué mais je ne peux dire de combien de dixièmes de degré, ne sachant sur quels calculs s'est basé le GIEC pour convertir la baisse des GES sur 30 ans en évolution de la température. Mais gardons à l'esprit que cette hausse de température sera inférieure à +1,7 °C en 2055, ou avant, et de moins de +2,38 °C sur les terres (la température actuelle étant de +1,54 °C sur les terres, elle serait en moyenne plus haute de moins de 0,84 °C).

Cette hausse de la température globale mondiale moyenne inférieure à +1,7 °C n'est pas conforme aux Accords de Paris qui exigeaient une température de +1,5 °C ou « bien en dessous de +2 °C » en 2100, mais n'en est pas si éloignée et au moins ne dépasse-t-elle pas +2 °C et nous place-t-elle dans le scénario RCP 4.5, en dessous de sa moyenne pour la période 2046-2065 (par rapport à 1900). En outre, elle ne sera pas amenée à augmenter par la suite, car la déplétion du gaz, après son pic vers 2040, nous en parlerons, entraînera une diminution progressive des émissions de CO_2, de la production d'engrais et donc de protoxyde d'azote, et des émissions de méthane issues de son industrie. De même que la chute des transports amoindrira, on le verra, les émissions de CO_2 du charbon et, je l'ai rapidement évoqué et y reviendrai, de la déforestation.

Et c'est un dilemme moral de taille que de se féliciter de la baisse des émissions de GES et du frein des températures en même temps que de s'alarmer des effets du chaos économique et social qu'engendrera ce déclin du pétrole : chute des transports, chute des industries, des entreprises, des commerces, chômage, pauvreté, difficultés de distribution des denrées et produits, manques de produits essentiels, migrations.

Je vous laisse souffler un peu après ce chapitre aussi porteur d'espoir quant à l'intensité du réchauffement global quelque peu inférieure à +1,7 °C (mais certes importante cependant puisque nous menant à +2,38 °C sur les terres, ou peut-être aux environs de +2 °C, en moyenne mondiale bien sûr) que d'angoisse pour la situation économique et sociale. Libre à vous d'aller faire un tour ou de lire une bande dessinée avant de revenir, j'y compte bien, pour prendre des nouvelles de nos possibilités en transport des biens et en mobilité après (2035)-2040.

Le parc roulant, aéronautique et maritime en France de 2022 à 2040

Il existera à l'avenir huit formes d'énergie permettant la mobilité des véhicules, dont certaines disparaîtront au cours du siècle : le pétrole et ce qu'il en restera selon la décroissance des gisements et des importations, le gaz pour véhicules (le GNV [a], issu du gaz naturel fossile), et le bioGNV (issu de la méthanisation), le bioéthanol (issu des cultures de plantes à sucre ou des plantes lignocellulosiques et du bois), le biodiesel, l'électricité, le gaz de synthèse et l'hydrogène. Je me hasarde à présenter ici pour la France, à mesure des années à venir, la part probable de chacun de ces modes de locomotion et leur évolution.

J'avais précédemment, dans un chapitre traitant d'une société décarbonée en 2050 [b], attribué sommairement une part d'électricité à chaque type de transport, mais elle est inexacte et il me faut donc revenir sur ce point. Inexacte car la part du transport électrique est

a. Gaz naturel pour véhicules.

b. Voir *L'Humanité en péril*, Flammarion, 2019.

en réalité très fortement bridée par la capacité de la production d'électricité du pays (le parc des poids lourds, cars, autobus, tracteurs et engins de chantier demanderait un très fort appel de puissance électrique), et la quantité de TWh qu'il peut y allouer moindre que celle que j'avais envisagée.

La Note de synthèse du RTE de 2019 (gestionnaire du réseau de transport de l'électricité en France), qui se base sur les évaluations de la PPE (issue du ministère de l'Écologie) [1], expose ses prévisions pour le transport en 2035 en France. Le RTE prévoit que la capacité installée des énergies renouvelables électriques sera doublée en 2028 par rapport à 2017. Ce qui est possible. En revanche, la PPE comme le RTE et bien d'autres ne disent pas mot du déclin du pétrole et ne l'intègrent pas dans leurs estimations. Ainsi la PPE envisage une hausse du PIB de 1,9 point en 2028, ce qui est contraire aux effets du déclin du pétrole, tandis que le RTE, qui ne s'occupe que de l'électricité disponible, ne consacre pas de développement particulier au pétrole, bien que prévoyant une bonne part de véhicules hybrides dans le parc. C'est également une des faiblesses de la note du RTE que d'avoir proposé des scénarios globaux pour toute la période 2020-2035, alors que la situation subira pendant ces quinze ans de considérables bouleversements.

Le transport thermique

L'analyse du pétrole dans les transports sur cette période oblige à une prévision sommaire des importations dont pourra encore bénéficier la France. Comme bien des prévisions, elle comporte une part d'incertitude.

En 2019, les importations nous apportaient 48,66 millions de tonnes de pétrole brut, dont environ 60 % dédiés aux transports.

Le parc actuel est composé d'environ 44,9 millions de véhicules, dont 38,3 millions de véhicules particuliers, 5,9 millions d'utilitaires[2], 300 000 camions, 300 000 poids lourds[3], et 100 000 bus et cars.

À partir du pic pétrolier de 2025, on peut sans guère de risques compter sur des importations à peu près équivalentes jusqu'en 2026-2027, avec une baisse annuelle de 1 à 2 %.

En 2030 en revanche, les effets du déclin se feront déjà sentir. Pour M. Auzanneau, le resserement du volume d'approvisionnement pourrait atteindre 12 % en Europe à cette date, et s'accroître ensuite.

En (2035-)2040, avec une contraction de 30-45 % de la production pétrolière *mondiale* par rapport à 2023, la part sera pour chaque secteur du transport à diminuer d'un tiers, en moyenne au niveau mondial toujours. Pour la France, et en fonction des pays qui l'approvisionnent aujourd'hui, on peut supposer sans certitude qu'à cette période, elle bénéficiera encore d'un tiers d'importations par rapport à 2019 (autour de 32 %, venues d'Arabie, d'Algérie, d'Irak), prévision minimale, et à la condition que le pays, déjà en récession, puisse payer ces importations.

On disposerait donc encore, si on compte sur ce tiers des importations, de 200 000 poids lourds et camions, si les anciens diesels sont encore autorisés en France, le gazole étant à conserver en priorité pour les bennes, les camions de pompiers, les poids lourds de la poste, les tracteurs, les engins de chantiers, etc. Et de 25,5 millions de véhicules particuliers.

Ces 200 000 poids lourds et camions pourraient être distribués entre l'import-export, les transports de biens nationaux, la distribution des vivres, l'approvisionnement des pompes. Concernant les importations, si, au niveau mondial (car la situation de chaque pays sera différente), deux tiers des avions et navires fonctionnent encore, la priorité devra être donnée aux batteries, aux éléments de carrosserie, aux équipements plastique pour les voitures, aux composants électroniques, aux ordinateurs, aux médicaments, venus de Chine, au latex pour les pneus, aux minerais et métaux nécessaires aux batteries, généralement exportés très majoritairement vers la Chine, dont le cobalt, venu en grande partie de la République démocratique du Congo (et extrait de mines toxiques dans lesquelles travaillent les enfants, on le sait), à l'uranium, cette liste n'ayant rien d'exhaustif. L'importation de bois, dont des bois tropicaux – et la France est loin d'être la seule en Europe à la pratiquer –, devra en revanche cesser, et ce au plus vite afin d'enrayer la déforestation.

L'impossibilité d'équiper électriquement un poids lourd, un avion, un navire commercial, fait dire avec justesse à J.-M. Jancovici : « L'électricité n'est quand même pas pour demain en masse dans les camions, les bateaux et les avions, et donc dans la chaîne logistique mondiale. Elle n'est pas non plus pour demain dans les voitures, même si la part de l'électricité augmente avec le temps. À court terme (c'est moi qui souligne), *une baisse du pétrole sera un coup de frein sur la logistique mondiale et donc sur l'économie mondiale. Cela donne l'occasion de rappeler que la "transition" a toutes les chances de s'écrire dans un contexte de contraction durable de l'économie*[4]. »

C'est dire qu'à partir de ce jour et sans attendre le pic de 2025, il est essentiel ***d'anticiper*** *le déclin du pétrole, voire la fin de son extraction,* ***et de constituer un stock de réserve d'engins de chantier lourds, ainsi qu'un très important stock de pétrole,*** *le tout spécialement destiné aux oléoducs et au secteur nucléaire, soit :*

– Les opérations indispensables de **nettoiement définitif des oléoducs**, que nous avons déjà évoquées plus haut.

– **Le démantèlement des réacteurs nucléaires** (un démantèlement peut s'étendre sur une période de 15 à 20 ans ou plus) : outre la fermeture de Fessenheim, le programme d'allongement de durée de vie des centrales (le « Grand Carénage » d'EDF, voir *infra*) laisserait 32 unités de 60 ans d'âge en 2040, à démanteler également. Pour ces démantèlements en chaîne, il est impératif de **prévoir les engins, les équipements et la quantité de pétrole nécessaires à ces opérations** de longue haleine (certains de ces engins sont bien particuliers comme les robots pour le découpage sous l'eau de la cuve irradiée du réacteur ou des dispositifs pour creuser des fosses de 500 m de profondeur).

– Les engins et matériaux nécessaires à la construction prévue de nouveaux réacteurs, à l'évacuation des nouveaux déchets radioactifs, à l'installation d'un site d'entreposage.

Et outre le matériel et le carburant, où trouvera-t-on, là encore, le financement pour démanteler ces centrales, en pleine dépression économique mondiale ?

« 46,4 milliards d'euros sur près d'un siècle. C'est le coût envisagé par la Cour des comptes pour démanteler les installations nucléaires gérées par les trois principaux exploitants[a] [5]. » La Cour des comptes « insiste sur un certain nombre de mesures correctives à prendre en considération à la fois sur le pilotage des opérations de démantèlement *mais aussi sur l'évaluation et le provisionnement des charges liées au processus de démantèlement*[6] ».

Le transport au GNV et au bioGNV

Le gaz naturel fossile pour véhicules, le GNV, est partout présenté comme un carburant « propre » quand il est en réalité un carburant tout à fait polluant, au contraire du bioGNV issu de la méthanisation. Certes, il émettrait 77 % de particules fines en moins (ou 90 % pour l'ADEME[b]) et 55 % à 90 % d'oxydes d'azote en moins qu'un véhicule classique, selon qu'il est à l'essence ou au gazole, mais seulement 11 % de CO_2 en moins (pour d'autres 15 %, pour d'autres encore 20 % et 25 % de moins par rapport à un véhicule à essence). J'ajoute rapidement – car j'ai déjà traité ce

a. EDF, Orano (ex-Areva) et le Commissariat à l'énergie atomique et aux énergies alternatives (CEA).

b. Agence de la Transition écologique.

sujet plus avant – que le GNV émet des particules *ultra-fines*, qui pénètrent plus profondément dans l'organisme [7].

Le bioGNV, issu de la fermentation de matières organiques (résidus de cultures, déchets alimentaires de collectivités et d'industries…) se mêle sans difficulté au GNV. Bien qu'il utilise le même gaz que le GNV – le méthane –, mais dont la source n'est pas cette fois d'origine fossile, il est le moins polluant de tous les carburants mais tout dépend bien sûr de la proportion qui est injectée dans le GNV. Un véhicule roulant avec du bioGNV à 100 % produit 20 % de CO_2 par rapport à un diesel [8]. D'autres sources lui attribuent une émission réduite de 95 % par rapport à l'essence ou au diesel [9]. En 2020, l'incorporation de bioGNV dans le GNV n'était que de 17,5 % et la filière ne prévoit du bioGNV à 100 % que pour 2050. Ces véhicules, bien que s'améliorant au fil des ans, resteront donc longtemps porteurs d'un apport en GNV polluant [10].

Il faut aussi savoir, ce qui est à peine dit car l'essentiel des sites est à vocation commerciale et non strictement informative, que de l'essence est « impérativement nécessaire » pour faire démarrer un véhicule fonctionnant au GNV [11], mais également pour qu'il puisse continuer à rouler faute de station de remplissage (il existe aujourd'hui moins d'une centaine de stations-service ouvertes aux particuliers). Or le GNV étant majoritairement utilisé sous forme de gaz compressé (le GNC, car le gaz naturel liquide (le GNL) doit être consommé « dans un délai relativement court afin qu'il ne se réchauffe pas dans les réservoirs [12] »), la création d'une station exige donc la construction d'une unité de compression, et si possible de stockage, sans laquelle 7 heures sont nécessaires pour ravitailler un véhicule. Le prix d'une station varie entre 700 000 euros et 1,5 million d'euros et demande dix ans pour être amortie. Autant dire qu'au vu de la conjoncture à venir, la multiplication des stations n'est pas pour demain.

Ce besoin, même faible, en essence implique que lorsqu'il n'y aura plus de pétrole disponible, il n'y aura donc plus de véhicules fonctionnant au GNC, ou GNV, ni non plus au bioGNV.

Ce carburant exige aussi une transformation du moteur du véhicule, et même un changement pour un diesel. Si le GNV est pris trop largement sur la production des méthaniseurs, qui ne sera pas conséquente, il privera les habitants d'électricité, de chaleur et de cuisson. À tous égards, ce carburant devrait rester marginal, voire être voué à l'abandon dès 2030, la nouvelle loi européenne demandant à cette date des véhicules neufs dont les émissions de CO_2 devront être réduites de 55 % [13], sans qu'on sache si cette mesure s'applique aux navires [14]. Les poids lourds seraient concernés, avec une obligation de réduction de 30 % de CO_2 à partir de 2030 [15]. Le GNV serait en ce cas clairement hors de course après 2030.

Selon le dernier décompte de l'AFGNV (Association française du gaz naturel pour véhicules), plus de 22 000 véhicules au GNV circulent aujourd'hui en France, dont 10 491 véhicules légers, 3 865 bus et cars, 4 087 poids lourds, 2 004 bennes à ordures ménagères et des voitures particulières.

L'AFGNV prévoit, d'ici à 2030, un fort développement de véhicules utilitaires (VUL) et de poids lourds fonctionnant au GNV / bioGNV (consolidation des prévisions de la PPE), sans que les proportions de l'un et l'autre soient précisées : avec, dans un scénario bas dans la ligne de la tendance actuelle : 120 304 camions, 10 438 autocars, 97 véhicules utilitaires et 9 320 bennes, ou 208 870 véhicules dans un scénario haut [16].

Le gouvernement français a des ambitions plus faibles pour les véhicules lourds, *avec pour objectif* de faire en sorte *que le bioGNV atteigne 20 % des consommations de GNV* d'ici 2023, qu'au moins 3 % des véhicules poids lourds roulent au GNV en 2023, 30 000 poids lourds en 2030, 340 000 véhicules en 2030 [17].

Même ce recours à 20 % de bioGNV ne garantit pas que ces véhicules hybrides n'émettront que 45 % de polluants (mais plutôt 60 %…), puisque le biocarburant 100 % n'économise que 20 % d'émissions.

C'est surtout placer un espoir très disproportionné en les quantités disponibles de bioGNV dans huit ans. Car aujourd'hui, les 1 084 méthaniseurs de la France, tous types compris, ne fournissent que 7 TWh de biogaz. Quand bien même parviendrait-on à 10 840 méthaniseurs en 2040, ce qui n'a vraiment rien d'évident, nous disposerions de 70 TWh de biogaz, transformable en biocarburant. Alors que pour alimenter notre million de tracteurs en 2040 avec du pur biocarburant issu de la méthanisation (et un peu d'essence que nous n'aurons pas), le besoin serait de 230,6 TWh. Ou un peu moins si nous le mêlons à 20 % de GNV tiré du gaz naturel.

Auquel il faudrait ajouter tout le parc roulant, poids lourds, engins de chantier, bennes à ordures, auto-machines agricoles, etc., compris.

En bref, de quelque côté qu'on prenne le problème, le carburant GNV/bioGNV n'est pas un recours viable pour le transport terrestre, véhicules ou poids lourds, si l'on doit y mêler 20 % de biocarburant, et trouvera de toute façon sa fin vers 2040 quand il ne disposera plus d'essence de démarrage. S'ajoute le fait que le pays n'est nullement équipé pour ce nouveau mode de motricité et que le coût de cette mutation de la flotte, de la compression du gaz en GNC et des unités de compression à construire dans les stations-service paraît largement au-dessus de nos moyens dans les années 2030-2040. Sans même parler du coût du gaz importé à consacrer pour une telle flotte.

En revanche, le GNL, gaz naturel liquéfié à -163 °C, est utilisable sans essence pour les poids lourds et les navires commerciaux, mais non pour les autres véhicules, ce qui ne résout en rien leur abandon vers 2040, faute d'apport d'essence. L'usage du GNL pour les poids lourds nécessiterait lui aussi de considérables investissements, tels l'achat de ces très onéreux camions, munis de moteurs spécifiques complexes, la fabrication de bouteilles résistantes et étanches, la création de multiples usines de liquéfaction du gaz dans les stations-service, de réservoirs de stockage, etc., bref une charge financière telle que cette piste n'apparaît pas abordable, en tout cas pour la France, dépourvue de gaz.

Le transport à l'éthanol

L'éthanol – également appelé « bioéthanol » –, issu de cultures qui lui sont dédiées (canne à sucre, betteraves, maïs, céréales), est le biocarburant le plus utilisé au monde [18], dit « biocarburant de première génération ». Mieux vaudrait l'appeler agrocarburant car il n'a rien de forcément « bio ». En effet, ce n'est pas parce qu'il est extrait de matières végétales qu'il est pour autant non polluant. Ainsi, les agrocarburants, issus de plantations, sont à considérer avec de grandes restrictions selon la manière dont ils sont produits. Le bilan du rapport de 2009 de l'ONU [19] concernant les émissions de CO_2 des biocarburants « ne serait finalement pas si médiocre qu'annoncé. Par exemple, certains biocarburants de première génération, comme l'éthanol produit à partir de canne à sucre, tels qu'ils sont utilisés actuellement au Brésil pour compléter le pétrole, entraînent une baisse de 70 % ou plus des émissions de GES, à utilisation égale par rapport à un véhicule à essence ou diesel ». D'autres sources témoignent d'émissions de CO_2 beaucoup moins favorables.

À titre général, les biocarburants de première génération, ou plutôt les agrocarburants, extraits de la culture de plantes à sucre, ont un bilan calamiteux en termes de déforestation, de perte de récoltes vivrières et de consommation d'eau colossale (entre 1 000 et 4 000 litres d'eau sont nécessaires pour produire un seul litre d'agrocarburant), en même temps que leurs effets sur la réduction de leurs émissions de GES sont très discutés, et très discutables.

« Le talon d'Achille des biocarburants réside principalement dans le changement d'utilisation des terres (intensification et extension des surfaces agricoles) [20]. »

« Les cultures destinées à la production de biocarburant représentaient environ 2 % des surfaces cultivées dans le monde en 2008, soit environ 36 millions d'hectares. *Or, il faudrait cultiver entre 118 millions et 508 millions d'hectares (jusqu'à 28 % des terres cultivées !... ou presque la surface de l'Amazonie tout entière) pour satisfaire seulement 10 % de la demande mondiale en carburant destiné aux transports d'ici 2030 avec les biocarburants de première génération* [21]. » Ce qui représenterait en France 8 millions d'hectares sur ses 26,7 millions de surface agricole.

Et « d'un côté ces biocarburants pourraient éviter 0,17 à 0,76 milliard de tonnes de CO_2 issus de combustibles fossiles (pétrole principalement), de l'autre, le changement de l'utilisation des terres conduirait à une augmentation des émissions de 0,75 à 1,83 milliard de tonnes de CO_2 [a]. Au final, les émissions de GES auraient plutôt tendance à augmenter dans les prochaines décennies en raison de la production de biocarburants agricoles ». Enfin, « selon l'efficacité des usines, la production de bioéthanol peut représenter de -60 % à +5 % d'émissions de CO_2 par rapport à l'essence » [22]. Un bilan très variable et très moyen.

En outre, les véhicules au bioéthanol *nécessitent* « *une teneur minimale en essence pour garantir le fonctionnement à froid du véhicule* [23] » au démarrage. Cette faible teneur en essence (15 %) est partout vantée mais il est

a. Très sûrement dues à la perte de prairies et de forêts.

bon de savoir que si vous roulez pendant l'hiver (à partir d'une température inférieure à 7 °C, ou 13 °C selon les sources), c'est 25 % à 35 % d'essence qu'il faudra ajouter. Il s'agit donc bien de véhicules hybrides. Enfin, le bioéthanol tend également à réduire les performances du véhicule : il faut compter 20 à 25 % de surconsommation par rapport à l'utilisation de SP95-E10, hausse due à la plus faible densité énergétique de l'éthanol. C'est-à-dire que pour obtenir assez d'énergie pour parcourir le même nombre de kilomètres, il faudra un plus grand volume d'E85 [24].

Cependant, de l'éthanol pur (E100) hydraté est utilisé dans des véhicules au Brésil. Dans ce pays aux températures chaudes ou clémentes, et même si un petit réservoir à essence est prévu en cas de rare refroidissement, son usage ne pose guère de problème. Ce qui n'est pas le cas dans les pays aux latitudes tempérées : l'éthanol 100 % ne s'enflamme pas à des températures inférieures à 13 °C. Ainsi même l'E85, composé de 85 % de biocarburant et de 15 % d'essence, est-il utilisé sous ces formes pendant les seuls quatre mois d'été en France. Durant le reste de l'année, la proportion d'essence augmente jusqu'à 35 %, et la pollution avec.

Les biocarburants dits de deuxième génération, encore débutants en France, sont encouragés car ils ne viennent pas concurrencer les terres agricoles. Dans leur cas, l'éthanol est issu de la lignocellulose contenue dans des déchets de bois et de plantes ligneuses (taillis à croissance rapide comme miscanthus, switchgrass, sorgho fibre [25]), de déchets agricoles non consommables (pulpe de betterave), de paille.

Cet éthanol, comme celui tiré de plantes à sucre, a lui aussi besoin d'être complémenté par de l'essence pour démarrer et fonctionner par temps frais ou froid. Il consomme plus de matière première que les précédents et en obtenir en suffisance n'a rien d'évident, sauf à planter des arbustes ligneux dédiés. Il existe donc malgré tout un risque certain d'exercer une prédation sur les terres agricoles pour y planter arbres et arbustes dédiés.

Mais un biocarburant à 95 % d'éthanol et sans apport d'essence, adapté au froid, a été mis au point en Suède[a] où il est utilisé depuis 1985, quand la France, où il ne fait que débuter, ne lui a donné son feu vert qu'en 2016 : il s'agit de l'**ED95** comportant 5 % d'un additif d'améliorant d'allumage. Cet additif ne provient pas du pétrole et est composé d'éthoxylate de glycérol, d'isobutanol et de lubrifiants « pas trop polluants pour l'environnement[26] ».

Hormis le fait essentiel de se passer de pétrole, il diminue les émissions de particules fines[27] et d'oxyde d'azote[b] et réduit celles de CO_2 de 90 % par rapport au diesel, s'il provient de déchets de bois ou de paille, une prédation néfaste pour les forêts et sols. Issu de biocarburants de 1ère génération, il économise 30 % de CO_2, un bilan médiocre.

Mais l'usage de l'ED95 est encore extrêmement limité (1 millier de véhicules dans le monde dont 600 en Suède) et ne concerne que les flottes professionnelles

a. Par le producteur suédois d'éthanol SEKAB.
b. Étude de l'ADEME, 2018.

(dites « flottes captives ») : bus, autocars, poids lourds pour le transport de marchandises, engins de chantier. Raison pour laquelle on ne peut pas trouver d'ED95 aux pompes, ces flottes disposant de leur propre logistique d'approvisionnement (cuves dédiées), de distribution à leurs clients et de conditions de maintenance.

Ce carburant présente néanmoins deux inconvénients très importants : d'une part il nécessite un moteur spécifique, ce qui oblige à transformer tous les moteurs des véhicules qui l'utiliseront, soit, pour 10 % du parc, 4,46 millions de moteurs à changer, ce qui représente un coût considérable que nous ne pourrons pas nous permettre dans les années 2040. D'autre part ces véhicules roulent deux fois moins vite qu'un camion diesel équivalent [28], ce qui exige de doubler la production d'éthanol et donc le nombre d'hectares qui lui seront alloués. Or il sera déraisonnable de devoir ainsi réduire la surface des terres cultivées réservées à des fins alimentaires, alors qu'au contraire, nous aurons besoin de libérer le plus d'hectares possible pour compenser les pertes de rendement dues au réchauffement et à l'agriculture biologique.

Le développement de l'ED95 et le recours possible à ce type de véhicules dans les années (2035)-2040 aurait pu être précieux, mais on ne peut aujourd'hui prévoir si la filière va, ou non, prendre de l'importance. L'ED95 est si rare qu'il est impossible de savoir quelle masse de matière lignocellulosique, ou de plantes de première génération, serait nécessaire pour quel nombre de véhicules. On sait seulement (cf. *supra*), en adaptant les exigences des biocarburants pour la France, qu'avec ceux de première génération, il faudrait 8 millions d'hectares de plantations dédiées pour alimenter seulement 10 % du parc, soit, par rapport au nombre de véhicules thermiques actuellement utilisés dans le pays, un apport approximatif de 30 000 camions et de 30 000 poids lourds (mais en termes d'efficacité, de seulement 15 000 camions et 15 000 poids lourds qui ne permettraient par exemple que d'assurer la moitié de la distribution postale et rien de plus), de 3,8 millions de véhicules individuels, de 590 000 VUL et de 9 400 bus et autocars, tous roulant à une vitesse réduite de 50 %. Et en réalité un moindre nombre si j'y ajoute 100 000 tracteurs (qui ne sont pas compris dans le parc roulant) permettant de cultiver 10 % des terres. Un nombre plus qu'insuffisant pour assurer nos besoins.

Il faut aussi signaler que l'éthanol, quelle que soit sa source, ne peut être transporté depuis les usines jusqu'aux stations-service ou aux cuves de stockage que par camions-citernes, qui ne peuvent être électriques. Il serait donc nécessaire que les constructeurs livrent un grand nombre de ces camions-citernes ED95 pour acheminer l'éthanol de première et deuxième génération, ce jusque vers 2040. Et il est bien difficile de savoir par avance, en ce contexte de crise, quelles seront les possibilités de production des constructeurs.

Le transport au biodiesel

Le biodiesel, issu des huiles des plantes (colza, tournesol) ou de récupération, n'est pas avantageux car il roule lui aussi avec un moteur à bicarburation, dans lequel il s'ajoute au gazole. Un véhicule au biodiesel est donc également un hybride.

Ainsi, « on peut rouler 100 % à l'huile, mais il faut adapter son moteur pour le préchauffage à cause de la viscosité de l'huile froide. Sans adaptation, on peut quand même mettre jusqu'à 50 % d'huile en été dans son réservoir, en complément du gazole. En hiver, il vaut mieux s'en tenir à un tiers [29]. » Et quant à la pollution, « le biodiesel issu d'huile de palme permet une réduction de 80 % des émissions par rapport aux combustibles fossiles. Cependant, si le palmier est cultivé sur des terres arrachées à la forêt tropicale, les émissions de gaz à effet de serre peuvent être *800 % plus importantes que celles issues des combustibles fossiles* [30] ! »

Il faudrait en France une telle quantité d'hectares de colza ou de tournesol pour alimenter ne serait-ce que le quart de notre parc roulant que cette option n'est pas envisageable [31].

Le transport électrique

La Note de synthèse du RTE de 2019 [32] évalue la capacité du potentiel électrique français à accueillir des véhicules électriques de 2020 à 2035.

Les véhicules électriques, systématiquement vantés comme 100 % propres, sont très loin de l'être. On pensait qu'avec eux disparaissait l'émission de pollution, ce qui est faux, et également qu'on pourrait mettre sur le marché autant de véhicules que nécessaire, ce qui est également faux : l'avitaillement des véhicules électriques en France ne pourra pas dépasser 48 TWh, soit 10 % de la consommation d'électricité, ce qui en limite évidemment le nombre. Et ce plafond ne concerne pas les poids lourds (charge au-delà de 4,5 tonnes et jusqu'à 44 tonnes), qui ne peuvent pas rouler à l'électricité.

Je résume ici l'exposé de J.-M. Jancovici sur la pollution – locale et globale – émise par un véhicule électrique. Du puits à la roue, en voici les nombreuses étapes : extraction des nombreux minerais nécessaires, fabrication des composants électroniques (une voiture électrique en contient beaucoup plus qu'un ordinateur), utilisation de charbon pour l'acier, de pétrole pour les éléments en plastique, de gaz pour le verre, transport par camions des éléments à assembler, utilisation de l'électricité (produite aux 2/3 avec des combustibles fossiles dans le monde) pour assembler les composants de la future voiture, émissions de GES propres à la fabrication des batteries, qui sont du même ordre de grandeur que celles liées au reste de la voiture. En résumé : « Pour fabriquer une voiture à essence, il faut émettre de l'ordre de 5 tonnes équivalent CO_2 par tonne de voiture produite. Si cette voiture pèse 1 tonne et parcourt 200 000 kilomètres au cours de sa vie, alors chaque kilomètre parcouru engendre de l'ordre de 25 grammes "incompressibles" de CO_2 liés à la fabrication du véhicule. Pour une voiture électrique, il faut donc doubler ce montant, et chaque kilomètre dans ce véhicule "propre" engendre au moins 50 grammes de CO_2. » Puis vient le cycle de l'utilisation : en roulant, le véhicule utilise de l'électricité et son bilan dépend de l'origine de cette électricité, aux deux tiers issue du charbon et du gaz dans le mix mondial : si l'électricité est bien décarbonée (cas de la France, du Brésil, de la Norvège, de la Suède ou de la Suisse), alors les émissions de GES sur l'ensemble du cycle sont significativement plus faibles que pour un véhicule à pétrole. Mais avec le « mix moyen mondial », dont l'Allemagne est proche (les États-Unis aussi), la voiture électrique présente le même bilan que le véhicule à pétrole [33].

Une étude de l'ADEME présente une estimation beaucoup plus optimiste : « Pour 150 000 kilomètres parcourus, une voiture électrique totalise une émission de 9 tonnes équivalent CO_2. Sa fabrication représente à elle seule plus des deux tiers de ces émissions (6,57 tonnes équivalent CO_2) quand, pour une voiture thermique, c'est pratiquement moitié moins (3,74 tonnes équivalent CO_2). » « En revanche, durant sa vie routière, la voiture électrique (du fait de la diversité de la production d'électricité) n'émet que 2,34 tonnes équivalent CO_2 quand la thermique en émet pratiquement huit fois plus : 18,26 tonnes. Au terme de sa vie, l'électrique aura un bilan carbone beaucoup plus avantageux que la thermique : 9 tonnes émises contre 22 tonnes [34]. »

Le RTE (qui s'appuie sur la PPE [a]) propose plusieurs scénarios de nombres de véhicules électriques et hybrides, liés à la capacité d'augmenter la production d'électricité, donc des énergies renouvelables [35]. Là comme ailleurs, la dégradation de l'économie due au déclin du pétrole n'est pas prise en compte, dégradation

a. La Programmation pluriannuelle de l'énergie est un outil de pilotage de la politique énergétique.

qui ne permettra pas un développement massif des énergies renouvelables. À moins que dans ce secteur également, des industriels du pétrole n'abandonnent le carburant en déclin pour se consacrer aux renouvelables (et certains d'entre eux ont déjà commencé cette mutation). Le vrai frein viendrait de l'augmentation de la demande en batteries et de la capacité des pays producteurs à la satisfaire.

À noter que l'expansion de la voiture électrique dans le monde se heurtera au problème de l'épuisement du lithium, composant des batteries lithium-ion. J'ai déjà abordé cette question et je la précise : l'USGS évaluait en 2009 les ressources mondiales exploitables à onze millions de tonnes. Selon le cabinet Meridian International Research, les réserves actuelles ne suffiraient pas pour une utilisation massive dans les batteries lithium-ion [36]. En Allemagne, le Centre de recherche sur l'énergie solaire et l'hydrogène [a] s'est penché dernièrement sur cette technologie et plus précisément sur les réserves de lithium présentes dans le monde entier. D'après les estimations de son étude, il y a assez de lithium afin de produire plus de 10 milliards de voitures électrifiées équipées de batteries lithium-ion [37].

Selon Carbone 4 [b], à l'horizon 2035, ce n'est pas tant le lithium que le cobalt qui poserait problème : « Seuls

a. Zentrum für Sonnenenergie-und Wasserstoff-Forschung Baden-Württemberg.

b. Fondé en 2007 par deux experts des enjeux énergie-climat, Jean-Marc Jancovici et Alain Grandjean, Carbone 4 est le premier cabinet de conseil spécialisé dans la stratégie bas carbone et l'adaptation au changement climatique.

des packs batteries plus petits, un renforcement du recyclage et des technologies moins intensives » permettraient de « sortir d'une tension sur ce métal, déjà réelle aujourd'hui ». Il existe cependant des batteries sans cobalt, comme la batterie lithium-ion-phosphate de fer, qui présente néanmoins des inconvénients (sensibilité au froid, poids et encombrement). Mais récemment, des chercheurs ont mis au point une autre batterie sans cobalt, composée de nickel, manganèse et aluminium [38]. Les mines productrices de manganèse sont dispersées à travers le monde mais, derrière l'Afrique du Sud, la Chine est un gros producteur, ce qui laisse espérer, si ses usines de fabrication sont encore opérationnelles, une poursuite de la fabrication de batteries [39]. Du côté du nickel, la Chine en possède, mais deux fois moins que la Russie [40] dont elle pourrait en importer.

Ce souci du cobalt, dont la République démocratique du Congo assure environ 60 % de la production, principalement exportée vers la Chine, pose la question, pour lui comme pour les quantités de minerais utilisés en électronique, des capacités d'exportation. En (2035)-2040 et après, hormis des liaisons ferroviaires, seules de grandes industries investies dans ce secteur minier seraient à même d'y donner suite, mais en proportions réduites et à la condition que d'autres industriels aient suffisamment investi dans le GNL pour faire fonctionner des navires.

Parmi les scénarios proposés par le RTE pour les véhicules électriques en France, j'ai choisi le scénario « Crescendo haut », qui s'adapte à un potentiel électrique de 40 TWh. Ce scénario prévoit pour la période 2020-2035 en France :

– 15,6 millions de véhicules particuliers et utilitaires (VUL), dont 22 % d'hybrides (et donc 12,2 millions purement électriques). Sur ce parc, je compte sur un grand nombre de VUL pour les transports et sur 600 000 pour les artisans.

– 129 000 camions électriques.

– 26 000 bus et cars électriques.

Il est regrettable que le RTE ne donne pas plus d'informations, sans préciser par exemple le poids et donc la puissance des « camions » qu'il projette : par « camion », et pour les raisons déjà dites, il n'est pas probable qu'il s'agisse de poids lourds. J'ai donc opté pour des camions de 7,5 tonnes, capables de transporter une charge utile de 4,5 tonnes (soit les plus petits des poids lourds qui ne dépassent que d'une tonne la catégorie officielle « poids lourds »). Quant aux véhicules utilitaires, ils peuvent transporter une charge de 750 kilos.

Le transport au gaz de synthèse

Presque autant vanté que l'hydrogène dans les sources, le carburant issu du gaz de synthèse est présenté comme une solution d'avenir pour remplacer le pétrole, émettant environ 23 % de CO_2 en moins que les véhicules thermiques. À vrai dire, ce fameux « gaz de synthèse » n'est jamais que l'équivalent du gaz naturel, à ceci près qu'il n'est pas issu de gisements fossiles mais d'un procédé de fabrication aboutissant à l'obtention de méthane. Il ne présente donc aucun intérêt par rapport au GNV en termes de pollution, ni comme substitut au gaz pour les pays dépourvus vu le caractère extrêmement onéreux de sa production. Pour simplifier, ce gaz est obtenu – par une succession de procédés chimiques complexes et coûteux – en combinant de l'hydrogène et du CO_2, aboutissant à la production de ce méthane qui, une fois liquéfié, est utilisé comme carburant.

Afin que ce carburant soit « vert », ce qu'il n'est en aucune façon, l'obtention d'hydrogène ne doit pas provenir d'une source fossile, comme aujourd'hui, mais de l'électrolyse de l'eau. De l'électricité est en effet nécessaire pour séparer l'hydrogène de l'oxygène dans les molécules d'eau, et beaucoup. Pour que l'électricité elle-même soit non polluante, il est prévu de la récupérer à partir des surplus des énergies renouvelables, qu'on ne sait pas stocker (elle sera donc peu importante et intermittente, ce qui impactera la production). Quant au CO_2, il sera capté depuis les cheminées d'évacuation de sites industriels. En théorie, le « verdissement » de cette technique peut séduire. En réalité, il ne sera pas structurellement ni financièrement abordable : le coût de la construction d'usines dédiées, celui du couplage avec le réseau d'électricité des parcs de renouvelables, celui du captage du CO_2, le prix considérable d'un électrolyseur, la grande perte de rendement générée par ce procédé entre l'entrée d'énergie nécessaire dans l'électrolyseur et la quantité d'énergie produite en sortie – un gaspillage irraisonnable à une période où l'électricité sera précieuse –, et enfin la purification du méthane obtenu, font que, tout compris, fonctionner au gaz de synthèse sera quantitativement très insuffisant et générera une forte perte d'énergie tout en demeurant polluant. Enfin, et puisqu'il s'agit du même produit, la motricité au gaz de synthèse nécessitera une petite part d'essence au démarrage.

Le transport à l'hydrogène

De la même manière, et pire encore, le recours à l'hydrogène dont on parle tant pour la mobilité future, idéale en effet puisque seule de la vapeur d'eau serait émise par les véhicules, est hélas, si on la souhaite significative et non pas anecdotique, financièrement prohibitive et énergétiquement déficitaire. Sans répéter ce que je viens d'exposer sur la perte de rendement des électrolyseurs, et sur leur prix, s'ajoutent de même le coût de ces usines et des électrolyseurs, mais aussi celui de la construction de réservoirs de stockage particuliers et onéreux pour l'hydrogène, un gaz peu dense qui doit être compressé à 700 bars, ce qui consomme une grande quantité d'énergie, ainsi que son transfert, toujours sous forme gazeuse compressée, en bouteilles spécifiquement résistantes pour leur transport. À quoi il faut ajouter le fait que les moteurs diesels ne peuvent s'alimenter directement en hydrogène, d'où la nécessité d'aménager les véhicules en y adjoignant une pile à combustible – qui est chère et nécessite du platine – qui transforme l'hydrogène en électricité, mais avec à nouveau une perte de rendement de 50 %. Au final, et là encore, sans espérer un parc roulant égal à l'actuel mais au moins suffisant pour couvrir une part essentielle de nos besoins, « l'avenir hydrogène » est une entreprise ruineuse tant en termes de coûts que d'énergie, puisque, depuis l'amont de la filière jusqu'à l'utilisateur, ne resterait qu'un quart ou moins de l'investissement énergétique. Aux dates dont on parle, une telle perte est inenvisageable. Outre le fait que nos capacités économiques ne pourront tout simplement pas soutenir cette entreprise.

La longévité du parc roulant en France

Il est possible que les véhicules électriques puissent être renouvelés en 2030-2035, date à laquelle leur batterie aura atteint les 10 ans d'âge, auquel cas ils dureraient jusqu'en 2040-2045, ou 5 à 10 ans plus tard si la Chine peut importer des matériaux par voie maritime et ses industries fonctionner. En 2030-2035, les entreprises auront encore les moyens de pourvoir au remplacement des batteries de leur parc.

Hormis ces véhicules électriques et hybrides à venir, le parc thermique actuel est vieillissant (les véhicules ont en moyenne 10 à 11 ans d'âge). Mais 80 % des Français roulent moins de 50 kilomètres par jour[41]. De sorte que, sur les 38,3 millions de véhicules particuliers actuels, hors VUL, 30 millions de véhicules thermiques pourront durer jusqu'en 2030, quand les quantités de pétrole commenceront à se contracter. 7 millions d'entre eux auront atteint 15 ans en 2035 et seront à renouveler.

La nouvelle loi française interdit d'acheter un véhicule neuf thermique ou hybride à partir de 2040 [42]. Mais on ne peut exclure que la France doive s'aligner sur la décision de la Commission européenne qui a fixé cette date à 2035. Si le pays maintient néanmoins cette date butoir de 2040, afin de laisser le temps aux constructeurs de se préparer, les acheteurs acquerront encore pour dix ans des véhicules et des camions thermiques (car un parc de véhicules ne se renouvelle pas en un an) qui dureront jusqu'en 2040 (car s'il est interdit d'acheter un véhicule thermique en 2040, on peut continuer à utiliser celui que l'on possède déjà). Mais si déjà la disponibilité de pétrole est très discutable en 2040, elle est plus probablement à oublier en 2045. Si le ravitaillement en carburant est sans doute réduit de quelque deux tiers en 2035-2040 (ces estimations sont nécessairement hasardeuses à formuler), priorité absolue devra alors être donnée aux pompes aux camions et aux véhicules utilitaires (VUL), qui nous fournissent en biens, de même qu'aux véhicules d'utilité publique tels les ambulances, les camions de pompiers, les bennes à ordures.

Quant aux 6 millions de VUL actuellement en circulation, la moitié n'a encore que 9 ans et pourra encore fonctionner en 2025, un quart a plus de 13 ans et les autres plus de 10 ans. En 2023, 1,5 million de VUL devront être remplacés, 3 millions en 2027 et le reste en 2025, quoique 15 ans soit un âge limite pour des véhicules roulant souvent en permanence. À cette date, artisans, entrepreneurs et commerçants auront pu sans doute acheter 6 millions de nouveaux VUL thermiques, qui pourront rester en fonction jusqu'en 2035 et plus.

Les 600 000 poids lourds actuels ont dépassé 7 ans d'âge et, fortement mobilisés, ont une durée de vie de 10 ans, voire 15 ans. La flotte devra donc être renouvelée en 2025-2030, pour pouvoir être assurée de durer jusqu'en 2040, s'il y a encore du pétrole aux pompes. Parmi eux, les VASP (Véhicules Automoteurs Spécialement Aménagés pour répondre à un usage spécifique) comptent pour 78 000 unités : il s'agit des véhicules d'incendie, fourgons pompe-tonne (3 621 unités) et camions-citernes feux de forêts (3 672 unités), des ambulances (14 000 unités), des bennes à ordures, des grues routières (ou grues mobiles : 260 unités [43]), de camping-cars (504 000 unités) et autres [44]. Ce qui permet de déduire que le nombre de bennes à ordures (qui est impossible à trouver...) se monte peut-être, très grossièrement, à environ 56 400, sans inclure les camping-cars dans les VASP.

L'équilibre entre achat d'un véhicule thermique ou électrique est difficile à trouver, compte tenu des problèmes que rencontreront les producteurs pour développer simultanément les deux types de véhicules. En effet, l'objectif récemment annoncé (octobre 2021) par la présidence française de produire, « made in France », 2 millions de véhicules électriques et hybrides en 2030 paraît très ardu aux producteurs, ce chiffre étant à peu près celui de leur production totale annuelle. « Made in France » ou pas, la nécessité que le parc de véhicules électriques, tel que décrit par le RTE, soit achevé en 2035 conduira à ne pas compter que sur les producteurs français.

Mieux vaudrait sans doute, plutôt que d'attendre la date financièrement périlleuse de 2035, qu'une partie du parc électrique, mixte, soit constituée à partir de 2030, cinq ans seulement après le passage du pic pétrolier, quand les importations de pétrole seront déjà contractées de 8 à 12 % et l'économie européenne touchée sans être encore trop affectée, afin que l'État, les entreprises et industries ainsi que les particuliers puissent disposer d'un parc roulant important jusqu'en 2040.

Il y a bon espoir de pouvoir encore remplacer les batteries des véhicules électriques vers 2035, alors que la Chine sera encore en mesure de les fabriquer, afin que ces véhicules durent jusqu'en 2045. Par la suite, la Chine, qui prépare dès maintenant des navires au GNL, sera théoriquement en mesure de poursuivre ses importations par voie maritime, entre autres celle de l'indispensable lithium depuis le continent américain. Mais la chute du pétrole aura progressivement affaibli son économie. Elle importe aujourd'hui 41 % du gaz qu'elle consomme et tout ne pourra pas être affecté à la reconversion et consommation de ses 6 millions de poids lourds au GNL, en même temps que sa fragilité financière ne lui aura pas permis, sans doute, de créer toutes les infrastructures connexes que j'ai décrites plus haut. Lui resteront des véhicules électriques, une part de camions au GNL, mais il est probable, en Chine comme ailleurs, que la disparition de nombre de ses véhicules aura affecté ses industries et entreprises (ne serait-ce que via la difficulté du transport du charbon vers beaucoup de ses industries, charbon qui touchera vraisemblablement à son terme en 2050). Cette inévitable décroissance impactera fortement sa productivité en batteries, qui s'amenuisera jusqu'à ne plus exister, peut-être vers 2055, ou avant. Il est donc possible, mais nullement certain, que la France (qui ne sera pas le seul demandeur !) puisse encore acquérir – si elle le peut – des batteries en 2040, qui dureront jusqu'en 2050. Après, l'avenir des véhicules électriques est très douteux, de même que celui des équipements électroniques, dont la fabrication et l'achat pourront s'achever en 2055.

C'est donc en (2035)-2040 que nous verrons probablement la fin des véhicules thermiques – *dont les tracteurs* –, et sans doute vers 2050-(2055) celle des véhicules électriques. Afin d'assurer la production de pneus (en 100 % latex) pour que durent ces véhicules jusqu'à ces dates, mais également pour équiper les précieux vélos, il nous faudra compter avec la voie ferroviaire via la Thaïlande (en cours de construction) puis la Chine pour importer le latex thaïlandais. Jusqu'en 2040, les derniers camions thermiques pourront aller chercher les cargaisons en gare et les distribuer, puis ce sera au tour de notre parc de camions électriques de tenter d'en assumer la charge, parc peut-être restreint après 2045.

En vérité, cette simulation est très hasardeuse, je le répète, car elle compte sur des importations encore possibles de pétrole, mais sûrement réduites. Il est cependant probable qu'à partir de 2040, ou 2045, sans plus de pétrole disponible (et la loi interdisant son usage), tout bascule.

Bien sûr, en 2040, restera encore du pétrole. Mais c'est avant tout la fin des financements qui décidera de la date d'arrêt de l'exploitation. Or il paraît assez évident que les investisseurs se seront désengagés de ce secteur avant, vers 2040 sans doute. Et qu'à cette date, comme dit plus haut, beaucoup d'industriels se seront déjà reconvertis, tandis qu'États, banques et particuliers auront retiré leur épingle du jeu. D'ailleurs, ce mouvement de désinvestissement a déjà commencé [a].

a. « Depuis la COP21, la campagne de désinvestissement des énergies fossiles ne cesse de faire des émules auprès des investisseurs. L'industrie charbonnière est sinistrée et les grandes compagnies pétrolières ont dû se restructurer dans l'attente de jours meilleurs. Certaines en ont profité pour regarder du côté d'énergies moins émettrices en carbone. » (https://www.f2ic.fr/ffci-portal/cms/7322-8562/le-secteur-petrolier-entre-baisse-des-cours-et-rechauffement-climatique.dhtml). « La fin de l'ère du pétrole n'a pas échappé aux investisseurs puisqu'en novembre 2019, la Banque européenne d'investissement (BEI), le plus grand prêteur multilatéral au monde, annonçait qu'elle ne financerait plus l'exploitation des combustibles fossiles (pétrole, charbon et gaz) d'ici la fin 2021. De plus, 50 institutions financières internationales de renom ont introduit des politiques limitant le forage des sables bitumineux et/ou du pétrole et du gaz en Arctique, dont 23 cette année [2021], selon un tracker développé par l'Institute for Energy Economics and Financial Analysis (IEEFA). Il s'agit notamment de HSBC, Banco Santander, Deutsche Bank, Goldman Sachs, JPMorgan Chase, Citigroup, Wells Fargo et Morgan Stanley (https://www.notre-planete.info/actualites/212-decouverte-gisement-petrole-fin-ere-petrole). Aux États-Unis, l'université Harvard a annoncé en octobre 2021 son intention de se défaire de ses investissements dans les secteurs du pétrole et du gaz, s'étant déjà défaite de ceux dans le charbon (https://www.lemonde.fr/campus/article/2021/10/05/sous-la-pression-des-etudiants-harvard-se-desengage-des-energies-fossiles_6097123_4401467.html), précédée par l'université du Michigan, l'université Cornell, l'université George Washington et l'université Georgetown (https://www.lopinion.fr/economie/poussees-par-lactivisme-des-etudiants-les-universites-ameri

Il faut aussi prendre en compte la décision de la Commission européenne d'interdire l'achat de véhicules thermiques en 2035 ou 2040 (et dès 2025 en Norvège, au Danemark, en 2030 aux Pays-Bas, en Slovénie, en Suède, en Irlande, en Islande, sans doute en Italie), mais aussi ailleurs, au Cap-Vert et en Californie en 2035, en Colombie britannique, au Canada, en 2040, et en Chine à l'horizon 2030-2040, un mouvement qui sera amené à s'amplifier. Ces décisions sont peut-être motivées par une volonté sincère de réduire les émissions de CO_2, ce dont je ne suis pas pleinement convaincue vu la quantité plus élevée que nous avons émise au cours de ces dernières années. Je crois plutôt que si l'avenir du pétrole n'était pas devenu une carte perdante à assez court terme, on n'aurait pas assisté à cette déferlante d'engagements de mettre un terme à l'acquisition de véhicules thermiques, tant ce pétrole nous est nécessaire. Si de tels choix ont été faits, c'est bien parce qu'ils

---

caines-reduisent-leurs-investissements-dans-le-petrole). En France, les six plus grandes banques françaises cesseront de financer dès 2022 les entreprises « dont la part d'hydrocarbures non conventionnels dans l'exploration et la production (pétrole de schiste, gaz de schiste et sables bitumineux) serait supérieure à 30 % de leur activité » (https://www.linfodurable.fr/investir-durable/en-bref/climat-les-banques-francaises-sengagent-sur-les-hydrocarbures-non). La banque Axa accroît depuis 2015 son désinvestissement dans le charbon et le pétrole des sables bitumineux (https://www.axa.com/fr/presse/communiques-de-presse/axa-accélère-dans-son-engagement-contre-le-changement-climatique). Fin 2021, la Banque Postale a annoncé suspendre ses financements, investissements et services aux entreprises engagées dans l'expansion du pétrole et du gaz. La compagnie d'assurance MAIF a aussitôt suivi et fait connaître son arrêt immédiat de soutien à de nouveaux projets de l'industrie pétro-gazière.

étaient inévitables. Et parce que l'on croit, comme on a cru en un pétrole illimité, en un avenir radieux des véhicules électriques. Cette oscillation des dates de fin des achats, 2030, 2035 ou 2040, tient autant à la prise de conscience de l'agonie du pétrole dans cet espace de temps qu'à l'attente des pays que leurs industries de véhicules électriques soient prêtes à fournir. Elle est d'autant plus significative que cette interdiction paraît aussi toucher les poids lourds (en France tout au moins), alors qu'ils sont le nerf de la guerre de notre système économique. Mais il y a peu de chances que des poids lourds électriques équivalents en puissance à celle des thermiques voient le jour et, si oui, ils exigeront une quantité d'électricité telle que les pays ne pourront pas la procurer. De même que l'existence de véhicules à l'hydrogène est insoutenable, car bien trop énergivore. Des constructeurs comme Volkswagen et Toyota y ont déjà renoncé [45].

Dès lors, donc, en (2035)-2040, le parc français sera amputé des 30 millions de véhicules thermiques anciens, des éventuels 14 millions de véhicules neufs thermiques acquis en 2025, et ne resteront pour 5 ans (ou 10 ?) que les seuls 12,2 millions de véhicules légers non hybrides, dont les VUL, les 129 000 camions et les 26 000 bus et cars électriques. Et donc une mobilité bien difficile et contrainte, on le verra. La distribution alimentaire sera toujours possible avec ce parc restreint, mais non en totalité, et le transport des personnes, celui de produits de première nécessité autres qu'alimentaires, tels l'approvisionnement en bois, le service postal et l'indispensable collecte des déchets seront très fortement impactés par ce faible nombre de véhicules, qui jusqu'en 2035 au moins et peut-être 2040 seront aidés par le parc thermique.

Le transport aéronautique et maritime

Au-delà de l'horizon 2040, avec la fin du kérosène, se profile la fin de l'import-export par voie aérienne.

Du côté du transport maritime, qui fonctionne aujourd'hui au fuel lourd (un des carburants les plus sales), on a vu que le passage au GNL (polluant, mais moins que le fuel lourd), même encore marginal, était théoriquement possible, en dépit de son coût très élevé. Et en effet, il se prépare çà et là mais reste à savoir si la crise économique en gestation permettra son expansion.

Les coûts de conversion sont en effet très prohibitifs. Parmi les contraintes structurelles : le renouvellement complexe de tous les moteurs de navires, l'installation de tuyauteries spécifiques et de réservoirs cryogéniques de stockage étanches à -163 °C pour le gaz, qui doit être recompressé régulièrement pour ne pas dépasser cette température (« gaz-mobilité.fr » précise que « le coût d'investissement dans un navire GNL est aujourd'hui beaucoup plus élevé que pour le carburant classique »), ou bien l'achat de navires neufs spécialement conçus pour ce carburant, la refonte des infrastructures des installations portuaires (usines de liquéfaction, de stockage, logistique de chargement des soutes, à terre comme en mer, adaptation des quais)... Toutes ces opérations de mutation laissent présager à coup certain des investissements massifs et sans doute hors de notre portée en 2035.

Ce carburant impose donc de disposer de moyens financiers lourds susceptibles de grever son développement, outre les crans de blocage qu'imposeront les contraintes réglementaires. En effet, l'OMI (Organisation maritime internationale), conformément à l'objectif de développement durable 13 des Nations unies, a annoncé ses objectifs de « réduire les émissions de CO_2 du secteur d'au moins 40 % d'ici 2030, en poursuivant les efforts en vue d'atteindre une réduction de 70 % d'ici 2050, par rapport à 2008, et enfin de « réduire le volume total des émissions de GES annuelles d'au moins 50 % en 2050 par rapport à 2008 [46] ». On voit très mal comment, en utilisant du gaz naturel qui ne réduit les émissions de CO_2 que de 20 % par rapport au fuel, ces objectifs pourraient être atteints.

Il est à noter que la Banque mondiale, bailleur de fonds international (dont les États-Unis sont le principal actionnaire), a adressé au terme de deux volumineuses études un message clairement dissuasif concernant l'usage du GNL maritime, recommandant aux pays de « reconsidérer les politiques de soutien existantes au GNL en tant que combustible de soute » et « de ne plus en envisager de nouvelles [47] ».

Du côté des avionneurs – et je ne m'intéresse ici qu'aux vols longs-courriers –, on s'active pour décarboner le secteur en augmentant le taux d'incorporation dans le kérosène de « carburants aériens durables », beaucoup moins polluants, dits « SAF » (Sustainable Aviation Fuel). On promet des vols à 100 % propulsés par ces SAF pour 2050 (une ou deux compagnies envisageant même 2030, sans qu'on puisse nullement y croire). Quant à l'Association du transport aérien international (l'IATA), elle a pour objectif plus modeste de réduire de 50 % les émissions de carbone par rapport aux niveaux de 2005 à l'horizon 2050 [48]. De 50 % seulement – et nous verrons pourquoi –, soit la nécessité de compléter avec du kérosène, que nous n'aurons pas.

Les avionneurs misent sur trois sources possibles de carburants :

1. L'hydrogène, un moyen que l'on peut oublier sur-le-champ tant il occasionne, on l'a vu pour les véhicules terrestres, de pertes énergétiques et d'investissements financiers. Il sera peut-être, malgré son coût, utilisé pour quelques vols légers courtes distances. Mais on peut considérer ce recours comme très marginal : « Outre le prix de la refonte des infrastructures des aéroports et des avions », la quantité d'énergie électrique qu'exige la production d'hydrogène « vert » nécessiterait, si 100 % de l'aviation était convertie à l'hydrogène, « 35 % de la capacité mondiale actuelle de production d'électricité » [49]. En outre, le caoutchouc des pneus d'avions doit être fabriqué avec presque 100 % de latex naturel, cultivé dans peu de pays (Asie du Sud-Est, Côte d'Ivoire), et cette contrainte clouera au sol toute la flotte aéronautique des pays dépourvus de pétrole et d'accès aisé au latex, sauf usage d'importation maritime au GNL.

2. Les biocarburants de deuxième génération, n'empiétant pas sur les productions agricoles. Aujourd'hui, ces

SAF ne représentent que moins de 1 % du carburant d'aviation, et même les estimations les plus optimistes ne prévoient qu'une augmentation de 8 % d'ici 2035. Le problème vient d'un manque de financement pour augmenter la production [50], c'est dire à quel point la filière débute.

Ces biocarburants ne peuvent actuellement, pour des raisons techniques, être incorporés qu'à 50 % dans le kérosène sans avoir à remanier le moteur [51]. « Réduire ce niveau [de 50 %] pour parvenir graduellement à zéro émission nette en 2050 constituera un défi technologique énorme, qui coûtera environ 1 550 milliards de dollars aux compagnies entre 2020 et 2050 », a estimé l'IATA [52]. « Le problème est la capacité de production des SAF », a reconnu le vice-président de l'IATA. Elle est actuellement de 100 millions de litres par an, et il faudrait qu'elle soit de 450 milliards en 2050. « Nous devons multiplier notre production par 10 000 %. » Ce qui, en clair, signifie que, même si l'on réduisait le secteur de l'aviation de 90 %, uniquement destiné au fret, il faudrait tout de même produire 45 milliards de litres de SAF, une hausse qui demeure gigantesque et sans doute utopique.

Second inconvénient, leur coût : 4 fois plus chers que le kérosène. « Avec des coûts aussi élevés, aucune compagnie aérienne ne pourra se permettre de voler exclusivement au SAF [53]. »

3. Le « Power-to-Liquids », ou PTL, produit à partir de CO_2 capté dans l'air ou à la sortie d'usines, et d'hydrogène extrait de l'eau par électrolyse à l'aide de l'énergie solaire et/ou éolienne utilise les mêmes techniques et pose donc les mêmes problèmes que le gaz de

synthèse, à ceci près qu'on en tire de l'e-fuel [54] [55]. Ce procédé est donc bien trop coûteux et énergivore. Ainsi que le signale le Shift Project : « Cependant, pour avoir un ordre de grandeur en tête, s'il était nécessaire de produire les 4 Mt de PtL/an [destinées à l'aviation], il serait nécessaire de produire 181 TWh d'énergie électrique, soit 5 fois l'énergie totale produite par le parc éolien français en 2019 [a]. » On voit que cette solution, en des temps où l'électricité sera rare et chère, et plus encore avec la fin du gaz fossile, mène à une impasse. Actuellement, cette filière n'en est qu'au stade embryonnaire.

Cette synthèse sur la possibilité d'un fret aéronautique alimenté à 100 % de SAF montre qu'elle se heurte à des écueils tels qu'on ne peut la considérer comme plausible. Si bien qu'à partir de 2040(-2045 ?), nous devrons nous passer de l'import-export par voie aérienne.

Restera la voie maritime, conditionnée à la disponibilité en gaz, aux possibilités financières et aux futures dispositions réglementaires.

Le Shift Project a très récemment publié (janvier 2022) son « Plan de transformation de l'économie française [56] », examinant quinze secteurs, avec pour objectif une décarbonation en accord avec une température de +2 °C en 2050. À cette date, cet ouvrage mise encore sur l'import-export longues distances, et sur la production de batteries pour les véhicules qui seront soit électriques soit *hybrides*, ainsi que sur l'électronique. Et donc sur une utilisation, même plus limitée, du pétrole

---

a. Voir note 50 p. 312.

(également pour produire une part de plastiques). Le fait que ce Plan intègre encore l'usage du pétrole en 2050 (mais aussi l'AIE, l'ADEME, pour des emplois très spécifiques) ne peut manquer de m'interpeller, puisque de mon côté j'ai considéré que la finance se sera désengagée de ce secteur aux alentours de 2040 (comme on a vu qu'elle commence déjà fortement à le faire, via les banques), pour de multiples raisons déjà exposées (cf. *supra*). Je peux évidemment me tromper et l'on peut imaginer que la fin d'extraction du pétrole soit repoussée à 2055, une date assez hardie à mes yeux car nous en serons alors à 70 % de pétrole en moins par rapport à la date du pic, pétrole qui sera de plus en plus difficile à extraire, de plus en plus coûteux, avec un taux de retour énergétique encore plus bas.

Quoi qu'il en soit, un tel report dans le temps ne modifie pas nos conclusions sur la température atteinte en 2055, puisqu'il se sera écoulé 30 ans entre la date du début de la baisse du pétrole et celle de la fin de sa consommation, au cours desquels 51 % des GES auront été économisés, nous faisant entrer en stabilisation à +1,7 °C en 2055, conformément aux simulations du GIEC. Mais à la différence de mon hypothèse d'une fin d'exploitation en 2040, la température ne pourra pas être inférieure. Et les conséquences de l'arrêt de la production en 2055 seront retardées de 15 années, soit : fin de l'import-export par avion et, à cette date, fin des batteries, fin des véhicules électriques, fin de l'électronique, fin des poids lourds, sauf usage encore abordable du GNL par certains pays, fin des tracteurs agricoles…, tous problèmes essentiels auxquels il est indispensable de trouver des solutions.

Mais les deux décennies qui précèdent ne seront pas des temps d'abondance, bien au contraire, et l'on verra au fil des ans se contracter la disponibilité mondiale en pétrole, et à la suite les transports et l'économie toute entière. Si bien que, concernant par exemple les batteries et donc les véhicules électriques, je persiste à penser qu'en 2040, avec moins de 40-45% de production de pétrole et de PIB au niveau mondial, la Chine, au bout de ses réserves de pétrole et avec un charbon en déclin, sera en décroissance. Rien n'assure donc que les industries du pays seront encore en capacité de répondre à la demande en batteries et véhicules.

J'ai examiné les conséquences d'une fin d'exploitation du pétrole très tardive en raison de l'usage qu'en prévoit encore le Shift Project en 2050. Mais en dépit de mon respect pour cette association, je maintiens mon hypothèse d'un retrait des investissements dans ce secteur en 2040-(2045), actant la rupture de l'axe énergético-financier.

L'alternative pour l'avenir des transports

Vous mesurez comme moi la gravité extrême des conséquences de la fin de toute locomotion : puisque dès lors, **sans plus de tracteurs et de machines automotrices pour cultiver les sols, nous n'aurons tout simplement plus aucun moyen de produire notre nourriture**. Et sans plus de camions (vers 2045-2050) pour distribuer les vivres – que nous n'aurons pas –, **nous serons confrontés à une famine fatale.**

Il n'existe que deux voies pour assurer l'avenir de la mobilité, qui sera de toute façon réduite après les années 2040-2045(2050 ?), c'est-à-dire après la disparition du pétrole puis des véhicules électriques. Et selon que l'on se dirigera vers l'une ou l'autre, l'organisation de la logistique, et ce jusqu'à l'affectation des terres, sera très différente.

L'une de ces voies passe par l'usage du transport ferroviaire électrifié et la nécessité de disposer de véhicules, tant pour assurer l'envoi et la réception des biens en gare que pour permettre ensuite leur distribution sur le territoire et assurer la circulation des personnes. Ces véhicules ne pourront exister (en France comme en de très autres nombreux pays pour lesquels le transport au GNL sera inabordable), qu'à la seule condition de disposer de latex et d'ED95. Et il semble que cet ED95 se heurte à des obstacles dont, malgré d'intenses recherches, il n'est étonnamment pas possible de connaître la cause : outre ses moteurs spécifiques, l'autorisation d'utiliser l'ED95 en France est très encadrée, strictement réservée à des flottes captives. On peut se demander pourquoi ce biocarburant moins polluant, qui existe pourtant *depuis 20 ans*, n'est pas accessible aux autres véhicules et s'est si peu diffusé, puisque seuls 1 000 poids lourds l'utilisent dans le monde, dont 600 en Suède. Pourquoi tous ces crans de blocage ? Le moteur spécifique ? Le prix ? La fabrication chimique de l'additif ? Les émissions de CO_2 ? Le faible pouvoir énergétique qui oblige à doubler le nombre d'hectares pour la production d'éthanol ? Toujours est-il que basculer après 2040-2045 vers l'ED95 est un pari bien risqué en raison de tous ces points d'interrogation.

Quant aux tracteurs, on pourrait bien sûr envisager de les faire fonctionner à l'huile, avec le carburant B100 (ou Oléo100), lui aussi débutant, fabriqué avec 100 % d'huile de colza. Il présente également des inconvénients certains car de même réservé à des engins lourds (dont des tracteurs) et des poids lourds de flottes captives s'approvisionnant dans leurs propres cuves. Il demande en outre, comme l'huile de tournesol, de grandes quantités d'hectares de cultures dédiées : pour alimenter 1 million de tracteurs, sans même parler des machines agricoles auto-motrices (moisonneuses-batteuses, engins de levage, ensileuses et autres...), il nous faudrait mobiliser 8,1 millions d'hectares de colza, ce qui nous amène, en les ajoutant aux hectares cultivés pour l'éthanol ED95, à une quantité d'hectares beaucoup trop lourde. Il a de plus le défaut de n'économiser que 40 % de CO_2, ce qui n'est pas fameux, et présente enfin l'inconvénient d'épaissir ou de figer lors de basses températures. Il impose enfin une modification des chambres de combustion des moteurs, qui sera également coûteuse.

À supposer que les cheptels animaux occupent le même nombre d'hectares (11 millions) que ceux dédiés à la production d'éthanol et de colza, quelle voie choisir ? Financièrement, le choix est clair : changer les moteurs des véhicules et adapter ceux d'1 million de tracteurs ne sera pas dans nos moyens en 2040. En outre, nous ne disposerons pas, et de loin, d'assez de véhicules pour pouvoir charger les récoltes et les biens et les distribuer. Ces faits sont rédhibitoires et tranchent à eux seuls le débat, sans compter la poursuite d'émissions de CO_2 que ces tracteurs et camions impliqueront. S'ajoute enfin que seul un abandon de l'agriculture industrielle permettra un retour de l'activité biologique et de la fertilité des sols et la réapparition de l'indispensable biodiversité.

Auquel cas ne nous restera qu'une seule autre solution comme bouée de secours, qui fera beaucoup rire aujourd'hui et suscitera bien des moqueries, et je reviendrai sur ce scepticisme qui risque de nous faire perdre un temps très précieux : **la mise sur pied d'un cheptel d'1 million de chevaux de trait pour les transports et d'un cheptel de 8 millions de bœufs de trait pour les**

cultures. Ce qui nous projette dans un scénario quasi contraire où les hectares destinés à l'éthanol le seront pour ces cheptels.

Dans les deux cas, les distances pour approvisionner la population devront être grandement réduites et une nouvelle parcellisation des territoires deviendra indispensable. Dans les deux cas aussi, le besoin de terres sera grand et l'espace devra être pris sur des cultures non destinées à l'homme (maïs, soja, etc.) et une part sur les prairies occupées par l'élevage.

À titre de comparaison, 4 chevaux en deux attelages de paire équivalent 1 camion électrique en charge et en distance (mais pas en durée). Si bien qu'1 million de chevaux vaudraient 250 000 de nos camions électriques, un nombre presque double de celui dont nous disposons. Ce cheptel nécessiterait 2 millions d'hectares. Affecter cette même surface à l'éthanol ne nous permettrait d'alimenter que 7 500 camions ED95, soit environ 15 000 camions diesel, alors que les nôtres sont électriques et moins puissants.

On pourrait déplorer le résultat imparable de cette analyse de l'ED95 et du B100, mais les faits sont là qui nous montrent que la constitution d'une flotte significative de camions et tracteurs de ce type est au-delà de nos moyens, et reste polluante et source de dégradation pour l'environnement.

Force sera donc, après la fin des véhicules thermiques puis électriques, de l'abandonner pour se rabattre sur la traction animale.

Les transports de biens jusqu'en 2040 (2045)

J'ai effectué une simulation de la capacité du seul parc électrique non-hybride pour 2035-2045 (ou 2040-2045)(2050 ?), pour couvrir nos besoins essentiels, dans le cas où la fin de l'extraction du pétrole surviendrait à ces dates. Où l'on verra à quel point, tant en raison du nombre restreint de véhicules que nous alloue le RTE eu égard à notre production d'électricité, que de la faiblesse de leur autonomie, les voitures et surtout les camions seront très insuffisants, nous obligeant à des choix drastiques ou nous privant de produits ou de services essentiels.

Parmi les fonctions obligatoires que devra remplir ce parc de véhicules électriques : l'approvisionnement alimentaire.

L'approvisionnement alimentaire

Une première urgence est de parvenir à alimenter 67 millions de Français – dans une hypothèse de stabilité démographique – avec une telle flotte.

Chaque personne consomme en moyenne 3 kilos de nourriture et de boisson par jour, soit 201 000 tonnes par jour pour la France (ou en moyenne 2010 tonnes par département [a]).

Les camions de 7,5 tonnes disposent d'une charge utile de 4,5 tonnes et les VUL de 750 kilos de charge utile. Il existera (cf. *infra*) 100 500 magasins d'alimentation en France, comprenant les épiceries généralistes et les commerces spécialisés tels que boucheries, charcuteries, boulangeries, (pharmacies), etc. À noter que chaque camion devra être accompagné d'un VUL d'escorte afin de limiter les distances à parcourir. Ce VUL sera en charge d'effectuer, aller et retour, le trajet

a. Ce chiffre de 100 départements pour opérer les étapes intermédiaires aux calculs est un choix. Même si cette vision est assez utopique, cela m'est moralement déplaisant de laisser tomber les cinq départements d'outre-mer et la Corse, faute de pétrole. J'espère donc en des possibilités aléatoires de marine sans énergie fossile. D'autre part, et, je l'avoue, pour faciliter mes très nombreux calculs, je compterai la Corse pour 1 département, tel qu'il était auparavant. Je me baserai donc dans ce texte sur 100 départements français. J'ai songé aussi à compter les très petits départements de Paris, du Val-de-Marne, des Hauts-de-Seine, de Seine-Saint-Denis, du Val-d'Oise, des Yvelines et de l'Essonne pour 1 seul département, plus équivalent quand on les regroupe à une surface moyenne, mais en revanche beaucoup trop densément peuplés pour compter pour 1 département. À l'inverse, l'existence de grands départements peu peuplés incite à hausser le nombre en métropole – hors Corse – à 100, qui paraît mieux se rapprocher de la réalité. Mais en vérité il n'existe aucune bonne solution et compter 90, 96 ou 100 aura de toute façon ses inconvénients. Les moyennes obtenues sont nécessairement faussées, quel que soit le chiffre choisi. Elles ne servent que comme piste pour s'approcher des véritables chiffres, de toute façon approximatifs.

entre le domicile du camionneur et le point où il aura laissé son camion en charge, et son chauffeur apportera son aide pour la manutention.

La première étape de ce ravitaillement consiste à faire la tournée des producteurs (diversifiés selon qu'ils produisent des céréales, des betteraves, de la viande, du lait, du tournesol), et apporter les produits, ou une part de ces produits, aux 17 647 fabricants en France (c'est-à-dire les industries agroalimentaires se chargeant de la transformation des produits bruts en produits finis). Du côté des producteurs, il en existe 686 000 en France, dont 250 000 éleveurs, 400 000 agriculteurs et 36 000 spécialisés en bio. Et donc au niveau départemental, on compte 6 860 producteurs, dont 2 500 éleveurs et 4 000 agriculteurs. De ce point de vue, les parcours devraient être assez réduits entre un producteur et un autre. Mais, par département toujours, et en moyenne toujours, on dénombre seulement 176 industries agroalimentaires [1] (ou beaucoup moins selon le produit concerné) : cette première étape nécessitera bon nombre de camions en raison de leur faible autonomie, qui les limite à 70 kilomètres, en roulant doucement pour économiser la batterie : il ne leur sera donc possible de faire qu'un seul voyage de 70 kilomètres aller-retour.

La seconde étape consistera à distribuer depuis les industries agroalimentaires les produits finis aux 1 005 commerces par département et aux détaillants spécialisés.

L'analyse de la situation, l'estimation du nombre de camions nécessaires par rapport aux stocks à porter depuis les producteurs jusqu'aux industries de transformation, puis de ceux qui viendront récupérer les produits transformés et ceux qui les distribueront aux magasins (et cela par rapport au nombre de magasins à desservir), est très complexe avec une faible flotte de véhicules aux capacités limitées. En outre, l'industrie alimentaire est divisée en 9 filières (hors tabac qui ne compte que 9 fabricants en France), car les animaux, les fruits et légumes, les plantes sucrières, les poissons, les céréales, le lait, les boissons alcoolisées (dont 3 sous-filières : le cidre, la bière, le vin), etc. ne sont pas traités dans les mêmes industries[2], qui ne sont pas forcément nombreuses. Ce qui nous oblige à livrer certains produits bruts dans un nombre restreint d'industries alimentaires spécialisées, et peut-être séparées par de longues distances (quand je dis « nous », il ne s'agit évidemment pas de vous ou moi, mais de sociétés/entreprises de distributeurs-fournisseurs qui se chargeront de tous ces déplacements, mais sans passer par les grossistes, ce qui ajouterait une étape inutile et consommatrice de camions). Il faut retrancher de ces livraisons aux industries les pommes de terre, qui ne nécessitent pas de transformation, une partie des fruits et légumes, qui n'ont pas besoin d'être transformés en compotes, confitures ou mis en conserve, et qui iront directement depuis les producteurs jusque dans les magasins. J'ajoute que certains produits, telles la betterave ou la vigne, ne sont cultivés que dans un nombre limité de départements, ce qui oblige à allonger les transports. D'autres, spécifiquement régionaux, ne pourront être distribués sur tout le territoire et l'on retrouvera, comme aux temps plus anciens, des modèles d'alimentation locaux. Quant aux poissons (47 tonnes par jour par département), vu les distances à parcourir, ils ne seront disponibles que dans les zones proches d'un littoral.

Les circonstances sont encore compliquées par le fait que les habitants ne consomment pas la même quantité de chaque type de produit par jour. Si bien que les chargements chez les producteurs des produits bruts devront se faire en fonction des proportions variables des produits consommés par les habitants : ainsi vient en tête le lait (356 tonnes par jour par département, dont ses produits dérivés), suivi par la viande (155 tonnes par jour), les dérivés du blé (pain et produits céréaliers) (153 tonnes par jour par département), les légumes (96 tonnes par jour par département), les fruits (75 tonnes par jour), les pommes de terre (64,6 tonnes par jour par département), le sucre (64 tonnes par jour), les huiles végétales (25 tonnes par jour), les pâtes (14,8 tonnes par jour), le beurre et saindoux (14,5 tonnes par jour), la margarine (3,8 tonnes par jour), les boissons alcoolisées.

J'ajoute enfin que je divise les quantités nationales de chaque produit par département afin de clarifier les résultats, tout en étant très consciente que les moyennes ainsi obtenues sont nécessairement faussées, en raison de la disparité des superficies de chaque département, du nombre de ses habitants et donc de ses magasins, très variables. Faussées voire parfois ridicules, comme dans le cas des pommes de terre par exemple (voir en Annexe). Mais dans l'ensemble, le résultat final au niveau national devrait approcher la vérité, en ce qui concerne les moyens de transport dont nous aurons besoin.

Je précise ici que, parmi le nombre de magasins à livrer sur lesquels je me base, ne figurent que les commerces de détail : bouchers, boulangers, fruits et légumes, épiceries généralistes, « supérettes », etc., sans tenir compte des hypers et supermarchés, généralement situés en périphérie des villes et exigeant un déplacement en voiture. Surtout, on ne sait si, dans la crise économique des années 2035 et suivantes, ces gigantesques monopoles, qui font office de grossistes et de détaillants et doivent utiliser une flotte considérable de camions, existeront encore. Il est probable que non, tout simplement parce que les 12,2 millions de véhicules particuliers ne permettront pas aux Français de se déplacer jusqu'à ces grandes surfaces. Le problème que pose leur disparition est que ces grandes surfaces absorbent 70 % de la clientèle, et le reste des commerces de proximité 30 %. Il faudra donc, pour couvrir les besoins, que ces commerces de proximité soient multipliés par 3 – et donc leurs espaces de vente –, et ce dans toutes les agglomérations, bourgs et villages. Nouveaux magasins qui seront rentables, la clientèle des grandes surfaces se reportant sur eux. J'anticipe cette création nécessaire de futurs espaces de vente supplémentaires : aujourd'hui et en moyenne par département existent 305 épiceries et supérettes, nombre qui devra s'élever à 915. Auxquels j'ajoute les 90 épiceries généralistes qui seront à créer dans les villages qui en sont aujourd'hui dépourvus, soit au total ces 1 005 magasins dédiés à l'alimentation sur lesquels je me base, un nombre finalement identique à celui des actuels points de vente et grandes surfaces qui est de 105 520 au niveau national [3].

Ces nouvelles épiceries généralistes s'ajouteront aux commerces de détail déjà existants. La différence sera que les supermarchés et hypermarchés seront fractionnés et relocalisés dans le cœur même des villages et des bourgs, ou dispersés par quartiers dans les plus grandes agglomérations et accessibles à pied. C'est sur ce chiffre de 1 005 commerces de proximité – qui n'existent pas encore mais qui existeront par nécessité – que je me fonderai pour effectuer tous les calculs qui suivent concernant la distribution. Faute de place pour créer ces nouveaux magasins, la construction de halles – là aussi comme avant –, dédiées à la vente comme à l'entreposage, devra pallier cette éventualité.

La seule stratégie envisageable dans cette situation complexe est d'affecter les transports séparément à chacune des filières alimentaires. En effet, outre le nombre de véhicules limité et leur faible autonomie, le nombre de paramètres à prendre en compte est important (quantité à fournir, lieux de production, nombre de producteurs, durée de conservation, nombre d'usines de transformation, distances à parcourir, nombre de magasins…) et la situation est très variable selon chaque type de produit. Cela exige pour chaque denrée des calculs si longs et fastidieux que j'ai choisi de vous les épargner – bien qu'ils soient sous certains aspects instructifs – pour en venir directement aux conclusions générales. Néanmoins, je fournirai le détail de ces calculs pour chaque type de produit en annexe, afin que toutes les données utilisées pour aboutir à ces conclusions soient disponibles pour qui le souhaite.

Un mot pour expliquer pourquoi j'ai finalement opté pour l'abandon de la culture du maïs, qu'il s'agisse du maïs doux pour l'alimentation humaine (part très minime) ou du maïs grain et du maïs fourrage pour l'alimentation des animaux. Ainsi qu'exposé en Annexe, la seule filière maïs grain-amidon monopolise, au niveau national, plus de camions que nous n'en disposons (129 000). Il n'y a donc pas d'autre choix que de renoncer à cette filière, qui nous empêcherait tout simplement de pouvoir nous alimenter, et force est donc de l'abandonner purement et simplement, sachant qu'il existe des substituts au maïs pour nourrir les bêtes et fournir de l'amidon [a]. La fin de la production de maïs libérera 3,15 millions d'hectares qui, on le verra plus loin, seront alloués à l'élevage d'un cheptel bovin de trait.

Pour ce même motif de nécessité, j'ai été dans l'obligation de supprimer notre production de betteraves industrielles (voir en Annexe pour les autres possibilités d'apport en sucre), pour récupérer ainsi 446 588 hectares, et de même celle d'orge et d'escourgeon, nous apportant 1 972 010 hectares destinés pour 1 million d'hectares à l'éthanol à mêler au carburant des véhicules thermiques, ou aux animaux de trait, et le restant à d'autres cultures, et enfin celle de soja, apportant 186 948 hectares pour d'autres cultures. De toute façon, la France importe ses graines de soja du Brésil, l'Europe à elle seule en important 13 millions de tonnes par an (aggravant la déforestation) et 3,5 millions de tonnes sous forme d'huile ou de tourteaux, importations vouées à s'affaisser quand viendra la fin du fret aéronautique.

a. L'amidon a son importance dans les colles, les produits cosmétiques, le dentifrice, la fabrication de confiseries, mais nous en avons aussi besoin pour la pharmacie, le carton, le plastique biodégradable et surtout pour le papier : il permet que le papier soit lissé et n'en reste pas au stade du papier buvard.

Ce n'est pas *à la va-vite* que j'ai dû opter pour ces suppressions, mais tout simplement pour préparer notre pays pour l'après-pétrole, mais aussi pour l'après-véhicules électriques, quand nous serons sans camions pour transporter ni tracteurs pour cultiver, autrement dit sans plus rien pour nous nourrir. Mais jusqu'à (2035)-2040 et 2045, nous compterons encore sur ce qu'il nous restera de notre parc roulant, thermique comme électrique. C'est cette capacité des véhicules électriques qui nous seront alloués – en faible nombre – que nous testons ici, aux fins de savoir s'ils seront aptes ou non à nous fournir des biens et des services de première nécessité. Car c'est seulement en connaissant le nombre nécessaire et la puissance de ces véhicules que nous pourrons les convertir, pour des temps ultérieurs, en éventuelle puissance de traction animale, la seule qui nous restera alors.

Au final, la seule distribution alimentaire en France demanderait, toutes filières comprises (filières maïs, betteraves, soja, orge et escourgeon exclues), 48 154 camions (dont des frigorifiques) (égalant 192 616 chevaux) et 56 323 VUL électriques, sachant que certains services ne pourront plus être assurés une fois le parc de véhicules thermiques en bout de course.

Restent donc, sur notre parc de 129 000 camions, 80 846 véhicules disponibles toute l'année. Le nombre de camions et de VUL pour la distribution alimentaire est donc très important alors que, soit pour des questions de masses à transporter (une partie du blé par exemple), soit pour des questions de rareté et donc d'éloignement des industries de transformation, ou de trop importantes quantités d'exportations intérieures, ou bien encore de problèmes d'hygiène et de salubrité publique (les viandes, le cuir), j'ai dû abandonner des secteurs entiers aux camions thermiques qui nous resteront jusqu'en (2035)-2040. Mais en ayant eu soin de conserver pour notre future consommation les hectares utilisés aujourd'hui pour les exportations internationales, en des proportions importantes ou très importantes (en blé, en vin, en fruits et légumes, en produits laitiers, etc.), de sorte qu'avec l'inévitable baisse des rendements due aux hausses des températures, aux sécheresses estivales, aux canicules annuelles, aux ravageurs, à l'absence de pesticides et la baisse d'engrais chimiques dans les années 2040, nous ayons une réserve de terres supplémentaires pour compenser en partie ces pertes.

Mais j'insiste sur le fait important que beaucoup de ces 48 154 camions et VUL électriques ne fonctionneront pas en permanence et seront à disposition un bon nombre de jours dans l'année. Cette assez large disponibilité sera d'une grande utilité pour les chargements et la distribution de produits essentiels non alimentaires.

La distribution de quelques autres biens basiques : papier, savon et autres biens

Hormis l'alimentation, j'ai opéré de semblables calculs pour d'autres produits de base, certains biens étant bien sûr primordiaux, tels le papier, les enveloppes, le savon, le dentifrice, le papier hygiénique, la lessive, les produits de nettoyage, les médicaments, les livres scolaires, les crayons, les cahiers… et j'en passe tant les besoins de base sont nombreux et divers. Les quantités de ces produits consommés aujourd'hui par les Français sont considérables, et elles seront nécessairement amenées à se restreindre de beaucoup. On produit aujourd'hui par an 2 millions de tonnes de papier graphique (dont une partie exportée), 20 milliards d'enveloppes, 100 000 tonnes de savon, 402 000 tonnes de papier hygiénique, 180 millions de tubes de dentifrice, 3,5 milliards de couches jetables, 994 millions d'unités de produits d'entretien, etc.

Je ne développe pas ce paragraphe pour l'anecdote mais pour que nous prenions la mesure des grandes difficultés que la perte du pétrole entraînera pour l'acheminement des besoins de base quotidiens.

Jusque vers 2030-2035, même avec une réduction déjà sensible du transport et du fonctionnement des industries et des usines, la distribution de ce type de biens ne devrait pas être trop gravement affectée.

En (2035)-2040 en revanche, avec les seuls véhicules électriques, elle se heurtera à des écueils complexes et divers selon les produits. À titre d'exemple, j'ai analysé les circuits d'approvisionnement pour le papier, le savon, les détergents, le papier hygiénique, et examiné les cas du cuir et des tissus, de lin, de chanvre et de laine, qui, n'étant pas périssables, pourront être pris en charge par les camions partiellement disponibles. Tout ceci n'est valable qu'à condition que revienne l'artisanat de ces matières qui nous seront précieuses, ce en quoi je crois face à la demande nouvelle. Car nous avons eu la stupidité, en France, d'abandonner totalement les filières du tissage du lin et du chanvre, alors que nous sommes 1er producteur de lin en Europe. Nous nous contentons de l'exporter puis de récupérer les produits finis, comme nous le faisons depuis la Chine pour la majorité de nos vêtements. Vêtements comportant une part d'acrylique, dérivée du pétrole, qui n'existeront plus avec la fin de son extraction. Force sera de revenir aux matières naturelles – et non pas le coton que nous ne pourrons plus importer – et donc de développer à nouveau leur artisanat, qui nous sera indispensable.

Ces analyses étant également fastidieuses, je les ai reportées en Annexe, à la suite du développement consacré à la distribution alimentaire. Cinq de ces produits nécessiteront 7 000 camions (ou 28 000 chevaux) et 7 000 VUL.

Le transport du bois après 2035-2045

On sait combien le bois est une matière essentielle, tant pour le chauffage et la cuisson que pour la menuiserie et la fabrication de toutes sortes de papiers et cartons. Encore faut-il pouvoir le distribuer.

Parmi les différentes sources de bio-renouvelables, la filière bois est assez bien représentée. La forêt française compte 17 millions d'hectares en métropole, mais dont 73 % sont privés et appartiennent à 5,2 % des Français (3,5 millions) [4]. Aujourd'hui, un peu plus d'1 million de ménages se chauffent en totalité au bois, dont la moitié avec leur bois propre [5].

Sans donc prendre en compte ces forêts, qui concernent assez peu de propriétaires, basons-nous sur les données actuelles, qui concernent les 4,6 millions d'hectares de forêts publiques, domaniales et communales existant en métropole. Ces forêts gérées produisent environ 41 millions de m^3 de bois par an, destinés à divers emplois : 52 % sont vendus pour la construction et l'ameublement (soit 21 millions de m^3), 19 % pour les panneaux, les cartons et papiers (soit 7,8 millions de m^3), 19 % pour le bois énergie (7,8 millions de m^3 également), et 8,5 % pour l'affouage (partie des forêts que les communes réservent aux habitants pour le chauffage et la cuisson selon leurs besoins) (soit 3,5 millions de m^3) [6]. Il est malheureusement impossible, même concernant les forêts publiques, de savoir qui, du vendeur ou de l'acheteur, voire de l'intermédiaire, est en charge du séchage. Point très important car le poids d'1 m^3 de bois vert diffère beaucoup de celui d'1 m^3 de bois sec, parfois de 50 % ou plus pour le pin, et joue donc sur son transport. Mais il semble très vraisemblable que les quantités exprimées ici soient du bois vert. On ne devra transporter que du bois sec, beaucoup plus léger. De manière générale, 1 m^3 (1 tonne) pèse environ 500 kilos après séchage [7].

Cette attribution des produits des forêts donnerait 11,3 millions de m^3 et donc 5,6 millions de tonnes de bois sec pour le chauffage et la cuisson. Un foyer moyen consommant pour se chauffer avec un poêle à bois le nombre minimal de 6 stères de bois sec (3 tonnes) par an, cette quantité de bois à usage domestique permettrait d'alimenter 1,86 million de foyers, ce qui est dérisoire par rapport aux 28 millions de foyers français. 28 millions dont on peut ôter 1 million se chauffant avec leur propre bois, et 1 million ne disposant pas d'un poêle à bois et/ou se chauffant avec des panneaux solaires ou des pompes à chaleur. GRDF [a] a l'intention

a. Gaz Réseau Distribution France.

d'installer 10 000 méthaniseurs à l'horizon 2030 [8], ce qui permettrait de chauffer 3 millions de logements [9]. Et selon l'ADEME, 49 % de la population, mais à la condition d'y ajouter la pyrogazéification et le power-to-gaz, techniques chimiques complexes qui ne seront matures qu'en 2050 et dont je doute que nous puissions les mettre en place dans le contexte économique désastreux où nous serons. 10 000 est un chiffre optimiste, vu la lenteur à laquelle nous progressons, mais accessible si l'on parvient à convaincre 2,5 % des 400 000 agriculteurs.

Ce qui laisse 23 millions de foyers à chauffer.

Cependant le potentiel bois énergie est clairement sous-exploité. L'IESF [a] le confirme : « La production totale du bois en 2013 s'élève à environ 61 à 62 millions de m^3, dont la moitié pour le bois énergie » (soit 30,5 millions de m^3) et « la disponibilité supplémentaire serait de 80 millions de m^3 » [10].

L'ADEME évalue à 240 TWh le potentiel futur du bois énergie en 2050, ce qui représente 118,8 millions de m^3 de bois, ce qui est excessif, même si l'on envisage une très forte hausse de l'exploitation. Si l'on pouvait compter sur les 80 millions de m^3 cités plus haut et les 11,3 millions affectés au chauffage, ces 91,3 millions de m^3 (45,6 millions de tonnes de bois sec) nous apporteraient 154,5 TWh [b], ce qui serait déjà considérable. Mais nous nous heurterons à deux freins : la quantité de scies et tronçonneuses alimentées au biocarburant dont nous disposerons (qui ne dureront que jusqu'en

a. Société des ingénieurs et scientifiques de France.

b. Et 2 fois plus si le bois est sec à 20 %.

2040 puisqu'il leur faut de l'essence pour démarrer), ou à l'électricité, et, évidemment, l'impossibilité de transporter et de distribuer tant de tonnes sans plus de véhicules électriques car ces convois, circulant tout au long de l'année, exigeraient un nombre excessif de camions, camions que nous n'aurons plus en 2045 (ou en 2050).

Reste que le potentiel en bois à exploiter est suffisant pour alimenter une partie du chauffage du secteur résidentiel, dont les besoins totaux seront d'au moins 69 millions de tonnes de bois sec. Notre quantité restreinte de camions ne nous permettra de livrer qu'une moitié du besoin minimal des foyers en bois de chauffe (et donc 3 stères par foyer au lieu de 6), soit 34,5 millions de tonnes de bois sec et 1 500 kilos par foyer (4 500 kWh), ce qui fournira en tout 108 TWh pour un chauffage et une cuisson de bon appoint. Certes, ces livraisons exigeront environ 21 004 camions sur l'année, circulant chaque jour avec leurs VUL, ce qui est beaucoup, mais l'apport en TWh n'est surtout pas à négliger. Dès lors que ces camions ne pourront pas livrer au porte à porte mais chacun en des points dédiés par parcelle (cf. *infra*). C'est dans ces dépôts que les conducteurs des 12,1 millions de véhicules et VUL viendront en plusieurs fois prendre pour eux-mêmes et un voisin la cargaison d'1,5 tonne chacun à laquelle ils ont droit par foyer, en espérant qu'un esprit civique et de partage les empêchera de prélever plus que leur quota, ce qui n'est pas évident.

En chevaux et par attelages de 4 animaux de 800 kilos, il faudrait compter 84 016 bêtes travaillant 6 jours par semaine, et qui ne pourront pas livrer à plus de 15 kilomètres de l'orée du bois, en comptant le chemin du retour, puis une seconde fois après leur repos. Si bien qu'une fois venue la fin des transports électriques, on ne pourra sans doute plus guère compter que sur le gaz ou l'électricité pour se chauffer, sauf à habiter à quelque 15 kilomètres d'une forêt, ou bien à 30 kilomètres si l'on prend des chevaux et des meneurs en relais, ce qui doublerait leur nombre à 168 032 mais permettait d'approvisionner les foyers situés dans une zone de 30 kilomètres entre deux forêts, car je doute beaucoup que les méthaniseurs puissent nous fournir assez en biogaz pour alimenter 23 millions de foyers. Mais cela sera peu dans les départements insuffisamment boisés. C'est cependant et faute de mieux ce nombre que l'on retiendra, et que l'on augmentera encore si le cheptel le permet.

Quant au bois nécessaire aux charpentiers et aux menuisiers, on a dit que les 21 millions de m^3 vendus aujourd'hui pour la construction et l'ameublement ne seront plus d'actualité. Au sein de la corporation des artisans menuisiers-charpentiers, les menuisiers (47 000 artisans, soit 470 par département) comptent pour 73 % et les charpentiers (17 600) pour 27 %, mais il est impossible de savoir quel volume de bois utilisent les uns et les autres. Avec cette seule donnée, on peut supposer – mais ce calcul est nécessairement très inexact – que les menuisiers utilisent 15 millions de m^3 et les charpentiers 6 millions. Mais sachant que la charpenterie consomme une masse de bois bien supérieure à la menuiserie, on choisira d'affecter 50 % du bois à l'un et à l'autre secteur. Soit pour chaque profession 10,5 millions de m^3.

Dans le cas d'un passage aux chevaux de traction, nous aurons grand besoin de menuisiers et de bois pour fabriquer les charrettes et les carrioles nécessaires, qui devront être au nombre de 500 000 pour 1 million de chevaux, à quoi ajouter les millions de pièces de bois nécessaires aux jougs de garrot des éventuels futurs bœufs de trait.

La charpenterie ne consommera peut-être pas autant qu'aujourd'hui. D'un autre côté, l'exode urbain augmentera peut-être la demande en constructions pour ceux qui en auront encore les moyens.

Les 21 millions de m^3 de bois sec – 10,5 millions de tonnes – à livrer au total aux charpentiers et menuisiers demanderaient, sur un an (365 jours, des chauffeurs relayant ceux en repos), 6 393 camions au plan national (ou 25 572 chevaux).

Les papetiers auront également besoin de bois, tant pour la fabrication du papier graphique que du carton, des emballages, du papier hygiénique. Je vous renvoie pour cette filière au chapitre « Le papier » dans le corps du texte, et en Annexe.

Au total, la filière bois monopoliserait au moins 31 297 camions (250 376 chevaux, en comptant double d'attelages en relais pour le bois) au niveau national.

Cette filière exigera bien sûr des quantités de bûcherons, équipés de scies fonctionnant au bio-GNV ou bien à l'électricité (dont la durée d'utilisation peut aller jusqu'à 3 heures).

La collecte des déchets

Il est primordial, pour des raisons d'hygiène évidentes, que nous collections en priorité les déchets organiques putrescibles. Il s'agit des ordures ménagères des foyers, de l'industrie agroalimentaire, des commerces alimentaires, des marchés de plein air, toutes soigneusement triées, des boues des stations d'épuration des eaux usées (les STEP).

Vu l'importance du compost, en l'état d'appauvrissement de nos sols, et des méthaniseurs, les déchets alimentaires, qui contiennent du carbone, du phosphore et de l'azote, forment un gisement essentiel à exploiter et vers fin 2023, des poubelles spéciales devraient être ajoutées aux poubelles de tri afin de les récupérer séparément – et ce tri sera obligatoire – sans que ces déchets soient mélangés au tout-venant comme aujourd'hui. Elles seront destinées aux sites de compostage, aux exploitations agricoles ou aux méthaniseurs. Il est très important de savoir ce qui sera accepté ou non dans ces poubelles dédiées, la qualité du compost, du biogaz ou du digestat en dépendant.

Jusque vers (2035)-2040 nous laisserons aux bennes à ordures thermiques (et aux camions thermiques partant des déchetteries pour livrer les produits à des entreprises spécialisées) la prise en charge des déchets, qu'ils soient organiques, triés (cartons et papiers, métaux, plastiques – qui existeront encore à cette période –, verre), déchets résiduels (le « tout-venant »), ou apportés aux déchetteries (les encombrants, l'électronique, les piles, les ampoules, les déchets végétaux...), ou issus du BTP[a].

À partir de (2035)-2040, les véhicules thermiques ne pourront plus accomplir cette tâche. Ce sera à nos camions et VUL électriques de prendre le relais. Et en priorité de s'occuper du ramassage des déchets organiques, afin que nous vivions en des lieux salubres.

La collecte des déchets alimentaires putrescibles nécessitera au plan national 11 773 camions électriques (47 092 chevaux), travaillant 3 jours par semaine, qui apporteront, un autre jour, leurs chargements aux sites de compostage des nouvelles parcelles agricoles (cf. *infra* : « Le remembrement »), et aux 10 000 méthaniseurs.

Les chevaux ne pouvant parcourir autant de kilomètres que les camions, il importera que tous les habitants d'une parcelle viennent déposer leur bac en un ou deux endroits bien visibles de la route, ce qui sera facile, ces parcelles ne faisant que 500 m sur 500 m, et évitera aux chevaux – comme aux camions – d'effectuer des détours par tous les chemins.

Les autres ordures ménagères résiduelles de table et de cuisine, exclues des bio-déchets réservés au compostage ou aux méthaniseurs, toutes sources comprises, ne sont pas polluantes en soi mais gênent la bonne constitution du compost. On peut les placer dans de longues fosses creusées préalablement sur environ 1 m de profondeur, en un lieu choisi dans chaque commune (ou quantité de lieux dans les villes), en les recouvrant aussitôt d'une couche de terre pour dissuader les nuisibles. Cet enfouissement dégagera du méthane, mais peu, vu

a. Bâtiment et travaux publics.

le très faible pourcentage de ces déchets exclus. On peut aussi les enterrer dans son jardin, vu leur faible encombrement. Quant à leur incinération, elle est polluante. Je relève que nulle part il n'est indiqué quoi faire de cette part résiduelle de déchets organiques. Les quelque 10 millions de véhicules particuliers électriques pourront les regrouper pour les porter au lieu d'enfouissement tout proche.

Les très nombreux camions destinés à la collecte au porte à porte des ordures ménagères putrescibles ne travailleront que 3 fois par semaine et pourront se charger durant les 3 autres jours de la semaine de la collecte des déchets résiduels non organiques contenus dans les bacs à couvercle vert (qui, vu notre moindre degré de consommation, seront de faible volume) et des papiers, cartons et métaux (j'exclus le plastique qui n'existera plus) déposés dans les conteneurs à couvercle jaune.

Même chose quand ils seront remplacés par des chevaux : le dépôt des bacs par les habitants d'une parcelle en un ou deux endroits pour éviter aux bêtes des kilomètres inutiles.

Mais ensuite ? Idéalement, on transporterait ces déchets vers des centres de tri, qui séparent les matières par type pour les acheminer vers des centres de valorisation/stockage ou destruction. Mais il n'existe que 4,5 centres de tri en moyenne par département [11], ce qui demanderait encore beaucoup de camions, et les obstacles ne s'arrêtent pas là et s'aggravent. Car une fois les déchets triés par type, ils sont conduits vers des filières spécialisées. Or ce transport « s'effectue le plus souvent à l'échelle intrarégionale, mais également de manière forte à l'échelle interrégionale, voire internationale. Les exutoires de valorisation sont en effet souvent éloignés des sources (plusieurs centaines de kilomètres pour certains d'entre eux), en particulier dans le cas des déchets en plastique, acier et aluminium [12] ». Pas besoin de réfléchir pour comprendre que, même en quantités réduites, en (2035)-2040, ces transferts de déchets dépasseront de très loin nos capacités, toujours pour des problèmes de concentration des actuelles infrastructures.

Je ne vois qu'une seule solution, même si elle est tout à fait insatisfaisante : créer environ une centaine d'entrepôts par département, qui serviront de centres de stockage, où seront regroupés par secteur les différents types de produits. Nos mêmes camions de collecte transporteront ces déchets triés et résiduels à ces entrepôts.

Les métallurgistes, papetiers, fabricants de vêtements, artisans, tous équipés d'un VUL, auront tout loisir, en ces temps de pénurie, d'y venir pour se servir eux-mêmes en ferraille et métaux, cartons et papiers, tissus (qu'ils pourront découper et valoriser, réassembler, d'où ils pourront tirer de nouvelles pièces de vêtement, du fil, de la ficelle ou des cordes), se fournir en divers produits d'occasion qu'ils pourront revendre, ou, pour les plus pauvres, réutiliser (vieux vêtements par exemple). Ces entrepôts pourront même le cas échéant servir de lieux où dormir…

Ce qui me fait très malheureusement aborder – et je fais ici une incise – le cas de tous les migrants venus de régions devenues trop chaudes, de France du Sud, du nord de l'Afrique, et des migrants urbains qui par millions se réfugieront dans des zones rurales. Car il sera impossible de ravitailler les zones urbaines à forte ou très forte densité d'habitants et dépourvues d'une large « ceinture verte » d'immédiate proximité, l'urbanisation s'étant étendue dans toute leur périphérie et leurs banlieues lointaines. Pour ne prendre que l'exemple criant de Paris et son département, ils comptent 12 117 132 habitants pour 569 000 hectares de surface agricole (agriculture et élevage) quand la demande en aliments sera de 18 175 tonnes d'aliments par jour. Si l'on se réfère au chiffre (trop bas à mon sens) d'1 hectare pour nourrir 2 personnes, la surface agricole d'Île-de-France ne pourrait suffire qu'à 1,138 million de personnes, soit la moitié des habitants de Paris intra-muros (2,2 millions), ou bien plus si des techniques de permaculture sont mises en place, mais jamais assez pour alimenter plus de 12 millions d'habitants. Voilà encore l'une des conséquences du gigantisme enfanté par notre civilisation pétrolière.

La desserte alimentaire de ces grandes ou immenses agglomérations ne tenait que par le nombre et la puissance de nos camions thermiques, dont nous ne pourrons jamais égaler la quantité et les capacités, à moins de dévorer les terres agricoles. « Ainsi, la moyenne du degré d'autosuffisance alimentaire des 100 premières aires urbaines de France est de 2 % [...] et les aliments que nous consommons parcourent en moyenne 3 000 kilomètres avant d'arriver dans notre assiette [13]. »

L'exode urbain à venir, vers 2038-2040-2045, sera inévitable et massif, et par ailleurs *indispensable* pour que nous puissions cultiver les nouvelles parcelles sans machines, élever et mener nos cheptels, couper du bois, employer des vendeurs dans les nouveaux magasins, développer les artisanats locaux. Il est évidemment impossible d'évaluer le nombre de ces futurs néoruraux. Aujourd'hui, les agriculteurs-éleveurs n'occupent que 2,3 % de la population active, soit 650 000 personnes. En 1945, les actifs agricoles étaient encore évalués à 10 millions. Aujourd'hui, 22,1 millions de Français seulement habitent en zone rurale (dont 4,2 millions sont sous faible ou forte influence d'un pôle urbain). La région francilienne à elle seule (mais elle est particulière et beaucoup d'agglomérations ont une « ceinture verte » plus proche et plus vaste, ou commencent à tout faire pour la développer, telle la ville de Rennes) se videra de 10 millions de ses habitants. La France – comme partout ailleurs dans les sociétés où se sont développées de telles agglomérations – devra faire face à ce déferlement de millions de migrants nationaux ou non, très bienvenus et même indispensables pour exploiter les ressources du pays, mais ce flux paraît insoluble à gérer du point de vue de l'habitat. Trouver un travail, c'est une certitude, ne sera pas difficile. Mais où logeront-ils de façon décente, avec leurs enfants ? Où pourront-ils se laver et faire cuire leurs aliments ? On peine et on se refuse à l'imaginer, mais on ne peut exclure que les millions d'anciens véhicules thermiques, puis électriques, voitures et camions, abandonnés çà et là à travers tout le pays, leur servent d'habitats de misère. Voire aussi des bâtiments à l'abandon sur les exploitations agricoles. Et qu'ils occupent les 12 000 anciennes grandes surfaces commerciales laissées vides, qui présentent l'avantage de disposer de toilettes, de lavabos auparavant destinés au personnel, de prises électriques sur lesquelles brancher des chauffages et des plaques de cuisson. Il faut imaginer aussi que les populations locales leur apporteront de l'aide dans la mesure de leurs moyens.

Cette même question se posa crûment lors de l'exode rural du XXe siècle, quand quantité de travailleurs agricoles, que la mécanisation avait privés d'emploi, arrivaient dans les villes et devaient vivre dans leur périphérie dans des conditions très précaires.

Certes, un grand nombre d'urbains ont conservé des attaches familiales en province, ou bien y possèdent une résidence secondaire, ou des amis, et trouveront ainsi à s'abriter. Mais nombreux seront les sans-abri, qui, même rémunérés par leur nouvel emploi et pouvant acheter de quoi se nourrir, ne trouveront pas de lieu à louer. À supposer, sans compter tous ceux qui auront trouvé refuge chez des proches, que chaque département doive accueillir par exemple 200 000 personnes, les collectivités locales et régionales seront-elles capables de bâtir pour elles des logements, même de fortune, faits de bois, de torchis, de toits de paille, de matériaux de récupération, et de les relier tous à l'eau et l'électricité ? Un abîme de questions assez effarant, mais qu'il faudra bien résoudre, tant pour des questions humanitaires que parce que les campagnes auront grand besoin d'eux, et tant eux auront besoin des campagnes. Et tous dans le même but : se nourrir.

Mais – et je reviens à mes entrepôts de collecte – on ne peut laisser des produits dangereux dans ces lieux de dépôt. Cependant, quand on en consulte la liste, il semble bien que, hormis les médicaments et les déchets de soin (décisions à prendre par les maires), il n'existera plus beaucoup de ces produits dangereux, ou pas grand-chose, dans les temps dont nous parlons.

Reste le problème du verre, difficile à résoudre. Il ne sera surtout posé que par les bouteilles de vin et d'huile. Ne pouvant là non plus les apporter aux centres de recyclage, car il n'en existe que 20 en France, je ne vois qu'une solution, qui n'est pas non plus excellente : la consigne. Certes, nous conserverons une partie de nos bouteilles vides et lavées pour les emplir d'eau bouillie ou de jus de fruits maison, comme nous conserverons beaucoup des bocaux venus de l'industrie alimentaire pour les réutiliser aux fins de faire des conserves pour l'hiver, ou d'y entreposer des légumes secs, de la farine, etc. Mais nous aurons à en rapporter aux magasins où nous les avons achetés. Seules quelques rares sociétés de lavage de bouteilles ont subsisté en France depuis les années 1980, pendant que quelques nouvelles renaissent [14]. Si ces entreprises connaissaient un renouveau et se multipliaient, et les noms et adresses des fournisseurs étant connus des commerçants ayant passé commande, l'ancien système de la consigne pourrait fonctionner, requérant quelque 6 000 camions environ. Ne pouvant deviner combien de bocaux seront rapportés aux magasins, je ne peux chiffrer le nombre de camions nécessaires à leur transfert vers les industries agroalimentaires.

Les viniculteurs et les industries, confrontés à un même problème de disponibilité en bouteilles et bocaux vides, vu la réduction des transports et des industries de recyclage, devraient accueillir favorablement ce retour de la pratique de la consigne.

La collecte du crottin de cheval

Évidemment, on ne pourra laisser s'accumuler dans les rues les crottins des chevaux de trait. Sans plus de vermifuges à l'horizon 2040 (vermifuges dont l'utilisation systématique conduit à la résistance des parasites), il est indispensable de ramasser le crottin, tant dans les rues que dans les pâturages et les écuries pour limiter le parasitisme (les œufs et larves se développant dans les excreta), les bactéries et virus éventuels. Cette mesure d'hygiène et de protection vaut autant pour les pâturages des bœufs de trait.

« Pour un cheval de trait de 700 kilos, compter 6,6 kilos de crottins par jour[15]. » Étant au travail 6 heures par jour et reprenant sa pâture dès qu'il a retrouvé son pré, on pourrait estimer que la production durant le temps de travail est moindre. Comptons cependant sur 5 kilos de crottin déposés par cheval dans les rues 6 jours par semaine… Sur notre million de chevaux (que nous n'aurons pas atteint, je le crains, en 2040), comptons 400 000 chevaux dans les rues et sur les routes, devenues quasiment libres de véhicules, libérant 2 000 tonnes d'excreta par jour. Ces 400 000 chevaux seront généralement attelés par 4, soit 100 000 attelages produisant chacun 20 kilos. À cette date, où le reste du parc électrique en état de marche nous soutiendra encore, il faudra donc enlever ces tonnes de crottin à l'aide de 445 camions au niveau national. Aptes à charger 2 000 tonnes mais pas à suivre tous les itinéraires empruntés par ces 100 000 attelages. Un camion parcourant 2 fois plus de kilomètres que les attelages, cela reviendrait à collecter les déjections de 50 000 attelages, et de 25 000 si nous multiplions notre nombre de camions de ramassage par 20. Soit 8 900 camions collectant chacun le crottin de 25 000 attelages, mais si peu chargés que ce serait gaspiller et immobiliser des camions.

Le plus efficace serait d'utiliser – puisque nous en aurons encore – 100 000 VUL pour suivre les 100 000 attelages et ramasser chacun sur 30 kilomètres 20 kilos de crottin, une très faible charge là aussi pour un VUL. Après le temps de repos médian des chevaux, les conducteurs seraient en mesure d'apporter leur collecte aux méthaniseurs ou aux producteurs demandeurs.

Donc 100 000 VUL affectés à cette tâche toute l'année, c'est beaucoup mais nécessaire à la salubrité publique. Auxquels il faudra en ajouter un certain nombre pour ôter le crottin sur 2 millions d'hectares de prés et les bouses sur 8 millions, soit par département et par parcelle 8,3 hectares à nettoyer à plusieurs et à la pelle pour les charger dans les caisses du VUL.

Et à partir de 2045-(2050), il n'y aura plus de VUL pour nous aider.

Les utilisations des camions que nous avons étudiées (dont la liste est loin d'être complète !) aboutissent à l'usage de 98 234 véhicules, soit en « équivalents chevaux » à 392 936 chevaux, que j'espère réunis à cette date.

Mais il serait réellement ridicule, et de même quand le cheptel aura atteint 1 million de têtes, d'en ôter la moitié pour faire suivre ces attelages par l'autre moitié. Je songe, et c'est possible vu le nombre d'attelages dont nous disposerons, qu'il serait plus judicieux d'arrêter les chevaux à chaque crottin déposé pour l'ôter et le charger en caisse, même si cela ralentira évidemment la progression du convoi, bien que l'opération ne prenne que quelques minutes ou moins.

L'incorporation des excréments des chevaux et ruminants, probablement porteurs de vers parasites, voire de bactéries et virus, ne poserait pas de problème dans les méthaniseurs si la période de chauffe d'une heure à 70 °C – l'hygiénisation – est respectée. Quant au compostage, la fermentation fait également monter la température à 60 °C-70 °C (si le tas de compost est correctement aéré).

Le service postal et la communication

Aujourd'hui, le service postal distribue plus de 39 millions de lettres et de colis par jour et 14,3 milliards par an (chiffres 2014). Il utilise pour ce faire 60 000 véhicules motorisés, 30 000 vélos, 25 avions et 3 TGV, qui parcourent 1,39 milliard de kilomètres [16]. On comprend tout de suite à quel point notre dispositif de camions électriques ne peut suffire, et moins encore les chevaux.

De même que pour les autres secteurs, les services postaux pourront continuer à fonctionner à peu près à l'identique jusqu'en 2030, date à laquelle ils seront contractés de quelque 10 %, puis moindrement jusqu'en 2036-2037, mais ils ne pourront plus être assurés en 2040 quand la très probable fin de l'extraction du pétrole et la chute des transports thermiques y auront mis un terme.

La fin des communications ?

Face à cette fin des échanges par courrier, j'avais imaginé que le retour au système de téléphonie qui précédait les portables (appareils simplement branchés sur des prises « en T », technologie dite « RTC ») et aux fax qui les accompagnaient, parfaitement efficaces, permettrait de continuer à maintenir les contacts avec les services publics, administratifs, médicaux…, et avec nos proches.

Mais non, cet espoir est vain ! Car il a été décidé inconsidérément par les responsables des télécommunications de mettre fin aux dispositifs antérieurs – devenus « obsolètes » en raison de l'expansion des téléphones portables, des e-mails et des box Wi-Fi. ***Il s'agit là d'une absence totale de connaissances et de vision de l'avenir, et d'une erreur colossale !!*** Car s'il est vrai qu'aujourd'hui les communications passent par les téléphones portables et les e-mails et nous font délaisser nos anciennes installations fixes, ***ceci n'aura qu'un temps et l'immense crise économique de 2040 et des années suivantes rendra cette gaffe irrattrapable !***

Puisqu'en effet, et je m'en expliquerai plus loin en détail, les années 2040 (2045) (2050 si l'on veut voir les choses sous leur meilleur aspect, qui n'existe guère) marqueront ***la fin de l'électronique***.

Malgré cette évidence, les décideurs, convaincus que l'électronique poursuivra son chemin comme avant, ont donc décidé d'arrêter toute création de ligne de téléphone fixe en 2018, de les désactiver dès 2023 et, concernant les fax, de passer obligatoirement aux fax nouvelle technologie, c'est-à-dire aux fax vers mail ou vers iPhone, ou l'inverse, aux messages vers ces fax électroniques via une box Wi-Fi, en bref, au tout électronique en matière de communications.

Ce qui se résume par : vers 2040 (2045 ou 2050 ?), ***nous nous retrouverons sans aucun moyen de communiquer !!*** Ni de payer nos impôts ou d'en être informés, pas plus que nos taxes, que nos consommations d'eau et d'électricité et autres obligations, ni de pouvoir opérer un retrait bancaire, ni de pouvoir avoir de nouvelles de nos proches ! L'isolement absolu, aux conséquences multiples et très graves : effondrement de tout le système reliant les administrations, compagnies, entreprises aux particuliers, paralysie financière des pays, impossibilité de prendre un rendez-vous avec un technicien, un réparateur, un commerçant, un médecin, et dégâts psychologiques incommensurables dus à l'isolement et à l'absence d'échanges, ne serait-ce qu'avec enfants et parents. En bref, un véritable désastre économico-psycho-social contre lequel nous devons absolument nous mobiliser.

Si l'on peut encore faire prendre conscience à Orange de cette calamité que leurs décideurs nous préparent à l'aveugle, en toute méconnaissance des contraintes de l'avenir, de la nécessité absolue, impérieuse, de conserver les anciennes lignes RTC, de les entretenir et d'encourager les entreprises à se garder la possibilité d'une nouvelle production des téléphones fixes et fax « ancien modèle » qui devront revenir, ce doit être avant 2030 : c'est-à-dire avant que la crise économique mondiale ait ôté aux pays, aux États, aux entreprises, une grande part de leurs possibilités financières. En 2040, ce sera bien trop tard.

Voilà à quelles extrémités désastreuses nous mène le défaut de réflexion et d'anticipation des dirigeants. Notre monde, nos modes de vie vont totalement basculer d'ici les 20 à 30 prochaines années : qu'ils n'aggravent pas la situation et que nous sauvions ce qui peut l'être !

Le déplacement des personnes

La mobilité des personnes jusqu'en 2040

47 % des foyers français possèdent au moins 1 voiture, et le nombre de conducteurs s'élève à 40 millions, se chargeant donc de transporter le reste de la population, soit 27 millions de personnes, dont les enfants, les adolescents, d'autres membres de la famille, les personnes âgées, les amis ne sachant pas conduire. Soit 1 véhicule servant, outre son conducteur, à 1,68 personne en plus. Les besoins en mobilité sont donc de 40 millions de véhicules et totalement assurés aujourd'hui.

Jusqu'en 2035(-2040), cette possibilité ne devrait pas poser trop de problèmes car l'essentiel du parc roulant thermique aura été renouvelé vers 2025 (les camions sans doute vers 2028), date à laquelle la production de pétrole mondiale aura atteint son pic et donc son maximum. Ces véhicules thermiques seront plus volontiers choisis que des électriques en raison d'une production encore trop faible de ces derniers, de leur coût, du problème que pose leur faible autonomie et d'un maillage de bornes extrêmement insuffisant. Ces voitures dureront jusqu'en 2035-(2040), repoussant la constitution d'un parc complet de véhicules électriques à cette période, conformément aux projections des producteurs qui, selon le RTE, estiment le nombre de véhicules électriques particuliers et VUL à 12,1 millions en 2035 (sans compter les hybrides), et un développement qui devrait porter sur les véhicules lourds, qu'il faut espérer au rendez-vous en 2040. Sachant que les camions thermiques pourront rouler jusqu'en 2038-2040, en leur donnant ainsi qu'aux VUL priorité absolue aux pompes, dont rien n'assure qu'elles seront encore correctement avitaillées à ces dates. On pourrait donc, jusqu'à cette période, compter sur un parc assez comparable à l'actuel, à ceci près qu'en 2030, la contraction de l'approvisionnement en pétrole sera d'environ 10 %, et sans doute – ce qui n'est pas rien – de quelque 30 % vers 2035. Ce resserrement de l'offre à venir ainsi que la récente interdiction d'acquérir un véhicule thermique en 2040 (ou 2035) pousseront sans doute les acheteurs à acquérir un véhicule électrique plus tôt.

Il est très difficile d'estimer le développement qu'auront pris les véhicules hybrides et électriques mais, selon notre analyse précédente, on pourra à peu près compter dans les années 2035(-2040) sur un parc composé de :

– 15,6 millions de véhicules électriques ou hybrides (22 %), dont environ quelque 2 millions de VUL (estimation personnelle) sachant que l'approvisionnement en pétrole se sera déjà fortement contracté.

– 129 000 camions électriques de 7,5 tonnes.

– 6 millions de VUL thermiques renouvelés, dans les limites techniques des producteurs.

– Environ 15 millions de véhicules thermiques renouvelés d'ici à 2025 (le parc aura en moyenne 15 ans d'âge), avant les premières contractions économiques de la crise pétrolière.

– 340 000 véhicules roulant au GNV/bioGNV en 2030, selon les prévisions gouvernementales.

– 25 millions de vieux véhicules thermiques dont une partie, ayant roulé moins de 50 kilomètres par jour, sera encore en activité. Ceux-là ne circuleront sans doute pas jusqu'en 2025 mais seront progressivement renouvelés.

– au moins 200 000 camions et poids lourds thermiques.

Ce parc pourrait assurer une mobilité des Français en 2030, mais aussi en 2035(-2040), bien que les véhicules thermiques soient alors très contraints dans leur approvisionnement en carburant. Le parc électrique aura eu le temps de se constituer, venant peu à peu compléter le parc thermique.

La mobilité des personnes à partir de 2040

Mais en 2040, nous verrons très probablement la fin de l'extraction du pétrole. Ce pourquoi le scénario de l'ADEME pour 2050, quand la production pétrolière mondiale – si elle s'est poursuivie – sera au grand maximum de 50 % de moins qu'en 2019 – scénario qui inclut encore à cette date du pétrole et mise sur la croissance –, paraît assez irréaliste [1]. Tout indique au contraire, nous l'avons vu, qu'on ne pourra plus compter dès 2040 que sur le parc de véhicules électriques et l'on se retrouvera réduit à :

– 12,1 millions de véhicules légers électriques non hybrides.

– 129 000 camions électriques.

– 26 000 bus et cars.

Un parc qui devrait sans doute durer, selon la date d'achat des véhicules, jusqu'en 2045 ou 2050.

Dans cette situation, la mobilité des habitants sera très bouleversée et nous devons prendre en compte celle des personnes âgées et handicapées.

La France compte à ce jour 6,5 millions de personnes de plus de 75 ans [2] et 8 millions de personnes handicapées ne pouvant se déplacer, soit 14,5 millions de personnes susceptibles de nécessiter une aide pour leur mobilité, même si celles de plus de 75 ans n'en ont pas forcément besoin. Par département, 145 000 personnes en moyenne seraient en difficulté pour cette mobilité, à partir de 2035. À raison d'1 déplacement par mois (je laisse de côté les déplacements pour des achats alimentaires, au vu de la proximité des commerces et estimant que la solidarité locale se développera), ces 145 000 personnes ne devraient pas rencontrer de problème avec le parc électrique existant de 12,2 millions de véhicules (dont des VUL), soit 121 680 en moyenne par département.

Le cas des transports à l'hôpital diffère en raison de la distance éventuelle à parcourir aller-retour. Mais il existe en moyenne 30 structures hospitalières par département (nombre qui peut décroître), et 1 VUL devrait donc suffire à accomplir un trajet. Aujourd'hui, le nombre d'admissions dans les établissements hospitaliers se chiffre à 35 616 patients par jour en moyenne en France. Donc environ 356 personnes par département et donc 356 VUL, ou bien 356 véhicules particuliers de personnes proches. On peut tout de même compter que la moitié des proches accepteront de conduire jusqu'à l'hôpital la personne nécessitant des soins et donc ne faire appel qu'à 17 800 VUL au niveau national. À supposer – chiffre hypothétique et hasardeux – que plus de 2 millions de VUL soient monopolisés en France (mais pas tous à temps complet, on l'a vu), resteraient quelque 10 millions de voitures particulières électriques et 129 000 camions. Si ces 10 millions de véhicules assument le transport de 1,67 personne comme auparavant, 16,7 millions de personnes supplémentaires bénéficieront d'un transport. Ajoutons les 2 millions de chauffeurs de VUL ainsi que les 129 000 chauffeurs de camions et leurs accompagnateurs, soit 2,258 millions de personnes qui auront la possibilité de s'arrêter pour s'approvisionner, accomplir un autre achat ou une démarche personnelle au long de leurs trajets. Le nombre de Français ayant besoin de mobilité s'abaisserait de sorte à 11,1 millions de personnes.

Les vélos-cargos électriques

À ce parc de véhicules très réduit, il faut ajouter les vélos-cargos électriques ou à « assistance électrique ».

Les vélos-cargos électriques ou à assistance électrique, pouvant être munis de remorques, conteneurs ou de sièges à l'avant, pourraient assurer un très grand nombre des déplacements manquants pour 11,1 millions de Français. Biporteurs ou triporteurs (ou même à 4 roues), ces vélos peuvent transporter de 80 kilos à 300 kilos de charge et servir :

1. au transport des enfants jusqu'aux crèches et écoles ;
2. au transport des courses ;
3. au transport de biens lourds ;
4. au transport d'une personne âgée sur un siège avant, ou d'une personne handicapée, y compris sur un fauteuil roulant installé à l'avant (avec capote) ;
5. ou même au transport de deux personnes (avec capote).

Avec un temps de charge de la batterie de quelques heures, le vélo peut servir à au moins 2 personnes dans une même journée.

L'autonomie des vélos électriques est de 40, 60 ou 80 kilomètres, voire 140 kilomètres ou 180 kilomètres, selon le type de véhicule (vélo électrique ou à assistance électrique), de batterie et selon le poids du conducteur. Plus il y a de poids embarqué (conducteur + charge) et plus l'autonomie réduit. Leur vitesse est de 25 km/h à 45 km/h. Le temps de recharge moyen de la batterie est de 1 heure à 5 heures.

Si l'on considère, sur les 11,1 millions de Français restants ayant besoin de mobilité, le nombre de personnes aptes à la conduite d'un vélo électrique, soit entre 20 ans et 65 ans environ (bien qu'on puisse très bien conduire un vélo après cet âge), on aurait alors au minimum en 2040, d'après les projections de l'INSEE, 51,7 millions de personnes [3] capables de se déplacer par ce moyen, sans tenir compte de celles handicapées ou malades. Pour les personnes dans ce cas et dépourvues de proches autour d'elles, le covoiturage devra être considéré comme un devoir moral : laisser une personne malade dans l'impossibilité d'aller au moins consulter un médecin, par ennui, par indifférence, a évidemment un caractère inhumain et en ces temps si difficiles, l'entraide et la solidarité devront être la règle.

Cette estimation de déplacements se base sur le fait que 11,1 millions de personnes disposeraient d'un vélo électrique. Ou 5,5 millions si le vélo est utilisé par 2 personnes, ce qui est très possible, grâce au temps de recharge assez court. Mais le grand inconvénient des vélos-cargos électriques est leur prix, de 2 500 à 4 000 euros, et jusqu'à plus de 7 000 euros. On voit mal comment, dans le contexte économique des années 2040, 11,1 millions de Français auraient les moyens de se procurer de tels véhicules, s'ils sont encore fabriqués. D'autant qu'il s'agira d'habitants ne possédant pas de voiture, soit parce qu'ils ne savent pas conduire soit parce qu'ils n'ont pas les moyens d'en acquérir une. Le second très grand inconvénient des vélos est que leur batterie doit être changée tous les 5 ans (et coûte entre 250 et 800 euros) (et celle des véhicules tous les 10 ans).

Ce qui nous amène à la grave question de la pérennité des véhicules électriques – que nul n'aborde, là encore –, c'est-à-dire de l'avenir de notre mobilité. Car le parc des véhicules électriques devra être, théoriquement, renouvelé dans les années 2040-2045.

L'avenir des véhicules électriques

Outre la question centrale de la possibilité de se fournir en latex et de pouvoir fabriquer des pneus, dépendante d'un fret maritime au GNL, cet avenir est conditionné par le problème très épineux de la capacité de production de batteries, mais aussi des possibilités d'achat des habitants. À cette période, il est très probable que les détenteurs de véhicules n'auront guère les moyens d'acheter une voiture neuve et préféreront acheter ou louer une nouvelle batterie, qui coûte aujourd'hui pour un véhicule particulier ou utilitaire 8 100 à 8 900 euros environ, et bien plus pour un camion. Il est possible que les Français ayant encore un emploi (ou les entreprises encore debout bien sûr) puissent parvenir à en acquérir une, payée par mensualités.

Mais ces batteries devront donc être importées par train depuis la Chine, ce qui est envisageable (en 2018, 10 000 trains ont circulé entre les deux pays) [4] jusqu'aux gares de Paris, Lyon, Dourges (Pas-de-Calais). Une fois arrivées en gare, elles devront être transférées dans des trains de fret départementaux, si les lignes sont électrifiées. Cependant, la Chine, qui sait anticiper, elle, commence à délocaliser ses fabricants en Pologne, Hongrie, Slovaquie, Tchéquie, ce qui allégerait le coût de l'import.

Quant à l'Europe, totalement dépendante des importations, elle se réveille seulement à présent : « C'est ainsi que pour conserver l'accès à son marché intérieur, et tenter de contrer l'hégémonie asiatique, a été créée l'Alliance européenne pour les batteries [a] en 2017, dotée de 3,2 milliards d'euros d'aides publiques.

a. Ou European Battery Alliance (EBA).

« Souvent surnommée “l’Airbus des batteries”, cette initiative a débouché en France sur la naissance d’une société commune entre PSA, Total, BASF, Solvay, Renault, avec pour objectif à moyen terme la création de plusieurs “gigafactories”. Par ailleurs, l’activité de l’EBA englobera l’ensemble du cycle de vie des batteries, jusqu’à leur recyclage.

« Certains appellent même de leurs vœux une réouverture des infrastructures minières françaises et européennes, afin d’assurer un meilleur contrôle de l’extraction des matériaux de fabrication de batteries.

« Reste à savoir s’il n’est pas déjà trop tard, compte tenu du retard accumulé sur les parties amont de la chaîne de valeur [5]. »

Le vice-président de la Commission européenne estime de son côté qu’en 2025 « l’Union européenne pourrait produire suffisamment de batteries pour alimenter sa flotte de véhicules électriques sans avoir à recourir à des accumulateurs importés ». Selon lui, « à l’heure actuelle, 15 usines de fabrication de cellules de batteries à grande échelle sont en construction en Europe, dont celles de la société suédoise Northvolt en Suède et en Allemagne, la manufacture allemande du fabricant (chinois) de batteries Catl et la deuxième usine de la société (sud-coréenne) Sk Innovation en Hongrie ». Le vice-président a également déclaré que « d’ici à 2025, les usines européennes qui ont été prévues produiront suffisamment de cellules pour alimenter au moins 6 millions de véhicules électriques » [6].

Selon un membre de la société suédoise Northvolt : « D’après les analystes, 50 à 250 millions de véhicules électriques pourraient circuler dans le monde en 2028, nécessitant potentiellement une production de cellules pour batteries d'une capacité de 1 100 GWh, dont 400 GWh pour la seule Union européenne en 2025. »

Avec sa première usine suédoise, Northvolt ambitionne d'atteindre une capacité de 32 GWh pour un investissement de 3,5 à 4 milliards d'euros. Il faudrait plus d'une dizaine d'usines similaires pour répondre à la demande européenne de cellules. Certains considèrent en outre que la capacité de 400 GWh est sous-estimée, les prévisions étant révisées à la hausse tous les trois mois. On parle communément de 20 à 30 usines nécessaires à horizon 2025-2030.

Il est un point essentiel à retenir des propos de l'industriel : « *Nous n'atteindrons jamais 100 % d'indépendance sur ces matières premières.* [...] Mais l'objectif est de l'accroître. Nous pouvons reconquérir une partie de notre sécurité d'approvisionnement par l'ouverture ou la réouverture de mines. » Certains pays annoncent qu'ils vont reconsidérer l'exploration et l'exploitation minières. Notamment le Portugal et la République tchèque pour le lithium, ou la Finlande pour le nickel, le lithium et, dans une certaine mesure, le cobalt.

« Nous devons aussi sécuriser les approvisionnements venus de l'extérieur. En particulier ceux de la République démocratique du Congo qui concentre une grande partie du cobalt, du Chili et de l'Argentine pour une partie du lithium. L'Australie se montre également très offensive pour se positionner comme un fournisseur stratégique de matières premières [7]. »

Et le BRGM [a] souligne dans son inventaire de 2018 que les ressources en lithium français sont importantes et qu'avec des procédés de traitement des minerais adéquats, la France pourrait à terme être autonome en lithium. Le pays possède également des ressources en tungstène, en or, en plomb, zinc, cuivre, etc. [8].

Le rapport de la Commission au Parlement (européen) [b] en 2019 expose que « les batteries seront l'un des grands vecteurs de cette transition [vers un monde neutre pour le climat] et peuvent devenir un moteur essentiel de la compétitivité et de la primauté industrielles de l'UE, notamment pour le secteur automobile européen ». En précisant : « Des investissements considérables sont nécessaires à cet effet. D'après les estimations, de 20 à 30 usines géantes devront être construites en Europe rien que pour la production de cellules de batteries, et leur écosystème devra être considérablement renforcé. Compte tenu de l'ampleur et du rythme des investissements nécessaires, la mobilisation rapide d'investissements privés sera un facteur de réussite fondamental. [...] La Commission collabore avec nombre d'États membres et acteurs industriels importants pour constituer un écosystème compétitif, durable et innovant dans le secteur des batteries en Europe, qui couvre toute la chaîne de valeur. Tel est le principal objectif poursuivi par l'Alliance européenne pour les batteries. » Le rapport indique également qu'« il existe aujourd'hui dans

a. Bureau des ressources géologiques et minières.

b. Rapport de la Commission au Parlement européen, au Comité des régions et à la Banque européenne d'investissement – 9/4/2019.

le monde plus de 4 millions de véhicules électriques en circulation. Ils devraient être entre 50 et 200 millions en 2028 et atteindre les 900 millions en 2040 [9] [10] ».

Une prévision de la Commission au Parlement européen qui évoque 900 millions de véhicules et de batteries ! Donc un chiffre pas si loin (70 %) de l'actuelle composition du parc roulant mondial, de 1,28 milliard. Et ceci en 2040 ? Le parc français actuel, représentant 4,44 % du parc mondial, serait alors en 2040 de 39,9 millions de véhicules électriques ! Nous qui peinons déjà à alimenter en électricité un parc de 12,1 millions de véhicules, il nous faudrait multiplier par plus de 3 notre production d'électricité ? Le rapport de la Commission s'en explique : « D'ici à 2050, la part de l'électricité dans la demande finale d'énergie va au moins doubler pour atteindre 53 %. En 2030, quelque 55 % de l'électricité consommée dans l'UE devrait être produite à partir de sources renouvelables (contre 29 % actuellement). D'ici à 2050, ce chiffre devrait dépasser les 80 %. Pour intégrer efficacement cette électricité renouvelable, l'ensemble des technologies de stockage de l'énergie devront être mises à contribution, dont l'accumulation hydraulique par pompage, les batteries et le stockage chimique (hydrogène). »

Que la demande en électricité double en 2050, on veut bien le croire. Mais cela n'implique en rien que l'offre et les capacités puissent suivre ! Une telle augmentation des énergies renouvelables et du nombre des véhicules est dans la droite ligne d'un scénario de croissance, alors que dès la période 2025-2030, les signes de contraction seront déjà sensibles et irréversiblement voués à s'intensifier… 80 % de l'électricité de l'Europe produite par les renouvelables en 2050 ? Et ce en pleine débâcle économique, avec un gaz entré en déclin, sans avoir les moyens financiers de construire de nouvelles éoliennes (environ 1,5 million d'euros le MW pour une éolienne industrielle), de nouveaux panneaux photovoltaïques ou des pompes à chaleur géothermiques (prix d'une installation : 20 000 €), et avec 14 réacteurs nucléaires fermés à cette date ? Sans engins de chantier pour la construction des éoliennes, qui requièrent chacune environ 100 camions, grues ou bétonnières [11], sans engins de terrassement pour creuser les fondations ni camions pour les établir, sans grues de levage pour les dresser… ?

Ceci n'a rien de réaliste. Et pourquoi ? Parce que là comme ailleurs, le facteur fondamental de la déplétion pétrolière et du bouleversement économique qui l'accompagnera n'est, une fois de plus, pas pris en compte.

Car – faut-il le répéter ? – ce déclin pétrolier, que nul des divers organismes ou producteurs effectuant des estimations du nombre futur de véhicules électriques n'évoque, risque fort de nous amener à une baisse au niveau mondial de 35-45 % de la production de pétrole vers 2040, entraînant une baisse de 35-45 % des transports thermiques – et sans doute la fin de l'exploitation des gisements – et une baisse corrélée de 35-45 % du PIB, impactant de beaucoup les capacités des usines de production, quand bien même celles-ci seraient théoriquement très rentables face à une demande en forte augmentation. « Un déclin qui pourrait atteindre jusqu'à 50 % d'ici 30 ans [en 2050] par rapport au pic de la décennie 2010-2020 [a] [12]. » « Le sevrage s'annonce d'autant plus brutal que la demande européenne en pétrole risque de ne pas décroître aussi vite que la chute de la production, et que la région sera concurrencée par des pays en forte croissance, comme la Chine et l'Inde, où la demande en or noir risque d'exploser ces prochaines années. D'autant plus que la consommation domestique au sein même des pays producteurs pourrait réduire leur capacité d'exportation [13]. »

Dans une telle situation, qu'il s'agisse des industries de batteries coréennes, chinoises ou de celles dont veut se doter l'Europe à large échelle, elles dépendront toujours toutes de l'importation de matières premières ou de composants venus de pays lointains. Et, on l'a dit, il y a toutes les chances pour qu'en 2040 le fret aérien ait cessé. Le transport maritime au GNL, s'il a réussi à se mettre en place en quelques pays, pourra perpétuer cette importation et allonger le temps de l'utilisation de batteries. On a déjà envisagé cette situation pour la Chine et supposé que cette prolongation serait possible jusqu'en 2050-(2055 ?), sous réserve de ses capacités industrielles à ces dates. On peut de la même manière y songer pour la Norvège, qui détient 81 % des 60 navires actuels fonctionnant au GNL dans le monde (selon gazmobilité.fr). Le pays a déjà amorcé son déclin pétrolier et devrait entamer le dernier tiers de ses réserves de gaz en 2036 [14]. De quoi penser que la production de GNL aura cessé vers 2050, mettant fin à l'importation par voie maritime des matières nécessaires aux batteries,

a. Résultats issus des analyses du Shift Project.

sans oublier que la construction de 20 à 30 usines géantes de production de cellules nécessitera des « investissements considérables ».

Reste l'éventuel potentiel du recyclage.

Le recyclage des batteries

Une solution serait le recyclage de ces batteries, qui n'est pas actuellement suffisant. La loi française exige de recycler 50 % d'une batterie lithium-ion, mais tous les industriels dépassent ce pourcentage, pouvant recycler 65 à 75 % d'une batterie, voire pour certains 90 %.

La présidente du Comité stratégique de filière mines et métallurgiques de la SNAM [a] de même que le groupe Suez estiment à environ 50 000 tonnes la masse de batteries à recycler à partir de 2027, plus encore sans doute en 2030, pour atteindre 700 000 tonnes contre seulement 15 000 tonnes aujourd'hui. La SNAM recycle plus de 70 %, et les 20 % à 30 % restants « sont détruits, brûlés et à la fin il reste 2 % qui sont enfouis ». La SNAM admet son impact sur l'environnement mais travaille « à le limiter au maximum » [15].

Ce recyclage n'est que partiel et *n'aboutit pas à la fabrication de batteries nouvelles*. Il débouche sur la revente des métaux récupérés, les réutilisations diverses du carbone (fabrication de pneus, de lubrifiants ou d'additifs, ou désoxydation des métaux par l'industrie

---

a. L'une des deux principales entreprises françaises spécialisées dans le recyclage des batteries.

métallurgique [16]), ou l'utilisation de ces batteries pour un stockage stationnaire domestique.

Un seul projet, très intéressant – mais qui arrive tard –, a pour objectif de développer un procédé innovant, dit « en boucle fermée », de recyclage des batteries lithium-ion utilisées dans les véhicules électriques, et de permettre ainsi la production de nouvelles batteries lithium-ion en Europe. Il s'agit de ReLieVe [a]. Ce projet, mené par Eramet en collaboration avec BASF et Suez, a été sélectionné par l'Union européenne qui le financera à hauteur de 4,7 millions d'euros [b].

« À partir de janvier 2020 et pour une durée de deux ans, le projet ReLieVe développera à grande échelle ce procédé innovant. Il aura également pour objectif de structurer un secteur industriel intégré, de la collecte et du démantèlement des batteries en fin de vie, au recyclage des éléments qu'elles contiennent, jusqu'à la fabrication de nouveaux matériaux d'électrodes [17]. »

« Environ 50 000 tonnes de batteries devraient être recyclées en Europe d'ici 2027, et ce chiffre pourrait être multiplié par plus de dix en 2035. Le développement de nouvelles capacités européennes de recyclage des batteries lithium-ion permettra de répondre à la forte croissance du marché dans les années à venir et aux besoins de l'Europe de sécuriser son approvisionnement en matières premières nécessaires à la transition énergétique [18]. »

Une question qui pourrait sembler mineure est l'utilisation du polypropylène expansé (le PPE), un excellent

---

a. Recycling Li-ion batteries for electric Vehicle.

b. Chimie ParisTech et la Norwegian University of Science and Technology apporteront un soutien académique au projet.

isolant couramment utilisé dans la fabrication des batteries pour cette propriété – une batterie étant très sensible à la température, qui devrait rester dans une plage de 0 °C à 30 °C –, mais aussi pour la production de séparateurs de cellules, d'isolants spéciaux et de rails de fixation. La fin de l'extraction du pétrole (dont est tiré le PPE), sans doute en (2035-)2040, oblige à trouver un substitut aussi performant pour remplacer cet isolant.

Le méthanol permet d'obtenir du polypropylène [19]. Le méthanol lui-même est produit industriellement, et pour vous épargner les différentes étapes du processus chimique, sachez qu'il est tiré du gaz ou du processus de fabrication du gaz de synthèse (mais on peut également l'extraire des matières ligneuses).

Cependant, parmi tous les types de plastique fabriqués à partir de matières végétales, figure le polypropylène biosourcé, mais s'il est recyclable plusieurs fois (la récupération des plastiques est effectuée au cours de la phase de démontage), il n'est pas biodégradable. Comme tous les produits biosourcés, il convient de veiller à leur concurrence éventuelle avec les cultures vivrières.

Quoi qu'il en soit, ReLieVe envisage de pouvoir recycler 500 000 tonnes de batteries en 2035. En ne considérant que les véhicules légers, cela correspondrait à environ 2 millions de batteries pour l'Europe. Soit un nombre très insuffisant pour alimenter, rien que pour la France, un parc que l'on espère voir atteindre 12,2 millions de véhicules électriques légers à cette date, sans compter les indispensables camions. Ce qui revient à dire que les industries impliquées dans le projet

ReLieVe devraient être considérablement multipliées. Perspective financièrement très lourde, tout à fait possible pour un secteur si porteur dans une société en croissance, mais très difficilement crédible dans les conditions que nous connaîtrons déjà en 2035 et qui seront amenées à empirer, à moins que quantité d'investisseurs n'y participent. Ce qui ne lèvera pas notre sempiternel écueil des transports, qui ne pourront plus compter que sur l'électrique en 2040, et pour une partie de ces véhicules en 2045-(2050). Dès lors, comment ce parc si insuffisant pourrait-il assurer la distribution des batteries neuves à travers le territoire ?

La fabrication de pneus neufs et le recyclage des pneus usagés

On y pense peu (et qui aurait l'idée de penser à des pneus ?) et on ne trouve aucune mention de cette question dans toutes les études sur l'avenir du parc roulant électrique.

Pourtant, sans compter les crevaisons, la durée de vie d'un pneu est courte : 5 ans pour les véhicules stationnant dehors, ce qui semble être le cas pour une majorité des voitures, 10 ans pour ceux qui sont abrités.

Au total, toutes catégories de pneus confondues, plus de 53 millions de pneus ont été mis sur le marché en 2017 (530 670 tonnes), tandis que 470 000 tonnes de pneus usagés ont été collectées.

À noter que depuis quelques années, Michelin travaille sur un pneu sans air – donc increvable –, ce qui pourrait augmenter sa durée de vie. Pneu qui serait commercialisable en 2024 [20]. Bonne nouvelle mais qui ne nous affranchit pas du besoin en latex, problème sur lequel je reviens ici de manière plus approfondie.

La filière du pneu, qu'il soit neuf ou usagé, nécessite tant de déplacements entre ses divers acteurs, que, au vu des tonnages annuels, elle devra être prise en charge par les camions du parc thermique.

Les producteurs de pneus neufs (ou « metteurs sur le marché », tels les manufacturiers, les importateurs, qui peuvent être des grossistes, des garages, des concessionnaires, des transporteurs, des entreprises spécialisées dans le montage de pneus, des entreprises de travaux publics), sont au nombre de 863 et répartissent leurs stocks auprès de différents distributeurs : garagistes, concessionnaires, centres spécialisés dans le montage des pneus… qui eux-mêmes les envoient à des détenteurs (garages, concessions, centres auto, sociétés de négociants spécialistes en pneus, entreprises, collectivités). Distributeurs et détenteurs font parvenir à leur tour les pneus usagés à des collecteurs agréés (58 entreprises qui se chargent de la collecte des pneus usagés sur tout le territoire), qui les adressent soit à des installations de valorisation ou de traitement (206 entreprises), soit à des rechapeurs et des négociants d'occasion.

Et l'on ne peut malheureusement pas compter sur le recyclage des pneus usagés pour les remplacer.

Ces opérations de valorisation comprennent le rechapage – mais qui s'opère avec des bandes de gomme neuve –, le recyclage sous forme de broyats, granulats et poudrettes, l'utilisation comme combustible, l'incinération avec récupération d'énergie, le broyage ou découpage en vue d'un traitement ultérieur. La majorité des pneus usagés sont traités en France, à hauteur de 308 404 tonnes (2017), le reste l'étant à l'étranger.

Comme on le voit, la valorisation des pneus usagés ne conduit nullement à une récupération de la gomme pour fabriquer des pneus neufs, mais à de tout autres utilisations. Seule une partie des pneus est remise sur le marché en tant qu'occasions, quand la limite d'usure n'est pas atteinte, ou sous forme de pneus rechapés (essentiellement pour les poids lourds et les pneus agraires) [21].

La découverte récente d'un nouveau procédé aurait pu changer la donne, mais il est hélas décevant : le projet TREC, piloté par Michelin, ambitionne en effet « de développer deux voies de valorisation de pneus usagés pour la fabrication de pneumatiques neufs ». Mais, à bien lire le projet, il s'agit de *réincorporer* à l'échelle industrielle des matières recyclées de pneumatiques usagés dans les pneus neufs [22].

Reste donc une seule voie pour que notre parc roulant puisse durer jusqu'en 2045 et peut-être un peu après : la fabrication.

Le caoutchouc peut être fabriqué soit à partir de latex (tiré de l'hévéa, arbre amazonien également cultivé en Afrique de l'Ouest et en Asie du Sud-Est, cultures souvent cause de déforestation), soit de manière synthétique à partir de dérivés du pétrole, ce que nous ne pourrons pas nous permettre à cette date. Et même dans le cas d'un produit synthétique, la présence de latex naturel reste *incontournable*, en raison de ses propriétés (résistance notamment, et souplesse) que les caoutchoucs synthétiques ne peuvent pas égaler. Environ un tiers du caoutchouc utilisé pour fabriquer un pneu de poids lourd est naturel, car il est le principal composant des couches de la bande de roulement [23]. Son apport est moindre pour un pneu de voiture (de 5 % à 40 %). Et, on l'a dit, presque 100 % du caoutchouc utilisé pour les pneus d'avion doit être d'origine naturelle [24]. Autrement dit, à l'heure actuelle, « on ne sait pas faire atterrir ou décoller un appareil sans latex [25] ».

En 2030, la fabrication de pneus neufs et leur distribution sera encore possible et permettra au parc thermique de rouler encore 5 ou 10 ans, ou plus si le nouveau pneu sans air est accessible. En 2035, la situation se tend : si les onze pays fournisseurs de la France poursuivent leurs exportations, il serait possible de bénéficier d'encore 30 % environ de nos importations. Mais il est également possible que les pays dont la production subira une très forte baisse dès après 2030 choisissent de conserver leur pétrole pour leur consommation domestique. Resteraient alors des importations de pays moins sévèrement atteints, l'Arabie saoudite, le Kazakhstan, l'Irak, qui à eux trois apporteraient à la France 16,7 millions de tonnes de pétrole, amputées d'une part de leur déclin entre 2030 et 2035. Ceci dans l'hypothèse, toujours, que l'extraction mondiale se soit poursuivie jusqu'en 2040. Mais certains pays, dont ceux que j'ai mentionnés, peuvent repousser quelque peu cette date de fin.

La fabrication des pneus exige du pétrole, et beaucoup. Celle de 52,5 millions de pneus (504 025 tonnes) [26] en

France en 2016 a ainsi dévoré 8,9 millions de barils de pétrole brut (1,2 million de tonnes), sans même compter les pneus des poids lourds[27], ce qui représente 1,5 % de nos importations de pétrole. À supposer qu'un tiers seulement des pneus soit à remplacer, soit environ 35 millions par an jusqu'en 2040, seules 792 000 tonnes de pétrole seraient nécessaires. Sachant enfin que la bande de roulement contient 70 % du pétrole du pneu, il faudrait recourir au rechapage plutôt qu'à l'achat de pneus neufs, ce qui nous ferait économiser 30 % du pétrole, mais il est très peu demandé pour les véhicules particuliers. Il serait envisageable d'obtenir ces 792 000 tonnes de pétrole à importer par an, ne serait-ce que de l'Irak, qui ne passera sans doute son pic pétrolier qu'en 2040 et nous fournit aujourd'hui 2,72 millions de tonnes de pétrole. Cette quantité de 792 000 tonnes devrait être augmentée à plus d'1 million de tonnes de pétrole pour couvrir quelques besoins essentiels en caoutchouc (pneus des vélos, des poids lourds, des tracteurs, bottes, gants en caoutchouc dont les gants chirurgicaux, ballonnets gonflables utilisés en médecine, joints, et l'alimentation de navires fonctionnant au GNL).

Et demeure l'incontournable importation de l'indispensable latex. 99 % de la production provient de l'Asie du Sud-Est (Thaïlande et Indonésie, mais aussi de Chine), et d'Afrique de l'Ouest (Nigeria, Côte d'Ivoire, Cameroun). À ces dates, il sera encore possible que l'Europe bénéficie d'importations asiatiques, venues par navires GNL ou par voie ferroviaire, s'il reste encore assez d'hévéas car la pénurie en latex menace[28]. En effet, la maladie sud-américaine des feuilles de l'hévéa, due à un champignon[a] très pathogène, a mis fin à la production du caoutchouc sud-américain. Des mesures de quarantaine ont pour le moment épargné les hévéas d'Asie du Sud-Est, mais son arrivée en Asie et en Afrique est une menace permanente.

Le pissenlit est proposé comme alternative, mais il produit 3 fois moins de liquide que l'hévéa et l'on n'ose imaginer le nombre de millions d'hectares – et donc l'ampleur de la déforestation – qui devraient être cultivés pour la production de latex à destination des pneus.

Face à ces divers obstacles, il serait bien plus pertinent d'anticiper et *d'importer dès 2030*, c'est-à-dire avant que la crise économique ne prenne de l'ampleur et avant la fin du fret aérien, des stocks de latex pour se préparer à la fabrication des pneus en 2035. (En 2030, les 600 000 camions et poids lourds thermiques se chargeront sans problème de répartir ces stocks entre les industries de fabrication de pneus, qui sont en France concentrées dans 8 régions et sont au nombre de 24).

Ce problème critique des pneus concerne aussi ceux des vélos, si utiles. Si les roues des futures carrioles et charrettes peuvent se passer de caoutchouc, roulant directement sur le bois ou sur un cerclage de fer, les vélos ne le peuvent pas, sauf à endommager gravement le dos de leurs utilisateurs. On peut imaginer ici de s'en remettre au « bricolage » : dégarnir jusqu'à la jante les roues de leurs pneus trop vieux ou crevés, emplir le creux de la jante de morceaux de caoutchouc récupérés et assez larges pour tenir par pression sans besoin d'adhésif – que nous n'aurons pas –, et une fois la jante

a. *Microcyclus ulei.*

comblée et toujours avec des bandes souples de caoutchouc de récupération, donc tirées des vélos, en entourer la roue perpendiculairement, de part et d'autre des rayons, en serrant fortement et en rivetant ou clouant la bande à intervalles assez rapprochés pour que le dispositif tienne solidement au pneu. Cela n'aura rien de parfait mais pourra peut-être permettre de perpétuer l'utilisation précieuse des vélos.

*

Au total, les besoins en approvisionnement alimentaire, en mobilité des personnes en difficulté, en bois pour le chauffage, la menuiserie, la charpenterie et la papeterie, en quelques produits de base tout à fait insuffisants (savon, détergents, papier hygiénique, laine), en cuir, en collecte des ordures, en ramassage du crottin, en transport du verre consigné et en approvisionnement en sel pour l'alimentation humaine et animale monopoliseraient, au niveau national, 98 234 camions (392 936 chevaux) et 190 720 VUL.

Tout ceci sans compter les transports de bien d'autres produits de première nécessité, ni la distribution postale.

Nous restent cependant sur notre parc 30 766 camions. On ne peut malheureusement pas les affecter à la moitié du service postal tant les autres biens à distribuer seront nombreux : poêles, machines, vaisselle, outils, ustensiles ménagers, meubles, médicaments (si nous y avons encore accès), robinetterie, flexibles, joints, luminaires, ampoules, tous produits issus des filières artisanales, et j'arrête là la liste tant elle est longue, et sous réserve bien sûr de la disponibilité de ces biens.

L'avenir de notre mobilité après 2040-2045

Avec la fin que j'ai dite des transports thermiques en 2040 et celle d'une partie résiduelle des véhicules électriques en 2045-(2050 ?), faute de pétrole, faute de batteries et faute de latex, ***nous nous retrouverons, je le répète ici, sans aucun moyen de cultiver les terres, de produire nos aliments et de les distribuer, et donc face à une tragédie mondiale.*** Mettre au point une solution alternative est une urgence impérative et à préparer en amont.

On l'a vu, force sera de recourir à la traction animale. Oui, aujourd'hui, une telle idée paraît loufoque à tous, je le sais, je l'ai dit, et elle fait rire. Comme lorsqu'on entend des ironistes plaisanter sur un « stupide retour aux bougies ». Cette proposition de la dernière chance : « *Tout repose sur les chevaux et les bœufs* », je la répéterai jusqu'à plus soif, quels que soient les rires et moqueries. Et si je le fais, c'est parce que, si l'accroissement des températures met l'humanité en danger vital (mais nous avons vu que cet accroissement n'atteindra pas le scénario « apocalypse », ni même le précédent), *le défaut de mobilité la met pareillement en un danger aussi grand.* Et de ce péril, nul ne parle. Mais quand nous prendrons conscience de l'impossibilité à venir de nous sustenter, cette proposition qui paraît à ce jour si ridicule ne fera plus rire personne.

Je profite de ces ironistes pour placer ici une incise sur l'éclairage. Il est prévu – et sans doute presque partout dans le monde vu les économies d'électricité que permettent les ampoules LED – de ne plus fabriquer d'ampoules à incandescence pour que la totalité de l'éclairage soit assurée par des LED. Ces ampoules à diodes électroluminescentes nécessitent des puces électroniques, de l'indium, issu du zinc, et du gallium [1]. Les composants électroniques utilisés dans ces ampoules nous viennent bien entendu d'Asie, et on ne peut dire si leur exportation sera toujours assurée après 2045-2050. Autant dire qu'il faudra se débarrasser de ces ampoules sur lesquelles nous nous sommes jetés inconsidérément, une fois encore, sans anticipation, et y trouver rapidement des successeurs au risque de se retrouver dans le noir. Et soit les remplacer par un retour aux anciennes ampoules à incandescence, que nous avons su produire, soit en développant dans les plus brefs délais les ampoules à filament de graphène, qui consomment 10 % de moins que les LED. J'ai opéré une recherche sur ce nouveau type d'ampoule mais ses fabricants sont pour le moment avares de détails sur ses composants. Impossible donc de savoir s'il fonctionnera avec ou sans composants électroniques. Quoi qu'il en soit, c'est la Chine, une fois de plus, qui domine haut la main la production de graphène. La puissance et la fragilité de ce pays – devenu fort importateur de pétrole et de gaz – sont à surveiller de très près dans les années 2040. Il est donc impossible encore de prévoir l'avenir de notre éclairage et de dire si la France saura en fabriquer les éléments elle-même. Il serait en revanche plus que prudent de ne pas laisser dépérir nos capacités de production d'ampoules à filament « obsolètes », ou nos savoirs en la matière.

J'en reviens à la vitale traction attelée, *dont on rit.* C'est une très grave erreur car plus nous rions, plus nous perdons du temps à nous mettre à l'ouvrage. Quiconque adresserait aujourd'hui au gouvernement une pétition citoyenne, même très argumentée, demandant le lancement dès à présent d'un cheptel de chevaux de trait qui atteigne 500 000 têtes en 2035 et 1 million en 2050, et d'un cheptel de 8 millions de bœufs de trait serait ridiculisé, et la pétition pas même signée.

Car aujourd'hui, chacun se sent tranquille face à la fin proche des véhicules thermiques, et il est systématiquement répondu, depuis nos responsables jusqu'à l'immense majorité des citoyens, un rassurant : « Il y aura les véhicules électriques. » Sans penser aux besoins en batteries, en pneus, ni à la puissance de charge exigée entre autres par 1 million de tracteurs. Or on a vu avec les estimations précédentes qu'en France, en 2035, le parc de voitures et de camions électriques, hors hybrides, atteindra 12,2 millions de véhicules et 129 000 camions de faible tonnage, soit les seules quantités que peut nous permettre notre production d'électricité, parc ridiculement bas comparé aux 40 millions de voitures thermiques et 600 000 poids lourds circulant actuellement en France. On a vu aussi que la seule distribution alimentaire et une mobilité minimale des personnes dévoraient une très large partie des camions et VUL électriques disponibles et combien l'accès à nombre de produits de base, avec un tel parc, aurait été impossible sans l'aide des camions thermiques restants jusqu'en 2040. Ainsi en est-il par exemple des services postaux ou de la possibilité de se chauffer et cuisiner entièrement au bois, ce qui économiserait un grand nombre de TWh dont nous allons avoir grand besoin, mais que les seuls camions électriques ne peuvent assurer. Enfin, non seulement le nombre de véhicules que permet la puissance électrique sera trop faible, mais ce moyen de transport sera amené inéluctablement, on l'a vu, à disparaître, là où on le croit à tort éternellement durable.

Et quand le jour viendra où, vers 2040-2050, nous nous retrouverons privés de tout moyen d'être approvisionnés ou de nous déplacer, et si un cheptel de chevaux et de bœufs n'a pas été mis sur pied en relais, le temps ne sera plus de railler mais de regretter amèrement de ne pas l'avoir créé plus tôt.

Cependant, il faut espérer qu'en 2030, beaucoup seront conscients de l'ampleur de la crise et de ses conséquences futures dramatiques sur la mobilité et l'agriculture, et que les autorités seront peut-être parvenues à se convaincre puis à convaincre les éleveurs de la nécessité de constituer un cheptel de chevaux et de bœufs de trait dès cette date et de relancer à grande échelle l'artisanat du harnachement – et de la sellerie –, dont tous les savoir-faire ne sont heureusement pas perdus, la traction à cheval subsistant encore. Mais 10 ans à 15 ans est un temps très court pour obtenir ne serait-ce que 500 000 chevaux (qui équivaudraient en charge tractée à environ 125 000 camions) et des millions de bœufs, et c'est dès 2025 qu'il serait nécessaire de débuter cette entreprise déterminante. Cependant, à cette date, celle du passage du pic pétrolier et donc du maximum de la production de pétrole, nul n'aura idée, dans son confort éphémère, du besoin futur crucial d'animaux de trait.

Le potentiel et les besoins des chevaux de trait

J'ai déjà parlé du potentiel et des besoins des chevaux de trait : un attelage de 4 chevaux de 800 kilos pourra tirer 4,8 tonnes, soit plus qu'1 de nos camions électriques.

Fin 2019, le cheptel d'équidés en France s'élevait à 1 051 000 têtes, dont les deux tiers sont des chevaux de selle et des poneys et, loin derrière, des chevaux de trait et des ânes. Nous disposons aujourd'hui de 84 800 chevaux de trait [2], dont une petite partie sert déjà aux transports des personnes. Ce cheptel produit 15 000 poulains par an et presque 90 % de cette production est vendue très tôt, entre 6 et 18 mois, à l'export pour la boucherie [3]. Il nous faudra conserver ces 90 % de poulains, mâles et femelles (qui peuvent très bien tracter) et faire castrer les mâles dès que les testicules seront descendus (vers 1 an ou plus). Comme pour les bœufs, castrer tôt limite le développement musculaire, mais attendre trop longtemps augmente le risque que le cheval conserve une part de son caractère d'entier. Certains choisissent donc comme compromis de castrer le cheval vers 2 ou 3 ans, afin qu'il se soit largement développé, sans trop conserver son caractère d'entier.

Il semble mieux de mettre un jeune cheval à l'attelage à 3 ans plutôt qu'à 2 ans, âge auquel il peut être encore un peu léger. Ce qui donne tout le temps de bien se consacrer au débourrage [a] et de l'accoutumer peu à peu à ses tâches futures. Il en va de même pour les femelles, si elles atteignent un poids significatif (une femelle de la race Trait du Nord atteint 850 kilos [4]).

Il convient d'anticiper et de commencer dès que possible à mettre sur pied un cheptel de quelque 500 000 bêtes, prêt pour (2035)-2040 et équivalant à 125 000 camions. L'objectif est d'atteindre 1 million de chevaux prêts aux transports (ou à la monte), si faire se peut, dans les années 2050, de sorte que la contraction ou la fin de nos besoins en déplacements entre 2035 et 2050 serait partiellement résolue. Disposer d'1 million de chevaux à cette date dépasserait de loin en capacité l'ancien parc de véhicules électriques, mais pas en vitesse, comme je l'ai dit plus haut. Ce million de chevaux suffirait à assurer nos besoins, équivalant à 250 000 camions (en comptant des attelages de 4 chevaux) – et donc plus que notre très incertain parc électrique de 129 000 camions.

---

a. Le débourrage consiste à amener le cheval (ou le bœuf) à accepter d'être harnaché et de tracter correctement un véhicule (attelage), en comprenant et exécutant des ordres de base. C'est une étape décisive à laquelle l'éleveur doit porter grande attention.

Pour faire exister ce cheptel par avance, il est nécessaire que nos responsables prennent enfin conscience des effets à long terme du déclin pétrolier et de la crise économique majeure qu'il engendrera. Puis qu'ils anticipent le problème fondamental de la mobilité future et y apportent dès à présent remède. Sauront-ils en comprendre toute l'importance ou persisteront-ils à se laisser bercer par la pérennité du système, la poursuite à l'identique de la fabrication de batteries et de véhicules, la croissance sans frein de l'électricité grâce aux renouvelables, de la même façon qu'ils publient des estimations futures où la croissance ne faiblit pas en 2030, pas même en 2050 ?

Car cet élevage va prendre du temps, la gestation est longue, le poulain tète longtemps sa mère et n'achève sa croissance qu'à 5 ans. En 15 années, d'ici 2045-(2050), lorsque les véhicules électriques arriveront à leur fin, on pourrait disposer de 180 000 chevaux d'âges divers pour ce cheptel – en réalité beaucoup plus, car les juments auront commencé à se reproduire –, dont une grande part disponible pour le trait, si l'élaboration du cheptel a commencé en 2030. On sera sans doute loin des 500 000 bêtes dont nous aurons alors besoin pour suppléer la disparition des véhicules, mais les actuels éleveurs – informés tout autant que nous du très grave problème de transports – pourraient nous y aider en castrant une bonne partie de leurs autres chevaux au moins à partir de 2035.

Un cheval de 600 kilos a besoin d'1 hectare de prairie pour se nourrir et y courir (plus encore dans le chaud sud-est de la France où la ration d'herbe est plus limitée). C'est le poids minimal d'un cheval de trait, qui peut aller jusqu'à 1 000 kilos. En prenant une moyenne de 800 kilos et en lui allouant 2 hectares de pré, sécurisant ainsi son supplément d'alimentation (en raison de sa masse mais aussi du fait qu'il dépensera de l'énergie au travail), la récolte de foin nécessaire pour l'hiver et les périodes de sécheresse, on aura besoin de 2 millions d'hectares. On peut les obtenir en amputant de 15 % l'emprise du cheptel bovin, qui se nourrit sur 13 millions d'hectares, peu à peu et à mesure qu'arriveront les nouveaux poulains.

Un cheval a besoin de compagnie et il est indispensable de lui adjoindre un autre animal. Un âne pesant trop sur les possibilités d'alimentation, on peut lui associer un mouton, mais prélever 1 million de moutons réduirait trop le cheptel ovin. Il est plus judicieux de regrouper les chevaux et d'en élever 2 sur 4 hectares, ou 10 sur 20 hectares, ce qui nécessiterait moins d'éleveurs. 100 000 éleveurs pourraient ainsi s'occuper du cheptel (soit 1 000 par département).

Il existe actuellement 6 167 éleveurs de chevaux de trait et c'est à eux qu'il reviendra de transmettre leurs savoirs aux futurs nouveaux éleveurs dès 2030, même s'ils ont suivi un parcours professionnel spécialisé [a]. Il n'est pas nécessaire d'être un professionnel pour élever des chevaux mais la détention d'un bac pro (CGEA ou BTSA)

---

a. Ce parcours consiste à effectuer ses classes de 4e et de 3e dans un établissement d'enseignement agricole, puis une classe de 2de en section professionnelle élevage, enfin d'obtenir un diplôme de bac pro CGEA (Bac professionnel Conduite et gestion de l'exploitation agricole) ou BTSA (Brevet de technicien professionnel agricole).

permet d'obtenir une aide à l'installation – si elle existe encore. La naissance, les soins spécifiques à apporter à la mère et au poulain, l'élevage du poulain, son sevrage, son débourrage, son adaptation progressive au travail, son brossage et nettoyage, ses besoins en aliments et en eau, l'usage de la pierre à sel, la construction d'un abri pour l'hiver et l'entreposage du foin, la protection des sabots, sont autant de savoir-faire précis qu'il faut acquérir.

Les éleveurs qui, dès 2030 il faut l'espérer, ou plus tôt si les autorités se convainquent par extraordinaire de cette nécessité, s'occuperont de ce cheptel, réparti dans les 100 départements, ont généralement un second travail outre cette activité. Mais cette activité partielle devra être rémunérée par l'État et les collectivités territoriales jusqu'à ce qu'une bonne partie de ce cheptel puisse être mise au travail et rapporter un profit à l'éleveur grâce au louage des chevaux, éleveur qui remboursera son prêt progressivement, et aux propriétaires des animaux (État, collectivités locales, particuliers...).

La question se pose aussi des vétérinaires, qui sont au nombre de 19 530, dont 6 517 pour les « animaux de rente ». 3 080 déclarent une activité équine [5]. Il ne faudrait pas que ce chiffre baisse mais rien ne nous assure que les écoles vétérinaires perdureront dans la décennie 2030-2040. Auquel cas ce sera à ces 3 080 vétérinaires d'apprendre le métier sur le terrain aux jeunes désireux d'exercer cette activité.

Il sera également nécessaire de faire face aux besoins en matériel de harnachement. Les industries du cuir [a] et

a. Pour rappel, 12 800 industries du cuir en France. Voir « cuir » en Annexe.

les selliers[a] devront au fur et à mesure de l'accroissement du cheptel produire quantité de harnais par an pour les chevaux se mettant au travail. Un certain nombre pourra être acheté dans les débuts, en comptant quelque 1 300 euros pour un harnais de paire. Il est probable que face au développement de ce nouveau mode de transport, le nombre de ces fabricants se multiplie. C'est dès 2030 que ces professionnels devront commencer à fabriquer les équipements. Il est bien possible que les artisans ne puissent fabriquer en 10 années 1 million de harnais, même si l'industrie du cuir sera encore aidée jusqu'en 2035-(2040) par les camions thermiques, de même que la livraison de 10 000 de ces harnais par département. Au moins pourra-t-elle subvenir sans doute aux besoins en mors, ceux-ci étant conçus soit entièrement en cuir, soit en métal gainé de cuir. Si nous devions faire face plus tard à une pénurie de ces matériaux, on pourrait fabriquer des mors en caoutchouc (qui existent), si possible gainés de cuir, voire même concevoir la totalité du harnais (collier, sangles, etc.) en cette matière extraite des bandes de roulement des pneus de voiture usagés.

De la même façon, on devra acquérir par avance un nombre restreint d'attelages légers dans le commerce (réduit) de ces équipements. Mais tous sont montés sur pneus, et ne dureront donc que 10 ans. Dès 2030, les menuisiers devront fournir des attelages, le plus légers possible, bâchés de toiles solides (de lin ?) imperméabilisées à la cire d'abeille (1 kilo par ruche), différents selon le type de transport, de personnes, de biens ou de déchets, et munis de roues cerclées ou non de fer. Là aussi, la corporation des menuisiers devrait s'accroître.

a. 117 selliers en France.

La traction animale et le remembrement : les deux clefs de notre survie

Les tracteurs

La France compte aujourd'hui 1 million de tracteurs que nous ne pourrons pas renouveler vers 2040. Il est curieusement impossible de connaître l'âge moyen de ce parc de tracteurs, ce qui est très embarrassant. Sur les 451 606 exploitations agricoles en France [a], on compte en moyenne deux tracteurs par exploitation. La puissance de ces tracteurs n'a cessé d'augmenter : elle était en moyenne de 109 chevaux en 2000, de 129 chevaux en 2010, elle est de 147,7 chevaux en 2019.

L'électricité ne viendra pas à notre secours : hormis le faible nombre de tracteurs spécialisés pour la viticulture, les tracteurs électriques actuels sont au stade de prototypes, et de faible puissance. Ainsi que l'expose une responsable d'une importante firme de construction automobile : « Nous pourrions voir arriver les premiers tracteurs électriques dans nos plaines dans moins de

a. Chiffre Agreste 2017.

10 ans. Néanmoins, le problème de leur utilisation réside dans l'autonomie de leur batterie : les travaux réalisables avec ces machines sont restreints à des travaux légers et proches de la ferme. Le travail du sol semble pour l'instant difficile avec un tracteur 100 % électrique [1]… »

Les « premiers tracteurs électriques dans moins de 10 ans »… soit en 2030, et faits pour des travaux légers et de proximité… Il apparaît clairement que les constructeurs seront loin de pouvoir nous livrer 1 million de tracteurs électriques de bonne puissance et autonomie en 2040 (pas plus que 27,7 millions de tracteurs dans le monde), engins très chers et qui, au nombre de 1 million, excéderont en France les capacités en charge électrique. Sans parler du problème des pneus, et vous savez comme moi quelle masse représente un pneu de tracteur.

Et donc, ne croyant aucunement à un remplacement de nos tracteurs actuels par des machines électriques, force sera pour les agriculteurs et éleveurs de constater qu'ils ne peuvent plus cultiver les terres. À moins de modifier radicalement l'actuelle manière de faire, de développer une autre sorte de traction, et de revenir à des parcelles bien plus modestes, un modèle qui comporte des avantages multiples.

En 2019 se sont vendus 30 286 tracteurs neufs, standards et spécialisés, sans compter les tracteurs pour espaces verts, les chargeurs télescopiques, les modèles d'une puissance inférieure à 50 chevaux, ni les ventes d'engins d'occasion. Les ventes de cette année 2019 ont enregistré une hausse inhabituelle, et une moyenne sur 5 années donne un nombre de ventes d'environ

27 257 unités. À ce nombre de nouveaux tracteurs doivent être ajoutées les ventes de tracteurs d'occasion, qui forment plus des deux tiers des acquisitions. En se basant sur 66 % en plus de ventes d'occasions, le renouvellement du parc se monte annuellement à environ 45 430 unités, soit 4,5 % du parc. Si les ventes se poursuivent à ce rythme, on aura donc de même 45 430 tracteurs renouvelés en 2030 et le reste du parc encore en état de fonctionnement. À partir de cette date, où l'économie se sera déjà contractée de quelque 10 % à 12 %, il sera plus difficile pour les exploitants d'acquérir des tracteurs et l'État et les collectivités locales devront participer à ces 45 430 achats par an, en accroissant le nombre des engins d'occasion et en les louant aux exploitants au prorata de leur participation financière, ceci de sorte que le parc de tracteurs se maintienne jusqu'en (2035)-2040.

Cette fin des tracteurs thermiques, qui ne bénéficieront d'aucun relais, marquera, qu'elle advienne en 2038, 2040 ou 2042, un tournant considérable aux répercussions gravissimes.

Là aussi, *l'unique alternative est le recours à la traction d'instruments agraires par des bœufs de trait*, une voie de secours qui, comme celle des chevaux pour le transport, provoquerait rires et moqueries si elle était annoncée aujourd'hui, où l'on croit encore à la pérennité de la solution électrique. Or c'est seulement en revenant à la traction animale, à la fabrication d'engins agricoles adaptés et de jougs, que nous pourrons éviter une déroute mortelle.

La fin des tracteurs thermiques et la traction animale

Ce sont en effet des bœufs de trait qui devront malheureusement assurer, dans la mesure de leur possible, le relais des anciens tracteurs. Des bœufs et non des chevaux, c'est-à-dire des animaux 2 fois moins rapides, dont la productivité est par conséquent 2 fois moindre. Des bœufs tout simplement parce que la mise sur pied, qui sera urgente, d'un cheptel de plusieurs millions de bêtes sera beaucoup plus rapide à effectuer que celle d'un cheptel de chevaux. Plus rapide car le nombre actuel de bovins est de 17 673 273 têtes, diminué de 15 % (2 millions d'hectares de pâture prélevée pour notre million de chevaux), soit de 15,442 millions de bêtes aptes à générer un cheptel de trait beaucoup plus vite que les chevaux de trait dont il ne nous reste qu'un nombre réduit.

Ce cheptel bovin associé à un remembrement radical des cultures est l'unique voie qui s'offre à nous en ces temps futurs difficiles, si nous voulons continuer à manger à notre faim.

Le sujet est d'autant plus ardu à traiter que, si les sources sont de qualité inégale pour les chevaux mais existent, leur vacuité concernant les bœufs de trait freine ou paralyse tout exposé satisfaisant sur leur utilisation. Vacuité car cela fait bien longtemps que dans les pays occidentaux les chevaux ont pris la place des bœufs en agriculture, de sorte que le sujet ne suscite plus aucune attention, sauf en Afrique ou en Inde où ce sont des bovins qui sont utilisés, mais de races et de poids très différents de ceux d'Europe, et cultivant des sols non comparables à ceux de nos régions.

Connaître la rentabilité d'un cheval ou d'un bœuf à l'hectare n'est donc pas simple, les résultats étant multiples – et je vous les épargne. D'autant que cette rentabilité dépend du poids de l'animal mais aussi de la charge qu'il tire, très différente entre une charrue (et tout dépend du nombre de ses socs), une moissonneuse-batteuse et un semoir : j'ai finalement opté pour le résultat d'une large étude due à des chercheurs américains qui, « en se basant sur le nombre de chevaux rapportés à la superficie cultivée en Amérique du Nord en 1920 (alors que seulement 3,6 % des fermes possédaient un tracteur), ainsi que sur le nombre de chevaux exploités en 1997 dans les fermes amish », ont calculé que l'Amérique aurait maintenant besoin de 23 millions de chevaux pour cultiver les 147 millions d'hectares actuels de terres agricoles [2]. Ce qui nous donne 6,4 hectares cultivables pour 1 cheval, ou bien 3,2 hectares pour un bœuf.

Pour exploiter les 26,7 millions de terres agricoles françaises, hors orge et escourgeon, soja, maïs et betteraves (cf. *infra*), dont 9,6 millions d'hectares de prairies permanentes à faucher [3] (mais presque 12,7 millions en comptant les prairies temporaires ou artificielles [4]), il faudrait donc, d'après l'estimation de l'étude américaine, disposer de 4,4 millions de chevaux, que notre cheptel en cours de croissance n'aura pas eu le temps de produire. Si bien qu'il faut multiplier ce nombre de chevaux par 2 pour équivaloir aux bœufs en productivité, soit se doter de 8,8 millions de bœufs de trait. Mais

12,7 millions d'hectares de ces terres étant en herbe, nécessitant un bien plus faible labeur que les terres en culture, 8 millions de bœufs devraient suffire. Il nous faut donc trouver 8 millions d'hectares de prairies pour les nourrir en herbe et en foin.

Une chose est dramatiquement certaine : en France comme ailleurs en Europe, les chevaux étaient toujours d'importants acteurs en agriculture dans la première moitié du XXe siècle, en dépit de l'existence de la motorisation, dont la percée était modeste (quelque 100 000 tracteurs en France vers 1950, de faible puissance, et des moissonneuses-batteuses…). Malgré ce début de mécanisation et l'emploi, déjà, d'engrais chimiques, ce mode de culture attelée *ne parvenait pas à nourrir la population* et ne couvrait que 50 % de ses besoins en calories [5]. Jusqu'à ce que, au cours de la seconde moitié du siècle, se produise une révolution de l'agriculture telle que la production a plus que doublé, devenant capable, en 1997, non seulement de suffire aux besoins des Français dont le nombre avait pourtant augmenté de 42 % en 1996 (et de 58 % entre 1950 et 2020, sachant que nous n'étions que 42,4 millions en 1950), mais aussi d'exporter. (En 1996, les exportations dépassaient de 40 % nos importations. Ce n'est plus le cas aujourd'hui, où, si le solde export-import est encore positif, la France ne sera plus exportatrice en 2023, selon le Sénat, et cette absence de réserve nous fragilisera.)

Logiquement, puisque la mécanisation a permis de doubler et plus la productivité, la reprise de l'agriculture par des animaux de trait devrait abaisser de plus de 2 fois la quantité de nos denrées alimentaires, nous confrontant à nouveau, comme en 1950, à une baisse de moitié de l'apport de nos calories nécessaires. *En principe*. Mais le retour à des techniques de cultures biologiques mettra un terme à la chute de la biodiversité et autres facteurs dégradants qui ont accompagné l'essor du dernier demi-siècle, abaissant la productivité des sols.

Il y a un vif débat sur les avantages et inconvénients des deux modes d'agriculture, et il n'est pas certain que le système d'exploitation des sols actuel s'en sorte si bien que cela.

En effet, la transformation massive des pratiques agricoles est évidemment due au considérable essor de la mécanisation, l'industrie construisant des tracteurs de plus en plus puissants, accompagnés d'engins de plus en plus volumineux et efficaces, soit qu'ils soient automoteurs, comme les moissonneuses-batteuses, soit que malgré leur gigantisme un tracteur soit capable de les tirer (comme les charrues par exemple). Cette amplification des moyens mécaniques a certes d'un côté permis de nourrir la population, en accroissant l'irrigation, en ayant recours à de plus en plus d'engrais chimiques et de pesticides, en augmentant jusqu'à la démesure la surface des exploitations agricoles, mais d'un autre côté, elle a également trouvé ses limites, dont nous sentons déjà les effets néfastes : elle a procédé à l'arrachage des haies autrefois existantes pour créer d'immenses parcelles d'un seul tenant, faisant chuter gravement la biodiversité, elle a appauvri les qualités organiques des sols en abusant de la monoculture, elle a pollué les eaux, où se déversent les excès de l'irrigation, farcis d'intrants chimiques, eaux qui ne sont plus retenues par ces haies.

J'y ajoute un aspect dont il est peu parlé et qui aggrave la situation : *le tassement des sols* dû au poids des tracteurs et des machines, tassement ne les rendant plus aptes à absorber l'eau déversée, nuisant à un bon enracinement des plantes et à l'activité indispensable des vers de terre. Tous phénomènes constituant une cause majeure de la perte de biodiversité, mais aussi de rendements, et qui se retournent à présent contre ce mode d'agriculture. Ainsi le rapport (2019) de l'IPBES [a] montre entre autres que « la dégradation des sols a réduit de 23 % la productivité de l'ensemble de la surface terrestre mondiale » et qu'une partie de la production agricole « est confrontée au risque de disparition des pollinisateurs ».

En 2019, le Sénat a indiqué que depuis la fin des années 1990, *la production stagne*. Les céréales, par exemple, plafonnent tant en surfaces qu'en rendements. Avec pour avatar un excédent commercial agricole divisé par 2 en moins de 5 ans, entre 2011 et 2017 [6].

Il était donc temps, grand temps, que notre mode de culture, qui a largement dépassé les bornes de ce que les terres et les eaux peuvent endurer, prenne fin, et cette fin arrivera avec celle de notre parc de tracteurs, vers 2040. Et avec elle (plus tard pour le gaz), la fin progressive de la pollution engendrée par l'utilisation des hydrocarbures. Avant les années 2050, la biodiversité retrouvera la possibilité de croître et nous la verrons renaître au cours de ce siècle. Entre outre, le ratio

---

a. Plateforme intergouvernementale sur la biodiversité et les services écosystémiques.

nombre d'animaux de trait / nombre d'hectares agricoles était inférieur en 1950 à ce que sera celui des années 2040, selon ce que j'ai proposé : en 1950, on comptait quelque 5 millions de bêtes de travail, dont 2,2 millions de chevaux, mulets et ânes (et moins de 150 000 tracteurs) pour 33,5 millions d'hectares agricoles [7], alors que la surface agricole – sols cultivés et prairies comprises – sera plus basse de quelque 20 % en 2040 et le nombre de bêtes à y consacrer aura augmenté de 37,5 %. Et si 2,2 millions de chevaux de l'époque valent 4,4 millions de bœufs en rendement, ce n'est pas le cas des mulets et des ânes qui les accompagnaient.

C'est ainsi que, mathématiquement, ce nombre de 8 millions de bovins, dont j'ai parlé plus haut, est bien apte à cultiver efficacement nos 26,7 millions d'hectares. Selon le type de travail à effectuer, ils pourront travailler seuls, ou être attelés par paires ou à quatre selon les engins à tracter. Il faudra davantage d'animaux pour tirer charrues et moissonneuses-batteuses que pour des faucheuses ou des semoirs. Dans des espaces maraîchers, viticoles, ou dans les vergers, un seul bœuf pourra suffire.

Se posent plusieurs questions d'importance : comment et quand constituer ce cheptel de 8 millions de têtes ? Comment trouver 8 millions d'hectares pour le nourrir ? Et comment fabriquer et produire des jougs et des outils de traction adaptés, ceux d'aujourd'hui, conçus pour des tracteurs, n'étant pas utilisables par des bêtes de trait ?

La France n'est pas limitée en nombre de bovins : le cheptel en 2020 s'élève à 18 200 000 têtes [8] pour

107 927 exploitations [9]. Les animaux sont nourris entre autres sur 10 à 13 millions d'hectares de prairies. Il est né 3 391 713 veaux en 2019 [10] (dont ceux nés dans les DOM), mais la mortalité est grande dans la première semaine et les 3 à 4 mois qui suivent [11].

Selon Agreste, outre les vaches de réforme, les génisses et les jeunes taureaux (les broutards), 1 224 678 veaux sont allés à l'abattage. Ces veaux sont à 90 % issus de vaches laitières et sont donc ôtés à leur mère 24 heures ou 3 jours après leur naissance (l'un et l'autre pouvant se chercher pendant des jours en meuglant), afin de pouvoir continuer à traire les vaches. Les nouveau-nés sont envoyés pour 85 % d'entre eux à des éleveurs-engraisseurs industriels qui les parquent d'abord dans des cases individuelles à peine plus grandes qu'eux, sans paille mais à même le bois ou le béton dans 91 % des cas, bien que ces techniques économes aient été proscrites en 1997, nourris au lait de substitution mais laissés en partie anémiés afin que leur viande soit plus blanche, puis envoyés à l'abattoir à l'âge de 5-6 mois en France [12], voire 3 mois. Je ne donne pas ces détails qui paraissent hors sujet pour vous affecter – encore qu'ils soient assez désolants et pourraient ôter toute envie de manger une escalope – mais pour justifier les choix opérés (et leur coût) afin d'obtenir des bœufs de trait psychologiquement équilibrés et dociles, non pas par le seul effet de la castration.

Oui, je parle de « psychologie » au sujet de bœufs, ce qui peut étonner. La faible capacité de mimiques faciales des bovins les fait passer aux yeux des humains pour des crétins complets, ce qui est une grave erreur.

Sensibles au plaisir, à la souffrance, capables de tresser des liens d'affinité durables avec leurs congénères, opérant la toilette du cou et de la tête que l'autre ne peut atteindre, doués d'une grande mémoire des situations négatives ou positives vécues, sensibles à l'existence ou non de manifestations des humains envers eux – donner des caresses modifie considérablement le rapport avec eux –, ils sont très sujets au stress, qui leur fait perdre lait et viande, et aux phéromones des autres animaux stressés [13]. En bref, et c'est une évidence, mieux vaut, avant de les élever pour le trait, les laisser en condition de bien-être : c'est-à-dire ne pas les arracher à leur mère, leur donner de la nourriture en suffisance, de même que de la paille et un espace assez large en condition de stabulation, les laisser en liberté s'accoutumer peu à peu au broutage, tout en les habituant à une présence bienveillante de l'homme, avant de les emporter à 8 mois dans les parcelles où ils grandiront jusqu'à l'âge du dressage et du trait, après avoir choisi sur pied les bêtes les plus grandes et les plus robustes.

Quant à la castration, qui est douloureuse, il vaut mieux la réaliser sur des veaux le plus jeunes possible, avant 1 mois, dès que l'on s'est assuré que les testicules sont descendus dans les bourses. Plus ils sont jeunes et moins les animaux sont stressés et sensibles à la douleur [14]. D'un autre côté, on peut reculer de quelques mois cet âge de castration afin que l'animal prenne de la force musculaire.

L'abandon des quatre cultures choisies (cf. *supra*) pour libérer 8 millions d'hectares nous apportera

5 712 659 hectares à labourer et semer pour les transformer en pâtures. Elles ne sont pas toutes réparties sur l'intégralité de la surface du pays, mais à elles quatre, elles offrent des disponibilités en sols dans tous les départements.

Restent 2,3 millions d'hectares à trouver, et nous n'aurons pas d'autre choix que de les prendre sur l'élevage bovin, sur lequel nous avons déjà prélevé 2 millions d'hectares pour les chevaux. Soit en tout 4,3 millions de prés ôtés au cheptel, sur presque 13 millions de surfaces en herbe disponibles. Ce qui ne veut pas dire 2,3 millions de têtes de bétail en moins, car nous ne prendrons pas ces animaux sur le cheptel sur pied, mais sur les veaux nouveaux nés destinés à la boucherie. Mais ceci signifie tout de même 2,3 millions d'hectares de terres en moins, hectares que nous prendrons progressivement à mesure que nous prélèverons les veaux.

On a dit que chaque année, 1 224 678 veaux étaient envoyés à l'abattage. Pour atteindre un cheptel de 8 millions de bêtes, on prélèvera sur 7 ans ces 1 224 678 veaux, mâles et femelles, une vache adulte pouvant atteindre un poids de 650 à 950 kilos et donc fournir une grande force de travail. Ainsi que je l'ai déjà exposé, on ne les transportera de leurs pâtures aux nouvelles parcelles qui leur sont destinées que vers l'âge de 8 mois, une fois prêts à brouter l'herbe. Ces parcelles – au nombre par exemple de 11 600 de 25 hectares chacune par département (cf. *infra* « Le remembrement ») – devront être prêtes à accueillir les jeunes animaux, et les 5,7 millions d'hectares pris sur les cultures d'orge et d'escourgeon, de soja, de maïs et de betteraves devront être comme les autres attribués de telle sorte qu'ils soient impérativement *dispersés sur tous les micro-territoires,* et les parcelles labourées et semées en herbe avant l'arrivée des bêtes, chacune munie d'un point d'eau, d'un abreuvoir et d'un espace de stabulation.

Certes, laisser grandir les veaux 8 mois sur leur pâturage d'origine en compagnie de mères et nourrices devra être compensé par une indemnité aux éleveurs, correspondant à la ration de lait perdue pour eux, et au peu d'herbe que ces veaux auront consommée. Il faudra également prévoir l'achat en 7 ans de 2,3 millions d'hectares de terres. Il conviendra d'acquérir les bêtes dès la naissance. Ce rachat (dont une partie pourra être faite par des éleveurs, ou des collectifs d'éleveurs comme il en existe aujourd'hui, par des collectivités locales, par de nouveaux arrivants encore en fonds et fuyant les métropoles et les villes), ce rachat, donc, représente un investissement lourd mais qui n'a rien de comparable avec l'acquisition d'1 million de tracteurs électriques, s'il advenait qu'ils existent, dont le prix atteint aujourd'hui 50 000 euros par unité alors que la puissance de ces prototypes – entre 25 et 50 chevaux – est extrêmement faible par rapport à ceux actuellement employés. Le prix de tracteurs plus puissants sera donc bien plus élevé et, on l'a dit, ingérable au regard de notre production d'électricité.

Ces jeunes veaux, donc, devraient être transportés année après année, en 7 ans, vers leurs nouvelles parcelles dès 2029-2035, de sorte qu'ils soient tous aptes au travail dans les années 2040, ou plus tôt si la fin de l'exploitation du pétrole survenait avant. Si – ce qui est possible – on pressent ou bien l'on apprend que les investisseurs et acteurs du secteur pétrolier se désengagent d'une extraction de plus en plus coûteuse et déficitaire, mettant fin à cette production dès 2035, il faudra décaler ces dates de 5 ans, afin que le cheptel bovin soit prêt avant l'arrêt des tracteurs. Cet exploit sera plus difficile à réaliser pour le cheptel de chevaux, qu'il serait bon de débuter en 2025, date à laquelle aucun symptôme de crise ne sera encore ressenti, date à laquelle on croira encore à la pérennité des transports électriques.

Même anticipation plus précoce pour le remembrement des surfaces agricoles, la multiplication des commerces de proximité, et toutes adaptations issues de la fin du pétrole à mener en un temps record. Ce pourquoi, quand j'indique la date de 2040, je préfère la présenter sous la forme (2035)-2040, car il est impossible de déterminer par avance la date à laquelle l'extraction du pétrole prendra fin et donc celle à laquelle le système économique actuel basculera.

Pour en revenir au transport des bêtes destinées aux travaux agricoles, chaque département devra au final disposer en moyenne de 80 000 bêtes qui, divisées par notre moyenne de 11 600 parcelles (cf. *infra*) par département, équivaudront à 6 à 7 bœufs par parcelle, ce qui nécessitera donc 6 à 7 hectares conservés pour eux. En 7 années, ce seront 11 429 veaux (soit environ 2 750 tonnes) à transférer sur 1 657 parcelles par an. Si les transferts se font en 2029-2035, on pourra faire appel aux camions thermiques.

Le remembrement : la micro-parcellisation

Face au gigantisme agricole, face à des parcelles cultivées pouvant atteindre 100 à 150 hectares, que peuvent nos malheureux 8 millions de bovins ? Qui doivent rentrer au pré pour le repos, l'alimentation et l'eau après 5 heures de travail ?

Outre l'impératif du retour de la biodiversité et de la régénération des sols, un remembrement inverse à celui qui fut pratiqué depuis les années 1950 devra être conçu et effectué rapidement pour être opérationnel dès la fin des tracteurs.

L'augmentation de la puissance des tracteurs a été de pair avec une division par 4 du nombre des exploitations entre 1955 et 2000 en même temps qu'un accroissement de la superficie des parcelles : en 1955, 80 % des exploitations comptaient moins de 20 hectares et 0,8 % seulement occupaient plus de 100 hectares. En 2000, 12 % des exploitations dépassent 100 hectares et occupent 46 % de la surface agricole utilisée (SAU) [15]. Le phénomène n'a fait que s'accentuer : en 2016, les grandes exploitations cultivent 73 % de la surface agricole. Elles utilisent en moyenne 111 hectares, soit 61 hectares de plus que les moyennes exploitations [16].

Parallèlement, les chercheurs de l'INRA [a] et du CNRS prônent une diminution de la taille des parcelles et une augmentation de la diversité des cultures, qui offrent « un levier d'action considérable et largement sous-exploité pour conserver et restaurer la biodiversité des paysages agricoles tout en maintenant les surfaces

a. Institut national de la recherche agronomique.

de production agricole [17] ». Selon l'INRA, « l'intensification de l'agriculture et la disparition de milieux seminaturels (bosquets, haies, bandes enherbées...) représentent une des principales causes de la perte de biodiversité actuelle ». Ces deux aspects essentiels – réduction des superficies et regain de la biodiversité – permettent, entre autres grands avantages, un accroissement des espèces menacées, une réduction du risque de ravageurs et de zoonoses et un développement des insectes pollinisateurs.

« Cela ne sert à rien d'avoir des parcelles de plusieurs dizaines d'hectares. La surface optimale d'une parcelle est celle sur laquelle on peut accomplir une journée de travail. Elle se situera entre 8 et 12 hectares [18] », indique un ingénieur de l'Institut du Végétal.

J'ajoute que de petites parcelles seront plus accessibles à la pratique de l'agriculture biologique, et une méta-analyse de chercheurs de l'Université de Californie a montré que « les cultures biologiques et agroécologiques (diversité et rotation des cultures) ont des rendements proches ou équivalents à ceux des cultures fortement consommatrices de produits chimiques [19] ». D'autre part, du point de vue de la qualité nutritionnelle et non des tonnages, le développement de l'agriculture industrielle a eu pour effet en 60 années (selon les données de l'ANSES) d'abaisser dans les 70 fruits et légumes les plus consommés par les Français les quantités de calcium (–16 %), de vitamine C (–27 %), de fer (–48 %). Un appauvrissement également constaté par des études effectuées aux États-Unis et en Grande-Bretagne, qui y ajoutent un déclin en protéines, en phosphore, en vitamine B2, en magnésium, en cuivre et en sodium. Ces déclins seraient dus à l'augmentation de l'utilisation de fertilisant azoté : « Une croissance plus forte et plus rapide due à la fertilisation et/ou l'irrigation peut provoquer un effet de dilution » des composants [20]. En ce sens, le retour à une agriculture sans intrants chimiques redonnerait aux aliments des qualités nutritives plus hautes que celles d'aujourd'hui.

Il sera obligatoire de réduire de beaucoup la taille des parcelles et d'y diversifier les cultures, de sorte que, vu la fin des transports et donc de la distribution, on puisse disposer d'une **indispensable micro-localisation** des productions, **la seule susceptible d'assurer l'alimentation** de tous, d'économiser les prélèvements en eau, d'abaisser la pollution. Conserver dans les conditions futures notre système de monocultures immenses condamnerait la population sur des régions entières à ne se nourrir que de betteraves, ou que de pommes de terre, ou de choux, ou même à ne pas se nourrir du tout dans les vastes espaces consacrés au seul blé, au seul lin, etc. **Une diversité maximale** de produits doit pouvoir être offerte aux habitants, sur des distances courtes entre les lieux de production et de consommation pour les légumes, les légumineuses, les fruits, les pommes de terre. De même les céréales, les fourrages, les plantes textiles, etc., ne devront être exploités que sur des surfaces bien plus petites.

Les parcelles – et c'est une base – devront en effet être de taille réduite pour un fonctionnement optimal en rendement et en transport de l'une à l'autre, et tout micro-territoire devra comprendre, outre les cultures, des arbres, des fossés de drainage, des haies et de l'espace en prairie pour les bœufs et les chevaux. Cela vaut, on l'a dit, pour le temps de déplacement des bovins jusqu'aux parcelles afin de travailler en cercle autour de leur pâture, comme pour la vitesse de déplacement à espérer des chevaux, qui seront, eux, chargés de la distribution des denrées et des biens. Ce pourquoi, entre autres, un micro-territoire ne devrait pas excéder la taille de 25 hectares (500 m sur 500 m), que l'on peut par exemple diviser en 2 à 3 hectares en blé, 7 hectares en prairies pour les bœufs – plantées d'arbres fruitiers –, 4 hectares pour 2 chevaux, également plantés. Restent 12 hectares à partager, par exemple en 6 ou 12 parcelles de 1 ou 2 hectares, pour du fourrage, du maraîchage, de la volaille, surfaces à valoriser en de nombreuses espèces différentes, fruits, pommes de terre, plantes textiles, etc. Car si des méta-analyses américaines donnent la primeur à l'agriculture biologique, qui régénère indiscutablement la vie des sols et relance la biodiversité, ne crions pas victoire et restons dans l'idée qu'avec le réchauffement climatique et les rendements globalement considérés comme moindres de l'agriculture sans intrants chimiques et effectués avec la seule aide de la traction animale, il est évident que nous devrons, au moins sur une partie des sols, adopter les techniques de rotation et de la permaculture dont la forte productivité est avérée.

Pour résumer vite et bien les principes de la permaculture : « Ce concept fonctionne de façon optimale avec un mélange de cultures sur une même parcelle. Des légumineuses, parce qu'elles sont capables de capter l'azote de l'air [et de l'apporter au sol]. Des arbres, parce qu'ils vont chercher le potassium en profondeur et le restituent en surface. Il n'y a plus de concurrence entre les plantes, mais une complémentarité. Cela permet de bien meilleurs rendements. En Europe, 1 hectare de blé conventionnel produit 10 tonnes par an. Sur une même surface consacrée au maraîchage diversifié, avec 20 à 30 espèces différentes, on atteint entre 20 et 70 tonnes. Les légumes contenant plus d'eau que le blé, on peut ramener ces chiffres entre 15 et 25 tonnes de matière sèche. Le rendement est 2 fois plus grand[21] ! » Le fumier animal, le digestat des méthaniseurs, le compost apportent au sol les nutriments dont il a besoin. Et associer différents légumes compatibles sur une parcelle potagère permet de les protéger des nuisibles et d'augmenter la quantité des récoltes. Cela s'appelle le compagnonnage. Les plantes associées peuvent se protéger les unes les autres de certaines maladies et repousser les insectes ravageurs. Quelques exemples de bonnes associations : l'ail tient les insectes néfastes à distance, les petits pois repoussent les doryphores qui s'attaquent aux pommes de terre, les carottes, semées avec des radis, s'accordent avec des poireaux et des salades, etc.[22]. Je ne vais pas vous infliger un cours de permaculture – il en existe de nombreux manuels – et il faut espérer que ses pratiques seront enseignées dans les écoles d'agriculture, tant qu'elles existeront.

Adopter – et nous n'avons pas le choix en nous retrouvant sans transports ni tracteurs ni engrais chimiques – la micro-parcellisation est notre seul moyen de pratiquer la future agriculture. L'augmentation de ses rendements grâce à la pratique de la permaculture devra aussi s'appuyer sur une hausse des surfaces cultivables.

Un département ayant une superficie *moyenne* de 600 000 hectares, il comprendrait d'après notre modèle 11 600 micro-territoires de 25 hectares chacun.

Ce n'est qu'un simple exemple que l'on peut modifier et adapter au terrain, et avec cet espace de 500 m par 500 m de côté (en carré supposé), il est très facile de procéder avec un cheval ou à pied à des échanges entre plusieurs micro-territoires, entre ceux qui cultivent du blé et des légumes frais les plus diversifiés, et ceux qui pratiquent l'élevage des volailles, ou cultivent des fruits, des légumes, des noix, des légumineuses (qui se conservent l'hiver), ou bien du lin, etc. 25 hectares peuvent nourrir – dit-on – au minimum 50 personnes, mais beaucoup plus si l'on pratique le « compagnonnage ».

Avec quelque 14 millions d'hectares de terres arables et 12,7 millions de sols en herbe dont nous utiliserons 10 millions pour nos cheptels, nous serons néanmoins obligés pour augmenter nos surfaces de cesser toute exportation : nous exportons par exemple la moitié de notre production de blé et pas loin de la moitié de celle de nos pommes de terre. Tout en gardant, tant pour le blé (quelque 2 à 2,5 millions d'hectares pour l'export) que pour la pomme de terre, une partie supplémentaire dédiée à notre consommation, le reste devant être conservé et voué à d'autres cultures.

Mais survient un aléa qui change toute la donne. Il s'agit en effet du transport de la viande aux abattoirs. Si je ne supprime pas tout le développement précédent, c'est pour que vous puissiez cheminer avec moi pour comprendre les choix que je suggère, dont les paramètres sont tous imbriqués les uns dans les autres. Il s'agit ici d'un point bien délicat – ou explosif – à exposer concernant notre consommation de viande.

Elle est de 3,7 millions de tonnes équivalent carcasses par an, en bovins, porcs et ovins, hormis les chevaux et la volaille. C'est-à-dire qu'en poids vif de bêtes sur pied, elle représente – très grossièrement évaluée – environ 7,5 millions de tonnes, soit 20 548 tonnes par jour, ou en moyenne 206 tonnes par jour par département. Ces animaux doivent obligatoirement passer par les abattoirs, car c'est là, outre les opérations de dépouillage et de préparation des carcasses, que sont effectués les contrôles sanitaires par un service vétérinaire permanent, avant et après abattage. Or, pétrole et gigantisme obligent, il n'existe que 2,6 abattoirs de boucherie par département en moyenne[23], vers où devront partir, 6 jours par semaine (312), 206 tonnes d'équivalents animaux sur pied. Le nombre si réduit de ces abattoirs obligera les camions à effectuer le parcours en 1 à 4 camions en relais, camions qui devront être désinfectés chaque jour, puis à revenir ensuite aux abattoirs pour venir prendre les carcasses, qui devront être entreposées dans un camion également désinfecté chaque jour, ce qui est hors de nos possibilités, de même que le nombre de camions qu'exigent ces transports quasi quotidiens, de bêtes comme de carcasses, auxquels il faut ajouter les camions venant aux abattoirs pour récupérer les peaux à livrer au faible nombre de tanneurs qui demeurent.

Ici, il est clair que ces opérations sont beaucoup trop voraces pour que nous puissions les assumer avec nos seuls véhicules électriques à l'autonomie trop faible. Force sera donc, jusque vers (2035)-2040, de les déléguer au parc de camions thermiques des entreprises spécialisées dans ce secteur. Ce qui nous montre à quel point le nombre, la capacité et l'autonomie des camions électriques que nous permet notre puissance de charge sont très insuffisants, si bien que la distribution de la viande nous sera matériellement inaccessible, nous laissant démunis face à ce problème.

Puis viendra le temps, en (2035)-2040, où les camions thermiques ne disposeront plus du carburant nécessaire pour procéder à ces tâches que nos seuls camions électriques ne peuvent pas accomplir. La conclusion s'impose d'elle-même : à compter de ces dates, il ne nous sera plus possible de consommer de la viande de bœuf, de porc ou d'agneau, quand bien même nous réduirions cette consommation de 90 %, car elle ne serait plus d'aucun intérêt pour les éleveurs.

Et quoi qu'il en soit, la fin des derniers camions électriques, sans doute vers 2045, et leur remplacement par la traction à cheval auraient mis fin de fait à cet élevage, non seulement en raison des conditions d'hygiène des charrettes que du fait que, ne pouvant pas être frigorifiées, elles n'auraient pas pu servir au transport des carcasses depuis les abattoirs sous peine que les températures trop hautes ne les altèrent, la viande ne devant pas dépasser une température de 7 °C au cœur de la carcasse.

Nous resteront alors, pour nous sustenter en protéines animales, la volaille, essentiellement du poulet, mais aussi de l'oie, du canard, de la dinde, achetés à un producteur local, des œufs et du lapin, le tout bien cuit pour éviter toute contamination éventuelle, ces animaux n'ayant pas été examinés par un vétérinaire. Pour assurer un complément de viande conséquent, il faudra augmenter l'élevage de la volaille. Si les poulets sont tués puis aussitôt préparés par l'éleveur (plumés, vidés, têtes et pattes coupées) dans un lieu très proche du domicile du consommateur, le temps écoulé pour leur transport en extérieur, si possible dans un sac avec de la glace, ne permettra pas à la viande de s'abîmer avant qu'elle soit déposée au réfrigérateur, là aussi entre 0 °C et 4 °C, au moins à 7 °C. Ainsi se profile un avenir sans viande, mais également sans lait. On pourra compléter l'apport en protéines par celles des céréales et des légumineuses (fèves et haricots secs, pois secs, lentilles).

Outre le choc que nous en ressentirons, la suppression de la consommation de viande sera bien entendu un coup très rude pour les éleveurs. On pourrait envisager de conserver une partie du cheptel bovin pour bénéficier de son lait. Mais cela reviendrait à devoir tuer les veaux dès leur naissance sans même les laisser grandir pour consommer leur viande. Une mesure plutôt choquante et de plus nullement rentable pour les éleveurs, dont une partie pourrait se reconvertir pour prendre soin des 10 millions de bêtes de nos cheptels de travail.

Si j'ose recommander ici une suppression future de l'élevage – dont je mesure l'effet déstabilisant dans une société qui ne peut aujourd'hui l'envisager –, c'est uniquement parce que l'état d'insuffisance de nos moyens matériels la rend inévitable. Et un tel bouleversement à venir nous met face très concrètement, très brutalement aux modifications majeures de nos habitudes, de notre mode de vie qu'entraîne le déclin pétrolier. Mais il est fatalement logique que la fin du pétrole, qui avait façonné depuis bien plus d'un siècle dans les pays développés nos manières de vivre et la totalité de nos comportements, aboutisse à une mutation globale de nos modes d'existence. Pétrole qui a entraîné industriels et entreprises à des démesures toutes fondées sur la disponibilité sans fin des puissants poids lourds, y compris des tracteurs, disponibilité sur laquelle on ne se posait nulle question, alors que la sagesse eût commandé bien plus de précautions.

Ainsi en va-t-il en tous les domaines où nous avons laissé, impotents et aveugles, le puissant machinisme *dépasser de bien trop loin la mesure de l'échelle humaine.* Ainsi de la taille immense des parcelles cultivées en monoculture, de la disparition des commerces de proximité, de l'exportation de nos savoir-faire et de l'abandon de nos pratiques, de secteurs de production de nous avons laissés à d'autres, qu'il s'agisse de la fabrication des médicaments, des batteries, de l'électronique, des vêtements, entre autres, comptant là aussi sur une utopique pérennité du fret international alimenté par un pétrole éternel.

Autre paramètre qui vient s'enchevêtrer : la disparition obligée de la totalité de l'élevage bovin, ovin et caprin modifiera de beaucoup le nombre des hectares disponibles pour les cultures. Sur les 12 780 695 hectares de prairies artificielles, temporaires ou permanentes naturelles, on conservera 10 millions d'hectares en prairies qu'on laissera en herbe pour recevoir nos cheptels de trait, cette emprise réduisant la surface de sols cultivables à 16,7 millions d'hectares. Sur la surface en prairies, resteront 2,78 millions d'hectares à attribuer aux cultures. On en conservera 1 million d'hectares pour des cultures fourragères diverses destinées à l'alimentation du cheptel de trait. Ce qui laisserait 1,78 million d'hectares libres. À quoi nous ajouterons 1,28 million d'hectares pris sur le seigle, le méteil, le tournesol, l'orge, l'escourgeon, et les 476 000 hectares d'autres prairies artificielles. En y ajoutant les 2 millions d'hectares récupérés sur l'export du blé et exploités pour notre propre consommation, les 71 535 sur celui des pommes de terre, on bénéficierait de 5,13 millions d'hectares supplémentaires pour notre usage. L'emprise de nos cheptels et des fourrages serait de 11 millions d'hectares sur la surface agricole utile actuelle de 26,7 millions d'hectares, soit de 41,2 %, laissant 15,7 millions d'hectares de SAU pour la consommation humaine, mais 20,8 millions grâce à cet apport. Apport s'élevant donc à 32,6 % de plus pour les hommes et qui pourra compenser les pertes dues aux sécheresses et au passage à l'agriculture sans machines ni engrais. Mais dont une partie sera dévolue au lin, au chanvre, à l'huile, ainsi qu'à la plantation de haies.

Actuellement, l'importance excessive de l'élevage en France occupe 67,4 % de la SAU. Ce qui va dans le sens de cette source : « Au total, l'élevage et la production des aliments pour le bétail utilisent 78 % des terres agricoles mondiales, […] 3 fois plus qu'en 1960. Un régime à base de viandes requiert 7 fois plus de terres qu'un régime végétarien[24]. » Ou de celle-ci : « Au niveau mondial, nous produisons déjà assez de nourriture pour alimenter de 11 à 14 milliards de personnes. Le problème est que nous en gaspillons plus de la moitié. Une grande partie est perdue lorsque nous jetons de la nourriture à la maison, dans les supermarchés ou pendant la transformation. Toutefois, le principal gaspillage de nourriture sur la planète provient de l'alimentation des animaux d'élevages industriels à partir de précieuses récoltes cultivées sur des terres arables. Si les céréales utilisées pour nourrir ces animaux d'élevages industriels étaient données directement aux personnes, nous pourrions nourrir quatre milliards d'habitants en plus. [...] Alors, où vont ces calories perdues ? Elles sont utilisées par les animaux, du simple fait de vivre ; nous ne récupérons que 30 % de la valeur alimentaire de la nourriture donnée aux animaux, sous forme de viande, lait et œufs[25]. » Et selon l'OCDE[a]/FAO[b] (2019), « l'agriculture utilise près de 40 % des terres de la planète, dont quelque 70 % sont des pâturages ». Ce sans compter les terres cultivées en fourrage.

Si bien que d'une certaine manière, la suppression de l'élevage à laquelle nous obligent nos futurs moyens matériels défaillants est une excellente chose pour assurer une plus grande quantité d'aliments – hors viande de mammifères – dans les temps à venir.

---

a. Organisation [internationale] de coopération et de développement économique.

b. Institution de l'ONU : Food and Agriculture Organisation, ou Organisation des Nations unies pour l'agriculture et l'alimentation.

Cette immense redistribution spatiale, tant des parcelles que des prairies, devra être organisée sur le terrain par des agents gouvernementaux, travaillant par microterritoire, et en en rassemblant tous les acteurs, tant agriculteurs qu'éleveurs et maires disposant des cadastres, de sorte que le redécoupage des parcelles par usage soit obligatoirement prêt pour 2040.

Ce remembrement en petites parcelles aux cultures diversifiées ne frustrera pas les agriculteurs des terres qu'ils possèdent ou qu'ils louent, très souvent en regroupements en sociétés dès lors qu'il s'agit de grandes exploitations. 70 % à 80 % d'entre elles ont un statut de société et seuls 6 % ont un propriétaire unique. En 2016, sur 824 000 personnes actives dans le domaine agricole et ayant un statut de permanent (dont 70 % ayant un statut d'actif dirigeant), on comptait 564 000 chefs d'exploitations et coexploitants. « Le reste des heures travaillées est effectué essentiellement par des salariés saisonniers employés directement par l'exploitation [26]. »

Mais certes, l'indispensable captation des terres employées au maïs, à l'orge et l'escourgeon, aux betteraves industrielles et au soja pour y élever des animaux de trait obligera leurs propriétaires ou locataires à une inévitable reconversion. En même temps, ce remembrement les amènera nécessairement à s'adapter à des techniques différentes. Ainsi un céréalier devra-t-il, via les enseignements de ses collègues, maîtriser aussi les spécificités diverses des cultures maraîchères, selon le légume produit, ou de fruits, ou de tournesol, ou de plante textile, etc. De même qu'un maraîcher devra acquérir les compétences nécessaires à la culture des céréales, de la luzerne…

Ce remembrement devrait donc démarrer au moins dès 2035, tous les acteurs étant informés de sa cause et de son but, afin d'être opérationnel en 2040. Il suscitera des oppositions, des refus, et sera complexe à mettre en place. Mais les exploitants, se sachant bientôt privés de leurs tracteurs et de machines automotrices, saisiront sur l'instant que le temps n'est plus à moissonner seul des dizaines d'hectares de blé et que ce système a touché à sa fin. Ils seront alors tout autant désireux que nous tous d'avoir de quoi se nourrir.

Tous les exploitants se retrouveront confrontés au problème de l'irrigation, qui est heureusement loin de concerner tous les sols cultivés. Aujourd'hui, ce sont, hors maïs et soja, les pommes de terre, les légumes et les cultures fruitières qui ont le plus besoin d'être irrigués [27].

En France en effet, « l'irrigation est toujours une irrigation d'appoint, l'essentiel des besoins en eau des plantes irriguées étant généralement fourni par les pluies. Depuis 2000, le niveau des surfaces irriguées (1,4 million d'hectares) semble s'être stabilisé [28]». Selon une autre source un peu plus récente, cette surface ne représentait en 2013 que 5 % de la surface cultivée, et le prélèvement en eau s'élevait à 2,7 milliards de m^3, soit 1 700 m^3/ha irrigué [29].

En France métropolitaine, la moyenne interannuelle des précipitations s'élève à 479 milliards de m^3. Sur ce volume, 297 milliards de m^3 rejoignent l'atmosphère par évapotranspiration. Il reste donc 175 milliards de m^3 de pluies dites « efficaces » (après sortie des eaux hors de France) qui alimentent les eaux de surface et les nappes phréatiques, qui comptent 100 milliards de m^3. 6 milliards de m^3 y sont prélevés chaque année, dont 18 % pour l'irrigation, soit 1,1 milliard de m^3 [30].

La présence nouvelle de haies, plantées d'arbres et d'arbustes, freinera l'action du vent et limitera ainsi l'évaporation de l'eau reçue par les plantes. Avec des talus et fossés, ces haies permettront également de retenir l'eau, d'empêcher son ruissellement et favoriseront son infiltration dans les sols [31]. Des gains précieux pour un temps où la chaleur aura augmenté et où chaque été sera marqué par des périodes plus longues de sécheresse et des épisodes caniculaires. Les agriculteurs seront amenés très certainement à anticiper la période des semis pour éviter au mieux ces passages très difficiles.

En dépit de l'amélioration de la gestion de l'eau grâce à la micro-parcellisation, l'irrigation devra peut-être aussi occuper une place plus importante. Je dis « peut-être » car les prospectives sur la pluviométrie en France indiquent « qu'en moyenne sur la France métropolitaine, quel que soit le scénario [du GIEC] considéré, les projections climatiques montrent peu d'évolution jusqu'aux années 2050 ». Mais après les années 2050 – éventuellement 2055 –, nous avons montré que la chute du pétrole nous amènerait, après un fléchissement, vers une stabilisation des températures [a]. Néanmoins, les sécheresses annuelles obligeront à plus irriguer qu'aujourd'hui, en maraîchage, en arbres fruitiers et autres cultures.

Sur environ 26,7 millions d'hectares de terres agricoles, il s'agira donc d'en irriguer au moins 1,33 million, mais sans doute plus avec le réchauffement, dont

a. Voir *supra*.

surtout les parcelles en blé, légumes, arbres fruitiers. On peut sans difficulté concevoir que, les nouvelles parcelles se superposant aux anciennes, des pompes électriques placées dans des lacs ou des rivières, ou dans des puits atteignant une nappe phréatique, tous déjà forés dans les zones irriguées par les exploitants, alimentent comme aujourd'hui les canalisations, généralement enterrées, et que l'irrigation se pratique de même, selon diverses méthodes, enrouleur avec canon d'irrigation, asperseurs fixés sur des rampes, ou tuyaux posés à terre pour pratiquer du goutte-à-goutte. Le goutte-à-goutte est généralement préféré pour les surfaces en maraîchage. Grâce aux haies, talus et fossés entourant les parcelles (à l'exception d'un passage ménagé pour les animaux de trait et leurs machines pour aller de parcelle en parcelle), le système par aspersion – pour les céréales par exemple – n'aboutira pas à la perte en eau par ruissellement que l'on connaît aujourd'hui. Mais les hectares à cultiver pris sur les prairies, si ces prairies disposaient toutes d'un point d'eau pour abreuver les bêtes, ne contiennent pas de canalisations enterrées et il sera nécessaire de les créer.

Se pose également la question du pompage de l'eau, qu'elle soit de surface (rivières, lacs) ou en profondeur (puits), qui l'apporte à la canalisation : aujourd'hui, ces pompes fonctionnent avec des moteurs thermiques ou bien électriques. Vers 2040, ou mieux, avant et progressivement, toutes les pompes à moteur thermique devront être remplacées par des pompes électriques. Car leur durée de vie est de 5 à 7 ans et les usines de fabrication devront poursuivre leur production, qui est loin de ne servir qu'aux pompes pour l'irrigation. Elles représentent aujourd'hui 3 % de l'énergie dépensée par le secteur agricole-élevage, et ce pourcentage sera donc amené à croître (mais il n'y aura plus besoin d'énergie pour les tracteurs, les auto-machines, les trayeuses, etc.).

Au sujet de l'eau, il est important de traiter plus en détail du phénomène du tassement des sols car, précisément, il freine de beaucoup – entre autres effets – les possibilités d'infiltration de l'eau, et concerne aussi les rendements de cette révolution agricole, qui ne sera pas seulement marquée par la diversification maximale des cultures sur des micro-territoires, mais aussi par le fait qu'elle sera nécessairement biologique, avec la fin des engrais chimiques et des pesticides. Car lorsqu'il est dit partout qu'1 hectare peut nourrir 2 personnes, c'est compter sans l'épuisement biologique des sols. J'y reviendrai, pour n'insister ici que sur les graves dommages dus à leur tassement.

Ce tassement, qui est donc dû aux passages répétés des tracteurs et des machines agricoles de plus en plus lourds qui écrasent la terre, a pour conséquences de réduire l'aération du sol – parfois jusqu'à l'asphyxie – et d'empêcher une bonne pénétration de l'eau. « Le système racinaire devient inefficace à cause d'une moindre exploitation du sol, à la fois en volume et en profondeur. D'autres facteurs biologiques, tels que la faune lombricienne, peuvent être perturbés, voire bloqués dans leur activité, avec une réduction des effectifs. Or les galeries de vers de terre notamment sont importantes pour le cheminement des racines dans les horizons profonds, sources d'alimentation hydrique entre autres [32]. »

La perte de rendement due aux tassements est de 5 à 30 %. On ne doit donc pas s'étonner de voir ces rendements stagner depuis 1990 !

Si la nouvelle culture sans engins lourds permettra aux sols de surface de se régénérer, et donc de donner de meilleurs rendements (l'utilisation de chevaux dans les vignes et non de tracteurs a augmenté le taux d'activité biologique des sols de 40 %), les sols compactés en profondeur, allant de 25 centimètres à 50 centimètres sous la surface, ne pourront retrouver leur état initial que peu à peu, par l'action biologique naturelle, la reprise d'un système racinaire à nouveau efficace et l'activité des vers de terre redevenus plus nombreux.

Le recours nécessaire à des tuyaux (que l'on peut déplacer de parcelle en parcelle quand ils sont en surface) m'a longtemps préoccupée, attendu qu'ils sont en plastique et donc fabriqués avec du pétrole. Cette question des tuyaux n'a rien d'accessoire et la nécessité d'irriguer – qui ira croissante – impacte directement la productivité des cultures et nos ressources alimentaires.

En étudiant la fabrication aujourd'hui maîtrisée de plastique biosourcé – c'est-à-dire produit à partir de certaines espèces végétales (dont il ne faudra utiliser que les sous-produits pour ne pas concurrencer les cultures vivrières), il résulta clairement que tous n'étaient pas aptes à fournir un plastique qui soit à la fois flexible et solide. Quant à l'étiquette « biodégradable » qui leur est accolée, au prétexte que leur source est végétale, elle est plus qu'abusive et seuls les sacs légers et peu résistants se dégradent (mais en 27 mois dans la mer, tout de même) [33]. Finalement, au terme d'une enquête longue et tortueuse, il est apparu qu'existait depuis 2007 du polyéthylène biosourcé, issu de l'éthanol produit par la canne à sucre, les betteraves, les résidus vinicoles, le maïs, le blé[34]… Sachant qu'en France la proportion des terres arables destinées au biocarburant est limitée à 7 %[35], et ayant alloué ici les terres à maïs et betteraves sucrières à l'espace nécessaire en pâture (mais il peut bien sûr exister d'autres schémas), les grandes quantités de résidus de marc de vin et de lie dont nous disposons seront tout à fait exploitables, sans toucher aux espaces en culture. Si le transport de cet éthanol depuis les régions vinicoles demande trop de chevaux, il sera possible de compléter avec une part des cultures de blé. Le polyéthylène biosourcé possède les mêmes caractéristiques que celui issu de la pétrochimie, c'est le plastique le plus usité, et celui-là même qui est employé pour les tuyaux de transport de l'eau potable[36]. Ainsi est-il le seul à pouvoir nous tirer d'affaire. Je déplore qu'il soit malheureusement non biodégradable, mais il est à 100 % recyclable et réutilisable pour le même usage, et dans le cas de la survie alimentaire de tous, nécessité fait loi.

Le matériel pour les animaux de trait

Demeure la très importante question du matériel dont auront besoin ces futurs animaux de trait, tant en harnachement qu'en machines-outils à tracter.

Pour les chevaux, il existe bon nombre de commerces vendant toutes les pièces du harnais (le mors et la bride, le collier, les sangles (traits) reliant le collier à l'appareil tracté, la courroie de retenue pour le freinage, les guides…). Quant aux éléments attelés, des commerces proposent aussi toutes sortes de calèches et coches pour le transport des personnes, mais aussi pour le transport des biens, pour bœufs ou chevaux : des charrettes à deux ou quatre roues, des chariots, bâchés ou non, des chariots à plate-forme, basculante ou non. Il sera donc aisé – mais à la condition d'en passer commande des années à l'avance aux fabricants pour 1 million de chevaux ! – de se procurer 1 million de harnais, et par exemple 200 000 équipements pour transporter les voyageurs et 800 000 pour les transports de biens alimentaires et autres produits, sans compter la production intérieure que pourront nous fournir nos menuisiers en matière de charrettes.

Pour l'agriculture, où l'usage des chevaux connaît un renouveau, des fabricants développent toute une gamme d'outils adaptés : des avant-trains (ou porte-outils), pour chevaux ou pour bœufs, permettant d'y attacher des plateaux surbaissés pour y transporter des petites charrues à 1 ou 2 socs, des sarcleuses, des herses, d'y relier un épandeur à fumier, une remorque agricole (1 300 ou 1 600 kilos), une herse de prairie, du matériel forestier, une fourche à fumier, du matériel complet pour le maraîchage ou la vigne, des semoirs, presseuses, botteleuses, auto-chargeuses (de foin), faneuses (foin).

En raison des besoins des Amish, du matériel américain est également disponible en France tel que le porte-outils avec roues métalliques et siège, tirant un épandeur, une faucheuse, une charrue, un cultivateur six dents, une herse, une planteuse à pommes de terre, un buttoir à pommes de terre. Mais leur importation ne sera possible après 2040 que si les États-Unis ont développé une marine au GNL.

Ces outils, aujourd'hui tractés au minimum par un cheval (en maraîchage), donc par deux bœufs, et étant diversifiés, devront être extrêmement nombreux pour notre vaste cheptel bovin. Mais dès que l'agriculture à traction animale fera ses débuts – et elle connaît de nombreux adeptes –, sur des parcelles adaptées aux capacités des animaux, les fabricants, évidemment informés de la fin à venir du carburant pour les tracteurs, s'empareront très certainement de ce secteur très porteur pour augmenter grandement le nombre de leurs fabriques et la quantité de leur production. Manquent encore à l'appel des engins pour les récoltes plus spécifiques comme les céréales, nécessitant des moissonneuses de petite taille, des batteuses et des lieuses.

Il sera nécessaire que les instances gouvernementales informent tous les entrepreneurs spécialisés en ce domaine, vers 2030 ou avant, de cette très forte demande à venir afin qu'en 10 ou 12 années ils aient le temps de fournir un très grand nombre d'outils adaptés, en étant payés à l'avance, ce qui sera encore possible en 2030. Il est impératif que nous soyons prêts avant l'arrêt total des tracteurs et des auto-machines. Enfin, il existe nombre de ces harnais et outils en vente en occasion, mais certes pas suffisamment pour nos besoins.

Parce que l'utilisation du bœuf fut abandonnée, il n'existe plus de fabricants de jougs ni de sangles d'attelage pour cet animal sur notre continent. Les exemples de ces jougs de garrot et non de tête, taillés en bois, dont la forme en courbe concave épouse celle du dos de l'animal, abondent dans la littérature, et sont toujours fabriqués en Afrique ou en Asie. Les modèles ne manquent donc pas pour relancer la production, qui là aussi devra débuter très à l'avance. En 5 ans, les 25 000 menuisiers en activité pourraient en livrer 12 millions.

Dans le cas où il n'y aurait pas eu un renouveau des tisseries, nous privant donc de cordes, et où nous manquerions de cuir pour les sangles à partir de 2040, on pourrait envisager de combler ce manque par des bandes de caoutchouc solides et peu élastiques, découpées dans les pneus des camions hors d'usage. S'il arrive que nous manquions de jougs dans les débuts, on pourrait concevoir de fabriquer très vite un modèle très sommaire – toujours utilisé, en Inde par exemple –, qui consiste à assembler, par exemple pour 2 bœufs, 4 barres de bois encadrant la tête des animaux, sur le cou et sur le poitrail, simplement attachées entre elles par des cordes. Sur la barre transversale de cou est fixé un long bâton horizontal passant entre les bêtes pour y attacher l'engin de trait. Ces barres en bois sont rondes pour ne pas blesser les bœufs et un morceau de cuir est coincé entre le poitrail et la barre. S'il advenait que nous manquions de cuir, cette partie de la barre pourrait également être entourée par des bandes de caoutchouc tirées de pneus usagés.

Puisque nous en sommes à l'équipement des animaux, il ne faut pas négliger de s'intéresser aux sabots des chevaux, qui doivent obligatoirement être protégés. Or nous ne sommes plus au XVIIIe siècle, où les chevaux étaient ferrés. Avec des fers, nos chevaux de transport risqueraient fort de glisser sur nos routes, toutes goudronnées, et surtout par temps pluvieux. Et la dureté du sol produirait sur leurs jambes – fragiles – des vibrations susceptibles d'endommager leurs cartilages et articulations. L'usage de caoutchouc issu des pneus est connu dans les populations pauvres de pays hors Europe pour y tailler des semelles et fabriquer des sandales. J'ai donc pensé que la fabrication d'hipposandales en caoutchouc pourrait résoudre ce problème (et ai découvert qu'elles existent en effet dans le commerce, mais pas au nombre de 4 millions…), retenues par des sangles rivetées qu'il faudrait accrocher au sabot du cheval. Une fabrication maison qui n'est pas exactement simple. L'idéal serait d'en commander à plusieurs fabricants, avec sangles réglables, et ce dès 2030, à raison de 400 000 par an… Hipposandales à retirer chaque soir une fois le travail effectué, bien sûr.

Tout cela – y compris la refonte totale de la distribution des terres et l'établissement de micro-territoires – prendra du temps, mais la mise en place de ces mesures ***est une condition sine qua non de notre survie***, que l'on peut résumer par deux mots : ***cheptels et remembrement micro-parcellaire***.

Reste donc à souhaiter de toutes nos forces que les instances décisionnelles en soient convaincues à temps pour prendre toutes les mesures nécessaires à l'efficience de ce bouleversement des pratiques.

Le pic du gaz naturel

Je vois que vous êtes revenus après quelque temps nécessaire de décontraction, c'est gentil de votre part, et donc je poursuis.

La question du gaz a beaucoup moins sollicité l'attention des chercheurs et des médias que celle du pétrole roi. À tort car il compte pour 20 % des émissions de CO_2 (rapportées au total des trois énergies fossiles) et représente, par ses usages multiples et conséquents, 26,5 % de la consommation d'énergie primaire [a] dans le monde. Malheureusement, on ne peut compter que sur un nombre restreint d'informations, ce qui limite les possibilités de l'analyse.

On utilise le gaz en premier lieu pour la production d'électricité (39 % de son usage), contribuant à fournir 25 % de l'électricité mondiale. Il assure le chauffage, l'eau sanitaire et la cuisson dans le secteur résidentiel

a. L'énergie primaire est un produit énergétique non encore transformé, ainsi le pétrole brut, les schistes bitumineux, le gaz, le charbon, la biomasse, le soleil, l'énergie hydraulique, le vent, la géothermie et l'énergie tirée de la fission de l'uranium (INSEE).

(27 %) et tertiaire (bien mieux que le fioul puisqu'il émet 25 % de CO_2 en moins que le pétrole et au moins 40 % de CO_2 en moins que le charbon), mais aussi le fonctionnement des fours et des chaudières de l'industrie (29 %), et contribue pour une part de 4 % à la chimie (par exemple pour la production industrielle d'hydrogène ou d'engrais azotés)[1]. C'est le plus « propre » des hydrocarbures. Avec le GNV, il est également utilisé comme carburant.

Grossièrement, et parce que le gaz a été exploité 10 ans après le pétrole, il devrait suivre avec un décalage d'une décennie le destin du pétrole[a]. Mais les estimations sur la date de son pic sont variables et imprécises.

Une source signale que « la situation du gaz est tout aussi préoccupante [que celle du pétrole], car un nombre significatif de producteurs clés, assurant 50 % de la production mondiale, sont entrés en déclin de façon largement inattendue, la plupart après l'an 2000 : les États-Unis, le Canada, le Royaume-Uni, les Pays-Bas, et les principaux gisements russes[2] ».

Le peu de données disponibles placent le pic mondial du gaz entre 2032 et 2040. Il surviendrait vers 2040 selon le géologue Laherrère, suivi d'un déclin en pente assez forte et qui devient parallèle à celui du pétrole à partir de 2060 (gaz et pétrole sont très souvent associés dans les mêmes régions ou les mêmes gisements)[3]. Selon J.-M. Jancovici, le maximum des découvertes de gaz est déjà loin derrière nous, découvertes qui déclinent depuis 1970. Le nombre de gisements découverts chaque année est le même aujourd'hui que dans les

a. Propos de J.-M. Jancovici.

années 1960, mais pour des volumes 4 à 5 fois inférieurs (les gisements découverts sont donc 4 fois plus petits en moyenne). La production future (texte de 2010) va encore monter un peu, ou beaucoup, et redescendre vers 2020 ou vers 2040 [4].

L'Institut français du pétrole place le pic du gaz vers 2026, suivi d'une descente assez douce, en tenant compte des « ressources contingentes (déjà identifiées) et à découvrir certaines » et des « ressources à découvrir probables » [5]. À noter que le taux de récupération moyen du gaz dans un gisement est bien plus proche de 80 % que de 35 % (cas du pétrole) [a].

Le pic surviendrait donc entre 2032 et 2040 et quoi qu'il en soit, « la production de gaz et ses émissions de CO_2 *ne pourront plus augmenter après 2040* [6] ». En tablant sur un maximum de découvertes, nous disposerons en 2040 des mêmes quantités de gaz que dans les années 1960. Sachant que nous n'étions alors « que » quelque 3 milliards d'habitants contre plus de 7,8 milliards en 2040, ou moins en raison d'une possible contraction démographique à venir.

L'analyse du déclin du gaz est rendue plus complexe par le fait que le gaz n'est pas aussi « mondialisable » que le pétrole : « À la différence du pétrole, pour lequel les coûts de transport représentent 10 % à 15 % du coût de production, pour le gaz, ces coûts arrivent en premier : le transport peut coûter jusqu'à 10 fois plus que la production ! Ce coût de transport élevé comparé au coût de

a. https://jancovici.com/transition-energetique/gaz/a-quoi-doit-res
sembler-lexploitation-dun-gisement-de-gaz/

production empêche le gaz de faire l'objet d'un vrai marché mondial, comme pour le pétrole ; seulement 22 % du gaz extrait dans le monde passe une frontière avant d'être consommé, alors que c'est le cas pour les 2/3 du pétrole produit. » De sorte que « le marché du gaz s'assimile plus à une juxtaposition de marchés régionaux ». Pour cette raison, « la fin de la tranquillité, pour le gaz, interviendra, *selon les zones*, d'ici 10 (donc 2023) à 60 ans (donc 2073) [7] ».

La Russie en premier lieu, la Norvège et l'Algérie fournissaient à eux trois, en 2008, 71,8 % du gaz importé par l'Union européenne. La production de gaz russe, cruciale pour l'Europe, était encore en haut plateau en 2014 [8].

« Nous voyons donc, écrit J.-M. Jancovici, que la seule région du monde qui est en déclin est l'Europe. Au niveau mondial, le pic de production du gaz est attendu pour 10 à 30 ans après celui du pétrole [9]. » Mais rien ne dit que les pays richement dotés en gaz auront encore longtemps les moyens financiers de l'exploiter.

Même lapalissade : les pays producteurs seront grandement avantagés par rapport aux importateurs. L'Union européenne (hors Norvège), l'Ukraine et la Nouvelle-Zélande ont passé leur pic depuis longtemps, suivies par l'Irak, le Canada, l'Égypte. Tous ces pays dépendent des importations, grâce aux pays producteurs dont la progression d'extraction est ascendante : le Moyen-Orient, la zone Asie-Pacifique, l'Iran, le Qatar, Oman, l'Arabie Saoudite. La Russie dispose encore d'importantes réserves en haut plateau. En plateau également, l'Algérie [10]. La

Norvège, qui fournit plus d'un tiers du gaz de l'UE, pourrait peut-être, après un pic, connaître un rebond. Quant aux États-Unis, grands producteurs, ils sont redevenus exportateurs avec le gaz de schiste, dont on sait à quel avenir il est promis.

Et donc, *théoriquement*, le pic du gaz étant plus éloigné que celui du pétrole, il serait possible de continuer à bénéficier en France d'importations de gaz jusque vers 2040, voire 2050.

Et de même que les importateurs seront à la peine une fois privés de gaz, les exportateurs souffriront d'une baisse de leur PIB s'ils perdent leurs exportations, ainsi de la Russie qui en tire 15 % de son PIB (30 % avec le pétrole). Ils conserveront néanmoins pour assez longtemps les avantages du gaz au plan intérieur, si là aussi la chute des exportations s'ajoutant à la dépression financière leur permet encore d'en extraire.

Par ailleurs, un autre paramètre est à prendre en compte : avec la lourde perte de pouvoir d'achat, combien d'habitants pourront encore se permettre d'acquérir du gaz ? Et l'on retrouve alors la même spirale que pour le pétrole : si les prix sont trop hauts, les exploitants peineront à écouler leur production et devront l'affaiblir, si les prix sont trop bas, les entreprises seront déficitaires.

Nous savons que les prévisions du GIEC n'envisagent pour le RCP 4.5 le début d'une baisse significative des émissions de GES qu'à partir de 2050, ce qui est assurément impossible puisqu'à cette date, les émissions du pétrole auront déjà cessé. En proposant une fin de la combustion du gaz vers 2060, on obtiendrait une baisse supplémentaire progressive de 20 % des émissions de

GES, venant s'ajouter 35 ans plus tard à celles émises par l'utilisation du pétrole et ses effets corollaires, aboutissant à une chute des GES bien plus importante que celle présentée dans le RCP 4.5 pour 2080. Ce supplément certain de baisse des GES est peut-être susceptible d'infléchir un peu le réchauffement lors de la phase de stabilisation de 2055-2100.

On a vu à quel point la déplétion pétrolière impacterait l'ensemble de l'économie, dont les secteurs du transport et de l'industrie. Mais la baisse des importations de gaz dans la décennie (2040)-2045/2055 accroîtra encore la perte de vitesse des industries – et donc des émissions de GES –, celles-ci fonctionnant en majorité au gaz. Pour celles qui résisteront, les fours électriques, pouvant atteindre une température de 1 800 °C, peuvent servir de substitut, mais nous devrons être économes en électricité.

Le pic du charbon

Le voici, le danger majeur qui menace de tout faire basculer.

Je me répète à dessein pour vous dire que le charbon est responsable de 44,9 % des émissions de CO_2 des trois énergies fossiles.

Or il est hélas évident que les hommes, privés de pétrole et de gaz, et placés en situation énergétique inédite et périlleuse, ne se résoudront pas à laisser le charbon sous terre mais, bien au contraire, se jetteront dessus pour compenser leurs pertes. D'autant que le charbon a de multiples usages : production d'électricité (les deux tiers du charbon consommés le sont pour l'électricité mondiale), de chaleur, de ciment, d'acier, et même de carburant (ainsi celui qu'ont utilisé les nazis durant la guerre). On nomme ce carburant, après lequel chacun voudra courir, le CTL [a] (charbon vers liquides), qui représente un appât irrésistible.

Malheureusement, le charbon est très loin d'avoir fait l'objet d'études aussi approfondies que le pétrole ou

a. CTL : Coal to Liquids.

même le gaz, sans doute à cause de la certitude où nous sommes que nous en avons encore pour très longtemps. En effet, l'idée générale qui circule un peu partout de source en source est alarmante. Selon les uns ou les autres, il resterait 1 000 à 2 000 milliards de tonnes équivalent pétrole (Gtep [a]) de réserves ultimes de charbon : soit, dans le premier cas, un pic en 2060 et une extinction en 2260, et dans le second, un pic vers 2160 et une extinction en 2460 [1]. De quoi grandement s'alarmer pour l'avenir climatique et celui de l'humanité, en nous projetant, pour le coup, dans un scénario apocalyptique.

Le charbon étant difficile à déplacer (12 % environ du charbon passe une frontière [2]), c'est une énergie essentiellement consommée à l'intérieur des pays qui en possèdent les 9/10e : au premier chef la Chine (consommation de 1,2 milliard de tep/an) (tep = tonne équivalent pétrole), les USA (595 millions de tep), l'Inde (209 millions de tep), l'Australie (203 millions de tep), la Russie (144 millions de tep en 2006), suivis de l'Ukraine, du Kazakhstan, de la Pologne, de l'Indonésie, de l'Allemagne et de l'Afrique du Sud [3].

Mais on peut semble-t-il écarter le danger du carburant CTL : je l'avais évoqué dans mon précédent livre, mais comme il s'agit de choses qu'on oublie, je crois bon de les rappeler. Selon J.-M. Jancovici : « Si nous souhaitions compenser 50 % de la production mondiale de pétrole, avec une perte d'énergie d'au moins 50 % du charbon au gaz liquéfié, il faudrait dépenser des milliards d'euros (sans parler de ce qui concerne la séquestration du CO_2), pour les investissements dans les

---

a. Gtep : gigatonnes équivalent pétrole.

mines, pour alimenter le dispositif, pour les infrastructures de transport à l'aval pour transporter les carburants obtenus (parce que ces carburants seraient obtenus dans les bassins charbonniers, qui pour le moment n'ont ni oléoducs, ni terminaux pour pétroliers, ni aucune infrastructure pour exporter du pétrole), ce qui doublerait ou triplerait probablement le total [qui serait de 8 000 à 12 000 milliards d'euros]. [...] Au final, le baril de carburant de synthèse CTL revient à 150 dollars [4]. » Ce sans compter les stations-service à construire en bout de chaîne et le prix des véhicules devant être modifiés. En contexte de dépression mondiale, cette voie très onéreuse semble clairement non viable. « *Et pour une telle production de 50 % de carburant, il faudrait y affecter la totalité de la production actuelle de charbon dans le monde* », et donc que les pays se passent d'électricité et de chaleur. Et si ces pays tablent sur une production de seulement 10 à 20 % de CTL, l'énorme coût financier n'en vaut pas la peine.

Qu'on ne produise pas de CTL n'affaiblit pas pour autant le danger que représente cette énorme masse de charbon, car qu'il soit brûlé sous cette forme ou une autre, les émissions de CO_2 seront équivalentes.

Mais, ajoute J.-M. Jancovici, « certains géologues considèrent que 1 000 milliards de tep (tonnes équivalent pétrole) de charbon accessible est encore très excessif, et que la limite serait plutôt à chercher du côté des réserves prouvées plus quelques dizaines de %. [...] Supposons que les réserves ultimes soient de l'ordre de ce qu'elles sont pour le pétrole, à savoir 500 milliards de tonnes équivalent pétrole. À ce moment, le pic mondial surviendrait vers 2050, voire avant. »

Pour la Chine, dont le taux de retour énergétique du charbon diminue, il surviendrait vers 2020, suivi d'une descente rapide [5] ; « l'ancienne URSS [...] étant la seule zone qui pourrait soutenir une production importante jusqu'à la fin du siècle [6] ».

« Depuis quelques années, les évaluations de réserves prouvées varient entre 800 et 900 Gt [a] » [soit 420 à 473 Gtep]. Les prévisions des agences de l'énergie et des compagnies d'exploitation sont essentiellement une modélisation de la demande d'après des critères économiques et politiques, *sans prendre en compte les limites de ce que la nature offre à l'homme*, pourvu qu'il en ait les moyens financiers. Leur optimisme vient sans doute aussi du fait « qu'elles peuvent difficilement présenter un tableau qui ne soit pas encourageant à leurs commanditaires [gouvernements et investisseurs] et à l'opinion [7] ».

Les différences entre les ressources en place estimées et les quantités réellement exploitables peuvent être énormes. En 1999 encore, l'Allemagne rapportait avoir des réserves de houille de 23 milliards de tonnes. En 2004, après avoir admis que cette estimation contenait de grandes quantités de ressources spéculatives, la réserve avait été réévaluée à 183 millions de tonnes seulement. Aux États-Unis, l'autorité géologique fédérale (USGS [b]) rapporte que les réserves du pays n'ont pas été remises à jour depuis 1974 et qu'elles se basent sur des données de mauvaise qualité datant de 1970. L'USGS concluait qu'il lui était « impossible de confirmer l'assertion souvent faite selon laquelle il existerait pour 250 ans de réserves ».

a. Gigatonnes.
b. United States Geological Survey.

Elle estimait aussi qu'« à peine 20 % du charbon déclaré était récupérable au final[8] ».

Les géologues qu'évoque J.-M. Jancovici ont mené leurs recherches *indépendamment* les uns des autres, et ont pourtant abouti à des résultats convergents : il s'agit de C. J. Campbell, de B. Durand et J. Laherrère[a][9], de I. Capellán-Pérez[b] *et al.*[10], de D. Rutledge[c] et D. Hubbert[11], de S. H. Mohr *et al.*[d] et de R. Heinberg[e] et D. Fridley[f].

Selon Laherrère, le charbon passerait son pic vers 2013, et son déclin suivrait une pente moins rapide que celle du pétrole et du gaz. Mais Rutledge estime qu'environ 90 % des réserves ultimes de charbon auront été extraites en 2070[12]. De leur côté, Heinberg et Fridley (2010) pensent que les réserves ultimes, c'est-à-dire les quantités vraiment récupérables, sont bien plus faibles qu'annoncées et que la réalité est en train de nous rattraper[13].

---

a. ASPO, voir note a p. 48.

b. Research Group on Energy, Economy and System Dynamics – University of Valladolid (Espagne).

c. Chercheur à Caltech.

d. Institute for Sustainable Futures, University of Technology, Sydney, Australia.

e. Considéré comme l'un des grands vulgarisateurs des enjeux liés aux combustibles fossiles, Richard Heinberg est l'auteur de nombreux ouvrages dont *Pétrole, la fête est finie* (2008) et *La Fin de la croissance* (2012). Il est également membre du Post Carbon Institute.

f. David Fridley est chercheur au Lawrence Berkeley National Laboratory. Ses recherches portent notamment sur l'efficacité énergétique, les politiques énergétiques et le développement des villes à faibles émissions de carbone. Il est membre du Post Carbone Institute.

Durand et Laherrère reprennent les données de l'AIE et placent le pic des émissions de CO_2 des *trois hydrocarbures cumulés* en 2025. Leur estimation montre que les émissions de CO_2 dues aux trois combustibles fossiles « sont inférieures à celles du RCP 4.5 et de seulement 270 GtC [a] au-dessus des 830 GtC correspondant à la limite des 2 °C ». En conséquence, « le scénario RCP 8.5 est irréaliste et le RCP 6.0 très improbable, mais peut-être pris ***à l'extrême rigueur*** comme la limite supérieure du possible », Mohr *et al.* [14] arrivent à la même conclusion [15].

À titre de comparaison, voici ci-dessous deux tableaux [b] présentant les estimations des émissions de CO_2 en GtC des trois combustibles fossiles d'ici 2100. Le premier est dû au GIEC, le second aux géologues Durand et Laherrère, Capellán-Pérez et Rutledge :

GIEC [16] : émissions de CO_2 des trois combustibles fossiles selon les 4 RCP :

Scénario	Émissions correspondantes	Hausse de température correspondante
RCP 2.6	790 Gt	0,3 à 1,7 °C
RCP 4.5	1250 Gt	1,1 à 2,6 °C
RCP 6.0	1420 Gt	1,4 à 3,1 °C
RCP 8.5	2100 Gt	2,6 à 4,8 °C

Tableau compilé par Philippe Gauthier, *Énergie et environnement.*

a. Gigatonnes de carbone.

b. Philippe Gauthier, « La faible disponibilité du charbon limitera le réchauffement climatique », blog *Énergie et environnement*, 23 septembre 2018. https://energieetenvironnement.com/2018/09/23/la-faible-disponibilite-du-charbon-limitera-le-rechauffement-climatique/

Géologues : émissions de CO_2 des trois combustibles fossiles :

Étude	Émissions totales de carbone prévues pour 2100	Scénario du GIEC correspondant
Durand et Laherrère (2015)	1100 Gt	RCP 4.5
Capellán-Pérez (2016)	1150 Gt	RCP 4.5
Rutledge (2018)	1006 Gt	RCP 4.5

Tableau compilé par Philippe Gauthier, *Énergie et environnement.*

On constate en effet que les émissions des trois combustibles fossiles selon les géologues sont très proches et s'intègrent toutes au RCP 4.5, tout en étant un peu inférieures aux prévisions du GIEC pour ce RCP. Et ainsi que l'a signalé J. Laherrère, *environ 1 040 GtC seulement, et non 1 100 GtC* seraient émises de 1870 à 2100.

Mais les émissions du charbon, comme celles du pétrole et du gaz, seront en réalité plus faibles que celles prévues par les géologues, en raison des effets corollaires, techniques et économiques, dus aux déclins des énergies fossiles. Ces géologues connaissent ces freins bien entendu, mais ils ont exercé ici un strict travail de spécialistes destiné à estimer les réserves récupérables, sans tenir compte à dessein des contraintes extérieures. On a déjà passé en revue celles liées à la déplétion et la fin du pétrole, entre autres le fléchissement de la déforestation et des émissions de méthane. La chute du gaz entraînera de son côté la réduction (puis la fin) de la production d'engrais azotés, donc des émissions de protoxyde d'azote, mais aussi de méthane.

Quant au charbon, si les deux tiers sont utilisés pour créer de l'électricité, transportée depuis la centrale via un réseau, reste un tiers consacré à la sidérurgie, au ciment, à la chaleur... Or cette part d'un tiers, qui nécessite de transporter le charbon vers les industries ou les habitants, disparaîtra de fait avec la fin du pétrole, même si une partie du trajet est accomplie par train ou par camion GNL. Mais 50 % environ du réseau ferroviaire n'est pas électrifié en Russie [17], 70 % en Chine, 58 % en Inde, 51 % en Allemagne, 63 % en Pologne. On a vu également que construire des usines de liquéfaction et des infrastructures de transport du charbon liquéfié coûterait des sommes telles qu'elles ne seront pas soutenables à l'avenir.

L'Australie a annoncé à la COP26 son intention de continuer à vendre son charbon « pendant des décennies » (elle en exporte 90 %). Mais le pays a peu de pétrole et ses réserves seront vite épuisées. Et ses lignes ferroviaires électrifiées sont seulement de l'ordre de 8 %. Néanmoins, l'Australie possède du gaz et commence à produire du GNL qui pourrait être utilisé dans des poids lourds et des navires, ce qui ne sera pas le cas de tous les pays charbonniers.

En tous les cas, les émissions issues des réserves existantes de charbon nous maintiendraient dans le scénario RCP 4.5. Et, comme pour le gaz, ses émissions ne pourront plus progresser après 2040, concourant au contrôle des températures sur Terre.

Conséquences des pics des trois énergies fossiles sur le réchauffement

On a dit précédemment que le scénario RCP 2.6 n'était plus atteignable, et que le scénario du pire, le RCP 8.5, était totalement irréaliste. Et que demeuraient seuls en lice les deux scénarios intermédiaires, le RCP 4.5 et le RCP 6.0, dont les conséquences sont bien différentes entre 2060 et 2100.

Pour nous résumer, on a vu que le RCP 4.5 nous mènerait, d'après le GIEC, avec un début de descente des GES en 2050, à une moyenne mondiale globale de +2,3 °C/+2,4 °C en 2100 (par rapport à 1900) et donc à environ +3,2 °C/+3,6 °C sur les terres, une température difficilement endurable pour l'humanité. Mais ce scénario apparaît *bien trop extrême* quand on y intègre les déclins puis les fins des trois énergies fossiles. On a vu que le déclin du pétrole *à lui seul* nous conduira à partir de 2055 (et de même en 2100) vers une température moyenne globale un peu inférieure à +1,7 °C (par rapport à 1900) et donc d'un peu moins de +2,38 °C sur les terres. Puis la disparition de l'élevage des ruminants pour l'alimentation (en France, mais sa diminution adviendra sans doute dans bien d'autres pays, ne serait-ce que pour récupérer des terres à cultiver) corrélée à une baisse de transports réfrigérés affaiblira les émissions du puissant méthane et des gaz fluorés. Nous savons aussi à présent que les émissions de CO_2 issues des trois hydrocarbures auront à coup sûr cessé ou grandement réduit bien avant 2080. Les émissions de protoxyde d'azote, largement dues aux engrais mais aussi à la combustion des énergies fossiles, cesseront de fait.

La descente des émissions de GES sera donc plus rapide et précoce que celle figurée par le GIEC sur son graphique des « Profils d'évolution des émissions... [a] ». Et également plus importante : avant 2080, sans doute vers 2060, s'ajouteront à la chute des émissions de GES dues à la fin du pétrole celles dues à la décrue du gaz et du charbon, en CO_2, en protoxyde d'azote, en méthane, aboutissant en 2080 à un affaiblissement bien plus élevé que celui présenté par le GIEC pour le RCP 4.5 (mais je ne prends pas en compte ici les 23 % d'émissions dues à la déforestation). Dans de telles conditions, la température en 2100 a donc toutes les chances d'être inférieure à +1,7 °C.

DRIAS [1] a estimé les températures en France selon le scénario RCP 4.5. La période de référence choisie étant 1976-2005, on ajoutera à ces valeurs les 0,6 °C de hausse engrangés à partir de 1900. Pour la période 2041-2070 régnerait une température moyenne de +1,65 °C à +2,15 °C sur la majorité du territoire. Et il

a. Graphique « Profils d'évolution des émissions de GES entre 2000 et 2100, pour tous les scénarios étudiés (RES) ».

existe, au vu de nos estimations, de très faibles probabilités, en raison de la stabilisation que nous avons identifiée à partir de 2055, qu'elles atteignent en ce pays celles prévues par DRIAS en 2071-2100 : entre +2,6 °C et +3,1 °C, mais entre +3,1 °C et +3,6 °C dans l'Est et entre +1,65 °C et +2,6 °C sur les franges littorales du Nord.

Bienveillante et soucieuse de votre fatigue et de votre équilibre psychique, je vous alloue un moment de délassement après ce développement sur le gaz et le charbon, avant celui à venir sur l'énergie, la déforestation, autres éléments clés de notre avenir. Vous pouvez poursuivre vos lectures, enfourcher votre vélo, jeter un œil aux nidifications des oiseaux (nous sommes au printemps au moment où je vous écris), chantonner, invectiver des amis pour vous relaxer (ce que je ne vous conseille pas), enfin, faites comme bon vous semble, je suis magnanime et ne compte pas votre temps. Mais ne me quittez pas en route pour autant, nous n'en avons pas fini.

Vous voilà rentrés de vos occupations relaxantes, vous êtes studieux, merci à vous.

La consommation d'énergie finale à l'horizon (2040-)2050

Cette disparition certaine des énergies fossiles au cours du siècle nous amène à examiner de près nos possibilités d'approvisionnement en énergie.

Pour les pays comme la France, qui seront à ces dates dépourvus de pétrole, de charbon, et un peu plus tard de gaz importé, l'électricité et le biogaz seront les seules planches de salut, que ce soit pour les transports, la distribution alimentaire, les industries résiduelles, l'artisanat, le tertiaire subsistant, le chauffage et la cuisson, et donc la survie des habitants.

En 2035-2040, il faudra donc *s'assurer de disposer encore d'assez de personnel qualifié et de moyens techniques pour entretenir les centrales nucléaires*, qui seront de toute façon mises à l'arrêt chaque année lors de la baisse estivale du niveau des fleuves. En France, le nucléaire fournit 69 % de l'électricité consommée, et 17 % de l'énergie *finale* consommée [a].

---

a. On a tendance à la confondre avec l'énergie produite, qu'il faut amputer de la part d'énergie perdue dans les processus de transformation pour aboutir à l'énergie finale consommée. Concernant le nucléaire, il

Ces 17 % apportent au secteur de l'énergie consommée 280,7 TWh. Il était officiellement prévu que la part du nucléaire serait abaissée de 50 % en 2035, soit à 140,35 TWh, ce qui cadre mal avec le plan récent de « Grand Carénage » et avec les toutes nouvelles annonces du gouvernement de relancer le nucléaire, si bien qu'on ne sait plus exactement si l'on recule ou non sur le nucléaire. Si l'on en croit le plan de « Grand Carénage », il semble bien qu'il soit prévu de conserver ces 280,7 TWh jusqu'en 2040, auxquels il faut ajouter les 16,9 TWh de la nouvelle centrale de Flamanville, soit un apport de 297,6 TWh, à moins que la découverte de défauts irréparables ne conduise à la fermeture de certains réacteurs.

En effet, le parc des centrales est vieillissant, avec en moyenne 30 ans d'âge. Il a donc été entrepris un programme (2014-2025) dit « le Grand Carénage » « qui vise à assurer aux centrales nucléaires françaises une durée de fonctionnement supérieure à 40 ans, via un double processus de rénovation et de modernisation ». Ce plan concerne les 32 réacteurs de 900 MW mis en service dans les années 1980. Mais la cuve et l'enceinte de confinement ne peuvent pas être remplacées. L'objectif est que ces centrales puissent atteindre l'âge de 60 ans [1]… – ce qui paraît bien optimiste –, repoussant leur fin à 2040. Il faut espérer qu'à cette date, comme déjà dit plus haut mais j'y insiste, en plein chaos économique, un *fonds spécial* d'engins et de pétrole de très grande importance *aura depuis longtemps été constitué* et régulièrement

représente 69 % de l'*électricité finale consommée*, soit environ 326 TWh, et 17 % de l'énergie finale consommée. L'électricité compte aujourd'hui pour quelque 25 % de l'*énergie finale* consommée en France.

augmenté pour mener à bien le démantèlement futur de ces centrales – qui peut prendre 20 ans – ainsi que *la maintenance de personnel spécialisé.*

Quant aux annonces du gouvernement, il s'agit de construire dès 2030, pour un budget d'environ 50 milliards, 6 nouveaux réacteurs, dont le premier entrerait en service en 2035, et qui devraient produire 25 GW [2]. Création suivie d'une étude d'installation de 8 autres réacteurs pour 2050 [3]. S'il n'est pas possible, avec le « Grand Carénage », de savoir combien de réacteurs demeureront et combien seront fermés (tous présentant des fissures) – estimons à l'aveuglette l'allongement de durée de vie des vieux réacteurs à deux tiers d'entre eux, produisant avec Flamanville 204 TWh –, on peut sans doute juger probable l'existence d'un nouveau réacteur vers 2035-2037, apportant 8,45 TWh. Soit au total à cette date (et jusqu'à 2040 pour les anciens réacteurs) l'apport de 212,5 TWh.

Après 2040, ne resteront du nucléaire que 25,35 TWh, ou bien 33,8 TWh si l'on parvient au terme de la construction du second réacteur en 2040, ce qui n'est certes pas financièrement garanti. Si le Président n'a pas fourni beaucoup de précisions, il a été exposé que tout ce plan s'opérerait « par paliers ». Ce qui ne laisse pas croire à la construction simultanée des 6 réacteurs, vu les sommes que ce grand chantier monopoliserait d'un seul coup. Selon le Shift Project, « d'après ses propres estimations, l'industrie électronucléaire française sera au mieux capable de produire une paire de réacteurs de type EPR tous les 2 ans à partir de 2035 [4] ». Si tel est le cas, les 6 réacteurs seront construits d'ici 2041 (mais l'annonce présidentielle les prévoit pour 2050). L'industrie nucléaire en sera-t-elle capable ? Le Groupement des industriels français de l'énergie nucléaire pointe des faiblesses sur l'ensemble de la filière [a], si bien que les entreprises du secteur ne sont pas certaines d'être en mesure d'assumer la charge liée à la construction des nouveaux réacteurs [5]. En un tel contexte, la construction de 4 nouveaux réacteurs après 2040, supposant du carburant, des engins de chantier, des camions de transport des matières radioactives vers un nouveau site d'entreposage – qui reste à créer –, ne paraît pas crédible.

Par prudence, donc, et pour l'horizon 2050, je ne miserai que sur 25,35 TWh issus du nucléaire, à la condition qu'il existe encore assez de personnel pour veiller sur le fonctionnement des réacteurs.

Pour le reste, la production d'énergie dépendra du taux de développement des méthaniseurs, dont le nombre, je l'ai dit, est actuellement dérisoire en France (1 084), et des autres énergies renouvelables.

La durabilité des éoliennes, en raison de leur utilisation d'aimants permanents, est conditionnée par la criticité des terres rares [b], mais aussi par la fin de leurs importations, venues essentiellement de Chine, qui en assure 80 % de la production (mais on a évoqué la possibilité d'importations via la voie ferroviaire, ou maritime). La recherche s'active donc pour mettre au point des

---

a. Chaudronnerie/forgés, électricité/instrumentation, ingénierie, logistique, essais/contrôles, process nucléaire, radioprotection, robinetterie, tuyauterie-soudage.

b. Pour les aimants, du néodyme, du dysprosium et du cobalt, et du bore dans les ordinateurs et les voitures électriques.

aimants sans terres rares, par exemple à base de fer (qui sera épuisé vers 2087, mais qui est recyclable), de cobalt (métal critique) et de carbone [6]. Cependant, l'éolien onshore se développe principalement sans utiliser de terres rares. Environ 3 % des éoliennes onshore sont équipées d'un aimant en France, mais ces aimants sont beaucoup plus développés en offshore [7] [8]. Côté cobalt, l'ADEME souligne à propos de l'éolien que « d'autres éléments, tels que le cobalt présent dans les alliages, ont également des valeurs de criticité élevées mais sont utilisés en trop petite quantité (de l'ordre du gramme) et ne ressortent pas dans l'analyse de criticité [9] ». Encore, on l'a dit, faut-il être en mesure de faire venir ce cobalt depuis la République démocratique du Congo, sans doute via la Chine. Si nous n'y parvenions plus en 2040, ce pourrait être la fin de l'énergie éolienne offshore, ce qui nous priverait en France de 3 900 MW, soit très peu, ce parc étant peu développé. Mais le recyclage du cobalt et d'autres composants contenus en grande quantité dans les millions de batteries des anciennes voitures électriques [a] (qui pourraient à l'avenir fonctionner sans cobalt) suffirait peut-être à alimenter les éoliennes encore un certain temps. Il est possible également qu'en 20 ans, la recherche parvienne à trouver des substituts aux composants actuels des aimants [b] [10]. Et les toutes nouvelles batteries sodium-ion, ou nickel-manganèse-aluminium, pourraient trouver là aussi leur place.

---

a. Par exemple 11 kilos de cobalt dans la batterie d'une Renault Zoé.

b. Les chercheurs du programme EXMAMA ont ainsi trouvé un nouveau matériau avec des propriétés magnétiques comparables à celles des aimants de terres rares. Ce nouveau matériau devrait

L'apport des énergies renouvelables en France, dont les secteurs éolien et photovoltaïque sont fragiles (et contiennent, signale M. Auzanneau, une part de sous-produits pétroliers, tel le kevlar dans les pales des éoliennes, auxquels il faudra également trouver des substituts), car dépendants des importations venues de Chine, est cependant en mesure de compenser en partie les pertes énergétiques dues à la fin des énergies fossiles et du nucléaire. Certes, éolien et photovoltaïque n'apporteront qu'une énergie réduite par rapport à celle utilisée aujourd'hui. Mais il faut tenir compte qu'en 2040-2050 et plus tard, les besoins du pays seront moindres en raison de la réduction de l'industrie, de plus en plus impactée par la perte du pétrole, et qui le sera plus encore avec celle du gaz, et de la réduction du secteur tertiaire, essentiellement due au manque de transports mais aussi à celui du matériel nécessaire. Au total, et en ne misant que sur une baisse minimale d'un tiers pour l'industrie et le tertiaire, sur l'arrivée en fin de vie des transports thermiques vers (2035)-2040, sur la fin plus que probable des derniers véhicules électriques en 2045-(2050 ?) (40 TWh) et en tenant compte des économies à réaliser sur le résidentiel, ce sont 1 174,5 TWh qui ne seront plus utilisés en France par rapport aux 1 651,5 TWh d'énergie finale consommée en 2019[11]. Le besoin en énergie finale (qu'il

---

donc surpasser les aimants actuels au samarium-cobalt, sur le marché des applications requérant une grande puissance magnétique à température élevée. La synthèse de ces nouveaux aimants est en cours d'étude expérimentale en Allemagne, au Japon et en Suisse, par des collègues du projet EXMAMA.

s'agisse d'électricité, de biométhane, de biocarburant) devrait donc être de l'ordre de 477 TWh environ.

La consommation totale d'électricité actuelle (2019) est de 473 TWh (dont 147,8 TWh pour le résidentiel) [12]. Les énergies renouvelables, qui comptent pour un cinquième du mix électrique du pays [13], ont fourni 19,1 TWh. Ce qui est peu, et inférieur à l'objectif de 23 % que la France s'était fixé et de celui de 33 % pour 2030, comme en regard de l'objectif plus ambitieux de l'ADEME : atteindre entre 36,5 % et 40 % à l'horizon 2030 [14].

Le RTE et l'AIE ont produit un rapport [15] détaillant le bilan prévisionnel du mix énergétique selon différents scénarios d'expansion des énergies renouvelables en 2050, mais, comme c'est toujours le cas, cette simulation ne tient pas compte de la crise engendrée par le déclin pétrolier et de la chute des transports (entre autres pour transporter le bois énergie), et elle s'appuie sur une croissance comprise entre 1,3 % et 1,7 % sur l'ensemble de la période 2030-2050. Ce qui est irréaliste vu que nous serons entrés en contraction économique avant 2030. Certains scénarios intègrent la construction des nouveaux réacteurs nucléaires, ce qui n'est guère réaliste non plus.

Les estimations du rendement énergétique selon l'ADEME [16] entre 2035 et 2050, face à deux scénarios de baisse de la demande, se situent entre 430 et 600 TWh. Les énergies renouvelables atteindraient 620 TWh. L'apport majeur viendrait du bois et de ses dérivés (déchets de bois, bois hors forêts tels taillis, haies…), déchets de scieries, bois de forêt, liqueur noire [a]), et se monterait à

a. La liqueur noire est un sous-produit de la fabrication du papier, principalement utilisée comme combustible liquide pour fournir de l'énergie aux papeteries.

230 TWh, et de la méthanisation qui, *à raison de 10 000 unités installées*, fournirait 140 TWh.

En possession de données nouvelles, j'ai de nouveau calculé l'apport des énergies renouvelables en modifiant l'estimation de 230 TWh pour le bois énergie. Le bois énergie ne peut pas être utilisé par les méthaniseurs mais peut fournir chaleur ou électricité via des centrales de cogénération ou des chaufferies bois dont l'approvisionnement est local, sur un rayon de 100 kilomètres environ [17]. ***Si et seulement si*** nous disposons d'un cheptel de traction suffisant, et si nous sommes capables de hausser l'exploitation des forêts et des dérivés de bois à 80 millions de m^3, ces m^3 (40 millions de tonnes) nous apporteraient 154,5 TWh, ce qui serait considérable, nécessitant l'emploi toute l'année, à raison de 6 jours sur 7, de 168 032 chevaux environ, pouvant charrier la cargaison en 2 fois 3 heures jusqu'à un entrepôt dédié sur un des 11 600 micro-territoires (25 hectares) du département. En attendant un tel cheptel, ce bois énergie, disponible jusqu'en 2040-2045-(2050 ?) grâce à 21 004 camions électriques, nous apporte déjà la moitié de nos besoins en chauffage et cuisson, soit 108 TWh, mais seulement jusqu'en 2045-(2050 ?).

L'apport de 140 TWh de la méthanisation estimé par l'ADEME compte, je l'ai dit, sur 10 000 unités installées [18]. C'est dans les 10 prochaines années, avant que la crise ne fasse sentir ses effets, qu'un effort maximal devra être accompli dans ce secteur, et surtout de la part des instances publiques en augmentant leurs aides. Si l'on parvient ainsi à hausser le nombre des unités, alors nous pouvons retenir un apport de 140 TWh en 2050 par méthanisation.

Concernant les autres énergies renouvelables, et parce que nous ne pourrons pas faire plus, je me suis basée sur un doublement des installations éoliennes, qui apporteraient 72 TWh, une augmentation d'un quart de l'hydroélectricité, qui fournirait 75 TWh [19], et un doublement du solaire photovoltaïque, soit 28 TWh. Ces équipements seraient également à effectuer avant 2030, avant que le début de la contraction financière ne nous mette en difficulté. La durée de vie d'une éolienne est de 20 à 25-30 ans maximum et « les premières éoliennes mises en service au début des années 2000 arrivent en fin de vie et seront bientôt remplacées par des modèles hautement performants, capables de fournir une puissance supérieure à celles actuellement en place. Les éoliennes démontées sont presque entièrement recyclées (sauf les pales) car elles sont constituées essentiellement d'acier et de matières plastiques. Elles n'engendrent aucune pollution sur le site où elles sont installées [20] ». D'ici 2025, le remplacement du parc actuel sera financièrement possible ainsi que la fabrication et l'installation des futures éoliennes dans les années suivantes. L'électricité qu'elles produisent est directement injectée dans le réseau, sans stockage. Mais le vent étant intermittent, les éoliennes fonctionnent aujourd'hui en France entre 75 % et 95 % du temps [21]. La recherche s'active là aussi sur différents moyens de développer des techniques de stockage (qu'il s'agisse d'éolien, de photovoltaïque ou d'hydroélectricité) et il est possible que de nouvelles techniques (volant d'inertie, air comprimé, ou le projet ReLieVe de recyclage à 100 % des batteries) deviennent opérationnelles (d'ici 20 ans peut-être), et permettent de contourner cet obstacle, si elles demeurent techniquement et financièrement accessibles.

Ces équipements seront opérationnels jusqu'en 2050-2060 mais ensuite leur renouvellement pose plus de problèmes : on pourra utiliser les matières recyclées auxquelles pourront s'ajouter l'acier et le plastique tirés des carrosseries des voitures. Quant aux pales, actuellement non recyclables (souvent broyées et utilisée comme carburant dans les cimenteries en remplacement des fossiles), un nouveau projet (« Zebra ») travaille à la conception de pales 100 % recyclables. Pales en thermoplastique qui demanderont, tant pour leur fabrication que pour leur transport et les engins nécessaires à leur installation, de faire appel aux stocks de pétrole et d'engins lourds que j'ai déjà évoqués pour faire face au nettoyage final des canalisations de pétrole, au démantèlement des réacteurs nucléaires et autres opérations de première nécessité.

À supposer que l'un des nouveaux réacteurs nucléaires puisse être construit en 2035, on retiendra 25,35 TWh pour 2050. Le reste de l'électricité devra être apporté par les seuls renouvelables, et une part du chauffage et de la cuisson par le bois énergie dans le résidentiel, soit 448,35 TWh.

À ces 448,35 TWh (mais plutôt 340,35 TWh car nous ne tiendrons pas compte des 108 TWh du bois énergie en 2050 et après), et bien qu'il ne s'agisse pas de renouvelables, nous devons ajouter les gains que nous pouvons faire par rapport à notre consommation actuelle, qui augmenteraient de fait la quantité d'énergie finale disponible. Ainsi de l'électronique, qui connaîtra sa fin très probable vers 2050, et dont la consommation d'énergie est ahurissante : selon le Shift Project, la consommation énergétique mondiale du numérique est passée de 2 000 à

3 000 TWh par an entre 2013 et 2017. En 2025 elle pourrait se situer entre 5 700 et 7 300 TWh et représenter entre 4,7 % et 6 % de la consommation globale d'énergie finale [22]. Elle sera très grandement amplifiée en 2040-2045, mais sans autre source, nous nous en tiendrons au chiffre de 2025. Pour la France – mais le chiffre date de 2019 –, ce sont 1 651,5 TWh d'énergie finale qui ont été consommés. En posant l'hypothèse d'une consommation d'énergie du même ordre en 2025, la part du numérique est de 88,35 TWh (moyenne de 5,35 % de la consommation globale), et de bien plus en 2050. En dépit du caractère imparfait de ces calculs, la fin du numérique apportera donc au moins une disponibilité de 88,35 TWh supplémentaires. Et la fin des transports électriques vers 2045 y contribuera pour 40 TWh. Soit en 2050, et *au minimum*, 468,7 TWh disponibles.

Auxquels doivent s'ajouter les gains réalisés sur le secteur résidentiel, très consommateur d'énergie, en économisant sur le maximum de postes. Si tous les foyers étaient 100 % électriques, ils consommeraient 331 TWh (isolation non comprise). Il est difficile de chiffrer les gains que nous apportera, dans le résidentiel comme dans le tertiaire, l'isolation des bâtiments. Mais tant que durera l'aide de l'État à la rénovation thermique, on peut estimer que 50 % des habitations chauffées à l'électricité auront été isolées d'ici 10-13 ans. Soit environ un gain de quelque 109 TWh.

Concernant le seul secteur résidentiel (pour des foyers d'une superficie moyenne en France de 91 m^2 et comptant chacun 2,2 personnes), il devra faire l'objet de réductions drastiques, énumérées en note [a]. Nous ne pourrons sans doute plus assurer la moitié du chauffage et de la cuisson grâce au bois énergie, comme nous l'avons vu, après la disparition des camions électriques en 2045-(2050 ?). Nous devrons abaisser nos autres consommations diverses pour y suppléer, aboutissant à : 19,4 TWh en réduisant le chauffage de 1 °C, 9,2 TWh pour la cuisson, plus 9,45 TWh pour l'eau chaude sanitaire (que j'ai réduite), en y ajoutant pour 28 millions de foyers la consommation (elle aussi réduite) de 25 TWh pour les besoins spécifiques (réfrigérateur, lave-linge, éclairage, four, fer à repasser, aspirateur). Le secteur résidentiel ne consommerait plus que 159 TWh au lieu de 331 TWh, si 50 % des logements sont isolés, soit un gain de 172 TWh.

---

a. Économies à réaliser dans le secteur résidentiel : il est possible d'économiser 7 % d'électricité si l'on réduit le chauffage de 1°, la moitié de l'eau chaude sanitaire si l'on ne prend une douche qu'un jour sur deux, en se lavant debout avec beaucoup moins d'eau lors du jour sans douche (la fourniture d'eau chaude est également un poste très consommateur d'électricité), si l'on supprime les congélateurs, sèche-linge, et lave-vaisselle, réduit l'éclairage en éteignant systématiquement les pièces non occupées, divise par deux le repassage, diminue l'usage de l'aspirateur en ne l'utilisant qu'une heure par semaine, fait un effort sur les multimédias et l'électronique, s'ils existent encore, en diminuant le nombre d'ordinateurs et de smartphones en usage dans un même foyer, et en éteignant, quand cela est possible, tous les appareils dont la prise est accessible sitôt qu'on ne s'en sert plus, car la consommation passive d'un équipement, même laissé en veille, est importante (typiquement dans le cas d'une box Internet par exemple). Il est important de prendre conscience de l'existence de cette consommation passive, que généralement on ignore, en laissant nos ordinateurs branchés durant la nuit.

C'est volontairement que je n'ai pas parlé des pompes à chaleur. J'exclus ici les seules efficaces en toutes saisons, les géothermiques, car exigeant des investissements préalables majeurs : des tranchées effectuées sur une surface devant être du double de celle du logement, ou bien un forage vertical de 70 à 100 mètres de fond. Les pompes à chaleur les plus communes, dites aérothermiques, avec un système air-eau chaude (pour les radiateurs et l'eau sanitaire) demandent, outre la pompe placée en extérieur et bruyante, un compresseur et un détendeur, à faire réviser tous les 2 ans. Les aides à leur installation (qui coûte entre 6 000 et 10 000 euros) ne concernent, entre autres critères, que les propriétaires, ne dépassant pas un certain plafond de revenus, et *habitant une zone plus ou moins chaude nécessitant peu de chauffage en hiver.* Ce dernier point alerte évidemment sur l'efficacité réelle des pompes durant la quasi moitié de l'année où nous avons besoin de nous chauffer, même aujourd'hui avec une température de +1,54 °C sur terres, qui ne devrait augmenter « que » de 0,84 °C d'ici 2055. Cette défaillance des PAC (pompes à chaleur) est évidente et preuve en est qu'il est impossible de connaître quelle température une pompe air-eau peut fournir à un logement durant les mois frais ou froids. Mais l'on sait au moins que ces PAC sont « beaucoup plus vulnérables aux variations climatiques » [que les géothermiques] et que « par temps froid, leur performance se dégrade pour devenir médiocre sous 0 °C [que l'on atteint communément la nuit durant l'hiver] et inopérante sous -7 °C ». Au final, ces pompes ne sont « pas forcément adaptées à un chauffage tout au long de la période de chauffe mais conviendront fort bien en complément d'une chaudière ou de convecteurs électriques [23] ».

On comprend donc que, pour économiques qu'elles soient, ou qu'elles paraissent, elles ne servent que de chauffage d'appoint pendant la moitié de l'année et ont besoin d'un chauffage électrique additionnel qui annule en bonne partie l'économie d'énergie réalisée. Ce pourquoi tous les sites consacrés aux pompes aérothermiques (et dont la vocation est généralement promotionnelle) n'abordent surtout pas la question du degré de chauffe du logement par ce moyen. S'ajoute à ce défaut des PAC un critère rédhibitoire : les compresseurs fonctionnent avec un aimant permanent et les détendeurs avec des composants électroniques. Elles sont donc à proscrire dans les années 2050 et suivantes dont nous traitons ici.

Je profite de cette précision pour m'étonner que toutes les sources présentant des estimations ou des planifications du futur les bornent à l'année 2050, si bien que l'on ne trouve rien sur les décennies suivantes, 2060, 2070…, comme si elles n'existaient pas, alors que ce sera le temps de la fin irrémédiable du pétrole mais aussi du gaz et du charbon. Et donc, avec l'épuisement du gaz, l'effondrement des industries qui fonctionnent majoritairement avec cet hydrocarbure, la fin assurée de l'hypothétique GNL et de l'import-export, des batteries et des véhicules électriques, etc. L'omniprésence de cette date butoir de 2050, sans doute due au fait que le GIEC l'ait donnée comme référence de température à ne pas dépasser, limite de beaucoup la portée des planifications actuelles, qui de ce fait ne tiennent donc pas compte de la fin décisive des transports. Ni de celle des tracteurs.

Ce pourquoi, dans ma présente estimation de l'énergie disponible future, je me projette en vérité au-delà des années 2050 et ne tiens pas compte de l'électronique ni d'un éventuel chauffage au gaz.

L'apport des énergies renouvelables et du nucléaire ajouté aux économies d'énergie qui seront réalisées nous amène de la sorte en 2050 à 640 TWh d'énergie disponible, et donc à 163 TWh de plus que les besoins en consommation d'énergie finale que nous avions estimés plus haut.

Hors résidentiel, resteront donc pour les autres postes 481 TWh.

Je n'abandonne pas pour autant cette filière bois énergie. J'espérais, si nous commençons assez tôt, que nous disposions d'un cheptel de 500 000 chevaux en 2040, et si tel est le cas, il aura atteint plus d'1 million de têtes en 2045, dont beaucoup déjà aptes au travail vers 2044. Auquel cas et sans trop prélever sur ce surplus, en multipliant le nombre de bêtes par un peu plus de 2 pour qu'ils équivalent aux camions non seulement en charge mais en distance, et utilisés en relais, 168 032 chevaux devraient, comme nos précédents 21 004 camions, pouvoir desservir les foyers à raison de la moitié du bois nécessaire pour l'année. Ce qui apporterait 108 TWh de plus en bois énergie et monterait notre total d'énergie disponible à 748 TWh, un bilan très satisfaisant, laissant dès lors, hors résidentiel, 589 TWh aux autres postes.

En outre, le remplacement des éoliennes ne sera peut-être plus possible en 2060, mais entre-temps, notre cheptel de chevaux aura augmenté et, en lui réservant

500 000 hectares supplémentaires et plantés d'arbres, il sera à même de nous apporter les TWh du bois énergie pour remplacer – et économiser – le chauffage électrique.

Parmi ces autres postes à maintenir coûte que coûte figurent en tête les industries de production et de distribution d'eau et celles vouées à son assainissement et sa dépollution (15 TWh), celles de production et de distribution énergétiques (37,7 TWh), celles pour le traitement des déchets (10 TWh) et les industries de recyclage. Selon le RTE, la consommation en électricité de l'industrie manufacturière (2017) s'élève à 116,5 TWh [24], dominée par l'industrie agroalimentaire, un chiffre à abaisser en raison du recul de certains secteurs ou de l'abandon d'autres industries (la construction automobile et aéronautique, une partie de la pétrochimie). Je vous renvoie à mon précédent livre pour les autres postes, tels entre autres le train, le métro, l'éclairage public, le chauffage d'une partie des bâtiments du tertiaire, qu'il faudra lui aussi diminuer, celui des hôpitaux, maisons de retraite et lieux d'enseignement (2 TWh), celui des locaux d'artisanats et des commerces, la fabrication du matériel de santé, la production de vélos…

Le pic de la déforestation

Restent enfin les 23,2 % d'émissions de CO_2 dues à la déforestation (chiffre variable selon les sources), une très sérieuse menace qui plane sur le futur climatique de la planète et de l'humanité, selon le syndrome de l'île de Pâques, où les Pascuans se sont fragilisés en déboisant tout leur territoire. Au Moyen Âge en Occident, profitant d'un optimum climatique de trois siècles favorisant les rendements agricoles (XIe-XIIIe siècles), les hommes se sont jetés sur les forêts, les friches et les pâtures pour en détruire une grande part et les remplacer par des cultures. S'en est suivi une amélioration des productions agricoles et un bond démographique mais aussi une situation à haut risque : à la fin du XIIIe siècle, l'Occident, plein comme un œuf, peinait à assurer sa survie, sans assez de surfaces forestières ni de friches pour nourrir suffisamment les animaux et les consommer comme au XIe siècle. Il a fallu malheureusement que la seconde épidémie de peste de 1348 fauche en cinq années un tiers des hommes pour que l'Occident revienne à l'équilibre : dès la fin du XIVe siècle, pâtures et forêts avaient repris sur les terres essartées la place qu'elles occupaient au début du XIe siècle. Encore s'agissait-il de forêts secondaires, capables de se reconstituer, ce qui n'est pas le cas des forêts primaires. Ces exemples pour insister sur le rôle absolument déterminant de la forêt pour nous maintenir en vie, nous, les hommes, les animaux, les végétaux. *Sur nos forêts, nous devons veiller comme sur notre bien le plus précieux qui soit.*

Cette déforestation massive de la forêt primaire au profit de très vastes zones de cultures (que ce soit pour l'alimentation, le caoutchouc ou le biocarburant, ou pour exporter massivement les produits de l'agriculture et de l'élevage, les fourrages ainsi que le bois) est précisément ce qui est en train de se passer en Amazonie, et ailleurs.

15 pays tiennent le haut du pavé en termes de déforestation : après le Brésil, premier déforestateur du monde en termes de superficie, et de loin, viennent l'Indonésie, le Nigeria, la Birmanie, la Tanzanie, le Zimbabwe, la Bolivie, la République démocratique du Congo, l'Argentine, la Colombie, le Paraguay, le Mozambique, le Venezuela, le Pérou et le Mexique [1]. Ce palmarès ne dédouane en aucun cas les autres pays, dont ceux d'Europe, qui importent ces produits et sont donc grandement responsables du déboisement. Un moratoire international sur ces importations serait évidemment indispensable. (De même que ces pays et d'autres ont également une grande part de responsabilité dans la pollution au charbon lorsqu'ils importent des produits fabriqués dans des usines fonctionnant avec cet hydrocarbure.)

Bien que de nombreux pays abritent des forêts primaires, je m'intéresserai ici particulièrement à l'Amazonie, qui constitue 63 % d'entre elles en superficie. Après elle, le bassin du Congo et l'Indonésie sont également fortement soumis à la déforestation mais en des proportions moindres en raison de leur superficie. Ces trois régions comptent pour les deux tiers des forêts primaires du monde.

Actuellement, les forêts tropicales représentent 50 % des capacités mondiales de l'absorption de carbone (118 milliards de tonnes de CO_2 par an[2]), mais, confrontées à l'augmentation des émissions de CO_2, à la déforestation et aux incendies (dus entre autres aux brûlis pratiqués sur les sols déboisés), elles approchent de la saturation, de ce redoutable point de rupture où elles émettraient plus de CO_2 qu'elles n'en absorberaient et ne pourraient plus se régénérer. Dépasser ce point de rupture entraînerait une véritable catastrophe pour le climat de la Terre.

On connaît le rôle majeur, vital, de l'Amazonie dans l'équilibre de la planète. Emblématique par la puissance de sa déforestation, elle exige qu'on y apporte toute notre attention. Elle a déjà perdu 17 % de sa superficie. D'environ 670 millions d'hectares à l'origine, elle n'en fait plus que quelque 556,1 millions. Tout récemment, des chercheurs, dont le climatologue Carlos Nobre[a], ont fait état de leurs travaux dans la revue *Nature*. Selon cette étude, la forêt amazonienne risque dans les quinze prochaines années (vers 2036) de produire plus de CO_2 qu'elle n'en capte[3].

---

a. Chercheur à l'université de São Paulo, membre du Panel Intergouvernemental sur le Changement Climatique (IPCC, autrement nommé GIEC), prix Nobel de la paix 2007.

D'autres estimations aboutissent à ce résultat : le point de rupture pourrait être atteint si 20 % à 25 % de la forêt amazonienne étaient défrichés [a] [4]. À supposer qu'il s'agisse de la superficie actuelle et de ses 17 % déjà défrichés, ne restent plus que 16,5 millions d'hectares à déboiser avant d'atteindre le point de rupture le plus pessimiste, fixé à 20 %.

Or en 2020, année record depuis plus d'une décennie, et selon les données du gouvernement brésilien, 1,1 million d'hectares ont été déboisés [5], tandis qu'un peu plus de 150 000 hectares ont été défrichés en Amazonie bolivienne, et presque 200 000 hectares au Pérou [6]. Si l'on se base sur cette cadence annuelle maximale de défrichement du Brésil, restent, à partir de 2021, 15 ans avant la date de bascule, qui surviendrait en 2036.

Ces prévisions sont certainement justes, mais elles ont été effectuées dans les circonstances actuelles, c'est-à-dire en tablant sur une augmentation continue des émissions de CO_2 et un maintien de la croissance de l'économie. Or l'arrivée du pic du pétrole en 2023-2025 va changer la donne, en réduisant progressivement les émissions de cet hydrocarbure de 36 % de CO_2 et des émissions corollaires de GES (par rapport aux trois énergies fossiles) durant 15 ans (à compter de 2025), jusqu'à leur arrêt que nous avons placé en 2040. À la date fatidique de 2036, passage de l'éventuel point de non-retour, la production de pétrole aura déjà baissé de

---

a. Selon une récente analyse menée par Tom Lovejoy et Carlos Nobre, climatologue à l'Institut des sciences avancées de l'université de São Paulo.

35 %, accompagnée de ses émissions de CO_2 et des émissions corollaires de GES. Cette baisse repoussera l'échéance du point de rupture de l'Amazonie et des autres forêts tropicales, peut-être à 2040-2045 ou plus. Et en 2040, on a vu que les émissions du charbon ne pourront plus augmenter, pas plus que celles du gaz. À cette date, la forêt ne devrait plus avoir à souffrir d'un surcroît de CO_2.

En outre, le fret par avion verra probablement sa fin en 2040, mettant un terme à une partie des exportations tant responsables de cette déforestation (40 %). Cependant, l'exportation pourrait se poursuivre via des navires au GNL, exigeant, on l'a vu, de très conséquents investissements pour l'adaptation de la flotte et des installations portuaires permettant d'avitailler les navires à l'arrivée. Les sources ne semblent pas indiquer que le Brésil soit nanti d'un port équipé pour cette réception, ni pour le départ de tels navires. Quant à la flotte mondiale de bateaux aux GNL, elle est encore très réduite, même si en développement, de même que les ports adaptés sont rares, sauf en Europe du Nord et en Asie, où ils sont en développement. L'investissement global, on l'a dit, est très coûteux, et il s'écoulera du temps avant que les pays importateurs de produits brésiliens soient prêts à ces expéditions maritimes. Et en 2035, en pleine crise économique mondiale, ces produits importés n'étant pas de première nécessité, on peut douter que des investisseurs financent des traversées annuelles longue distance pour des bananes, du soja, du bétail, du sucre ou de l'huile de palme. Seul l'uranium pourrait être attractif mais Bolsonaro, confronté aux difficultés posées par le parc hydroélectrique (baisses de pluviométrie), a récemment décidé la construction d'un troisième réacteur sur l'unique centrale du Brésil, et les 5 % de réserves mondiales d'uranium dont dispose le pays seront promis à une consommation intérieure. Il y a donc fort à parier que les importations auront cessé vers 2035-(2040), GNL ou pas, épargnant à l'Amazonie 40 % de sa déforestation, et mettant de sorte un terme à l'élevage et aux cultures qui lui étaient destinés. Et donc affaiblissant les émissions de méthane et de protoxyde d'azote, qui, outre le CO_2, affectent également la forêt.

Mais sans plus de débouché vers l'export, la déforestation se tournerait immanquablement vers la culture de canne à sucre aux fins de production de carburant éthanol.

On a vu combien le rendement d'éthanol à l'hectare était faible (118 à 508 millions d'hectares [a] pour satisfaire 10 % de la demande mondiale), mais on sait combien la forêt amazonienne est immense, couvrant 550 millions d'hectares, neuf pays compris [b], dont 346 millions d'hectares au Brésil. Dans ce pays, pionnier dans la production d'éthanol (second producteur mondial), 8,6 millions d'hectares sont d'ores et déjà consacrés à la culture de la canne à sucre, ce végétal ayant le meilleur rendement pour l'éthanol. La production d'éthanol a atteint 30 milliards de litres, soit

---

a. Cette large fourchette est sans doute due à la variété des plantes cultivées et/ou à la qualité des traitements industriels des récoltes.

b. Brésil, Bolivie, Pérou, Équateur, Colombie, Venezuela, Guyane, Suriname, France (Guyane).

189 millions de barils, quand le pétrole en 2019 avait produit environ 1 milliard de barils. Cette canne à sucre est aujourd'hui très majoritairement cultivée dans le sud-est et le centre-est du pays.

Jusqu'ici, une loi interdisait la plantation de cannes à sucre en Amazonie. Loi que le président Jair Bolsonaro s'est empressé de briser en 2019, prévoyant d'augmenter d'ici 2030 la production de 30 à 54 milliards de litres, soit de 24 milliards de litres supplémentaires, donc de 151 millions de barils (bien que ces régions humides soient mal adaptées à la culture de la canne). Ce projet hausserait ainsi la production à 340 millions de barils. Il faudra pour cela détruire 6,9 millions d'hectares de forêt. Ce qui demande quantité d'engins de chantier et du temps pour déboiser et préparer les terres, de machines agricoles et une noria de poids lourds pour transporter la canne à sucre vers les industries de transformation. On peut considérer que la baisse de rendement sera d'un tiers et qu'en 2030, 6,5 millions d'hectares auront été défrichés. Toutes opérations qui demandent une grande quantité de carburant. Or dès 2032, la production intérieure de pétrole aura atteint son terme, ne permettant au Brésil de déboiser que pendant 2 années de plus, détruisant encore 1,45 millions d'hectares, soit un total de 7,95 millions d'hectares en 2032. Car, certes, le Brésil est aujourd'hui autosuffisant en pétrole. En effet, selon BP, les réserves prouvées fin 2019 sont estimées à 12,7 milliards de barils, soit 12 années de consommation au rythme actuel de production [7]. D'autres sources convergent vers cette date [8]. Restent les réserves probables ou possibles, plus aléatoires, mais concernant les réserves prouvées, le Brésil aura fini par les épuiser *en 2032*. Précisons que ce pétrole est constitué d'offshore profond et d'extra-lourd, dont l'extraction est difficile et onéreuse, et de plus en plus malaisée au fil du temps quand il faut creuser plus profond, et exige des procédés industriels de liquéfaction par étapes plus complexes que ceux requis par le pétrole conventionnel onshore. L'éthanol pourrait s'y substituer mais il n'est utilisé pur au Brésil qu'à 80 % du temps. Quant au gaz de synthèse ou à l'hydrogène, on les sait très onéreux et énergivores. Le GNL pourrait venir remplacer le diesel pour faire fonctionner ces engins lourds, exigeant d'une part la transformation de tous leurs moteurs (voire leur renouvellement complet concernant les tracteurs, sur lesquels on ne voit guère où placer les bouteilles de gaz liquide cryogéné) et d'autre part la construction sur place d'usines également coûteuses aux fins de geler le gaz (qu'il aura fallu transporter jusque-là par gazoducs, à créer), et de le stocker dans des bouteilles spécialement conçues et impérativement étanches. Des investissements évidemment hors de proportion pour cultiver de la canne à sucre. Ajoutons que, selon BP, la production intérieure de gaz atteindrait sa fin vers 2033-2034.

Après 2032, le Brésil ne pourra plus compter sur sa production annuelle d'1 milliard de barils de pétrole mais devra se contenter d'un peu plus de 340 millions de barils d'éthanol, soit 78 % de moins en prenant en compte le moindre rendement énergétique de l'éthanol, inférieur d'un tiers par rapport à l'essence. Le pays se retrouvera donc confronté à une baisse majeure de carburant, devant se contenter d'une consommation réduite de 4/5e. En 2032, avec une décrue mondiale de déjà plus de 20 % de pétrole, il ne lui sera guère possible d'importer ces 4/5e manquants, tant pour des problèmes de coût que de disponibilité, tous les pays étant entrés en déclin à cette date. Le Brésil, comme les autres pays, ne retrouvera jamais son niveau antérieur et devra peut-être se suffire d'un tiers de carburant.

Le pays sera très affecté par cette diminution qui entraînera là comme ailleurs une baisse du rendement des industries, des entreprises, et des commerces de toute nature. Quant aux cultures pour l'éthanol, elles subiront elles aussi une régression, proportionnelle à cette baisse de sans doute deux tiers. La rentabilité des usines et des raffineries décroîtra de même. Si bien que si ces cultures se poursuivent après 2032, beaucoup plus de temps sera nécessaire pour détruire encore des millions d'hectares de forêt et guère plus de 2,4 millions d'hectares en 10 ans. Nous serons alors en 2042, avec encore beaucoup moins de pétrole ou plus du tout, et une chute de sans doute 35-40 % du PIB mondial. Le temps sera à l'économie drastique et aux efforts financiers pour assurer en priorité les besoins basiques des habitants, ce qui rend impossible la poursuite du déboisement.

Et l'Amazonie n'aura pas atteint son point de rupture et pourra dès lors continuer à se régénérer.

Il existe, je l'ai dit, deux autres « poumons » de moindre importance, les forêts tropicales humides de l'Indonésie et la forêt primaire du Congo.

Dans les années 1980-1990, les chiffres les plus communément avancés, notamment par la FAO, indiquaient qu'avec 144 millions d'hectares, soit 75 % de son territoire national, l'archipel indonésien abritait la deuxième forêt tropicale dense du globe [9]. Au second rang après le Brésil, l'Indonésie – qui n'aura plus de pétrole en 2029 (source BP) – a détruit 1 million d'hectares de cette forêt par année en 25 ans entre 1990 et 2015 pour la production d'huile de palme [10], soit 25 millions d'hectares, ou encore 15 % de la forêt [a]. L'huile de palme, outre son usage pour l'alimentation et les cosmétiques, peut fournir un agrocarburant. En 2019, à ce rythme, 20 % de la forêt a été perdue. Mais d'autres sources diffèrent sur le taux de déboisement : de 2000 à 2012, il serait passé de 200 000 à 800 000 hectares par an [11]. C'est-à-dire que de 1990 à 2000, 2 millions d'hectares auraient été détruits et non pas 10 millions. Si bien qu'entre 1990 et 2015, 6,4 millions d'hectares auraient été perdus, et donc 4,3 % de la forêt. Un résultat tout à fait différent qui éloigne de beaucoup – si les chiffres sont exacts – la crainte d'un point de rupture. Un autre espoir aussi avec un fléchissement du déboisement depuis quelques années : en 2020, 300 000 hectares « seulement » ont été déboisés [12]. L'avenir des forêts indonésiennes est donc très incertain et variable, selon les sources. Mais la production de pétrole verra sa fin en 2029 et le pays deviendra importateur net de gaz en 2024. On peut craindre qu'entre 2030 et 2040, 3 millions d'hectares de plus soient déboisés. Après 2040, sans engins de déboisement, sans camions de transport, la déforestation de l'Indonésie arrivera à son terme.

a. Selon Greenpeace.

Sur les 170 millions d'hectares de forêt dense humide du bassin du Congo, dont la République Démocratique du Congo (RDC) possède 102 millions d'hectares, environ 300 000 hectares ont été perdus en 2020 [13], soit 0,17 % en une année. À ce rythme et dans 15 ans, si tant est que l'exploitation des palmiers puisse continuer, ce sont 4,5 millions d'hectares que le bassin du Congo aura perdus, soit 2,6 % de la superficie de sa forêt. Une autre source, issue de travaux de chercheurs américains, indique qu'entre 2000 et 2014, 16,6 millions d'hectares ont été perdus, perte dont la République Démocratique du Congo est responsable à 69 %, où le déboisement annuel serait de 817 000 hectares [14]. Une source moins alarmiste et bien documentée [15] fait état d'une déforestation en 2020 de 490 000 hectares en RDC, ce qui, à ce rythme intense, mènerait à la disparition de 38,3 millions d'hectares dans ce pays en 2100, soit « seulement » 37,4 % de la forêt. Dans ce pays, le déboisement serait surtout dû à l'agriculture de subsistance et à l'utilisation du bois comme source d'énergie. Près de 95 % de la consommation énergétique du pays repose en effet sur le charbon minéral et le charbon de bois, l'exploitation du pétrole étant marginale. Le gouvernement de la RDC, apparemment préoccupé du sort de la forêt, a pris la décision récente de se lancer dans l'exploitation du gaz pour remplacer l'utilisation de charbon par tous les habitants par de l'électricité. Cette exploitation a été amorcée depuis 2020, et cette substitution épargnerait en effet grandement la forêt. Sans oublier bien sûr au cours du siècle, et avant 2100, la disparition des émissions de CO_2 qui cesseraient d'affecter cette forêt.

Le manque de matières premières et de batteries : la fin du numérique ?

Il est un autre domaine, gigantesque, dont on ne parle pas, comme s'il était lui aussi une évidence éternelle, et sur lequel nous avons graduellement basé la totalité de notre système mondialisé d'informations et de communications, de travail et d'échanges, depuis le secteur secondaire, tertiaire, celui de la santé et jusqu'à la sphère privée, organisation qui serait totalement ruinée si ce système qui a tout envahi venait à disparaître. Il s'agit bien entendu du numérique et, en fin de chaîne, de tous les appareils informatiques. Je l'avais effleuré dans mon livre précédent, évoqué de nouveau rapidement plus haut à propos des batteries, des modes de communication, de l'éclairage, et je le complète et l'affine ici.

Je vous énumère ce dont ont besoin les équipements du numérique (liste non exhaustive) : microprocesseurs, puces, cartes mères, aimants, écrans (et affichage, rétro-éclairage, polissage, couleurs), dalles de verre, soudures, brasures, contacts électriques, diodes électroluminescentes, opto-électronique (par exemple les fibres optiques), renforcement de l'aluminium. Et la liste des produits obtenus : batteries, ordinateurs, disques durs, box Internet, scans, téléviseurs, appareils photo, caméras, téléphones portables, tablettes, jeux à écrans tactiles, cartes de crédit, ampoules LED…, et les appareils de détection médicale – scanners, IRM, échographes.

Parmi les composants (métaux, minerais, gaz) nécessaires à la fabrication figurent quelque 30 métaux différents, parmi lesquels 17 terres rares. Ces 17 matières nécessaires à l'électronique seront en situation de pénurie ou de criticité connue dès l'horizon 2025-2035, et 4 à l'horizon 2035-2055. S'y ajoutent d'autres métaux, minerais et un gaz (l'hélium). Seul le platine présente une date d'épuisement plus lointaine, vers 2064.

La criticité ou la pénurie de 22 éléments nécessaires à l'électronique-informatique (voir le détail des pénuries et des criticités en note [a]) concernent majoritairement

a. À l'horizon **2025-2035**, on trouve : le **plomb** : pénurie vers **2030** ou **2040**, mais partiellement recyclable ; l'**étain, non substituable :** pénurie vers **2028** ou **2035**; le **zinc** : pénurie vers **2025** ou **2065** ; l'**argent**, non substituable : pénurie vers **2029 ou 2031-2037**; l'**antimoine** : pénurie vers **2022-2023** ou **2028-2030**, ou plus tardive si l'antimoine n'est plus utilisé dans les batteries des voitures électriques ; l'**yttrium** : pénurie vers **2033** ; l'**arsenic** : pénurie entre **2020** et **2045** ; le **gallium** : probablement critique à partir de **2025** ; l'**indium** : pénurie vers 2025 ou **2033** ; le **palladium**, substituable par le cuivre et le nickel : possible pénurie en **2023** ; l'**or**, substituable par le platine : pénurie vers **2025** ou **2035** ; l'**indium** : pénurie vers **2025** ou **2033** ; le **lanthane** : criticité forte, date d'épuisement non connue ; le **terbium** : pénurie vers **2033**, ou bien avant ; le **gadolinium** : criticité moyenne à très forte ; le **strontium** : date d'épuisement non connue ; tous métaux auxquels il faut ajouter le **silicium** (qui est un métalloïde) : criticité la période très proche de 2025-2035, avec des éléments à haut risque de pénurie tels l'étain, l'argent, l'or, l'antimoine, le gallium, l'indium, le terbium, et celle de 2035-2055 pour 4 d'entre eux, dont le cuivre.

Certes, les quantités d'éléments utilisées dans un appareil informatique sont généralement minimes, mais il existait en 2015 dans le monde 2,4 milliards d'ordinateurs en utilisation [1], 3,3 milliards de smartphones (chiffre attendu en 2025 : 5 milliards [2]), 20 millions d'appareils photo numériques en 2018 [3], et 1 milliard de caméras de surveillance en 2021 [4], sans compter les caméras privées, soit presque 7 milliards d'appareils numériques, ce qui ne rend certes pas la consommation de matières premières anecdotique. Cette consommation colossale dévore les métaux courants et les métaux dits « terres rares ».

Consommation de métaux à laquelle s'ajoutent celles, très lourde, des pots catalytiques des véhicules, qui contiennent de l'or, de l'argent, du palladium, du platine, du cérium ; des panneaux solaires, qui consomment de l'argent et énormément de silicium (on croyait le sable inépuisable, mais nous avons réussi l'exploit de le transformer en matière critique) ; des éoliennes, qui exigent également du silicium, ainsi que du zinc, du manganèse, du cuivre, du plomb, du cobalt [5] ; mais

forte vers **2025**, et l'**hélium** (gaz) : difficultés croissantes de son extraction : vers **2030-2040**.

À l'horizon **2035-2055**, on trouve : le **cuivre** : pénurie vers **2039**, partiellement recyclable ; le **sélénium** : pénurie vers **2039** ou **2055** ; le **tantale** : pénurie vers **2038** ; le **dysprosium** : pénurie vers **2033**, ou plus lointaine grâce à une économie de dysprosium dans les batteries de voitures et les éoliennes.

aussi du déploiement exponentiel de la fibre optique, fabriquée à partir de cette même précieuse silice (sans parler des simples vitrages de nos habitats), ou de fils en plastique, produits du pétrole.

N'oublions pas la bijouterie et la joaillerie qui utilisent de grosses quantités d'or et d'argent (86 % de la production d'or). Le recyclage de ces métaux précieux est en train de s'accroître. La pénurie en or et argent pourra être reculée si prend fin ce domaine de la bijouterie-joaillerie, un secteur de luxe dans le monde qui nous attend.

Quant à la pénurie en fibre optique, elle se profile dès maintenant. Utilisée majoritairement dans les télécommunications (Internet à haut débit), elle est également employée en éclairage LED, et indispensable à la médecine de type endoscopique. « Le problème numéro un tient à l'explosion de la demande mondiale de fibre optique. En 2017, la consommation mondiale a dépassé les 500 millions de kilomètres. La Chine, qui déploie ses infrastructures télécoms de manière rapide, consomme plus de la moitié du stock [6]. » Cette pénurie pourrait être endiguée en conservant les anciens systèmes Internet ADSL ou en les réinstallant.

Certains des éléments cités sont recyclables. Mais « le recyclage ne pourra pas répondre à cet accroissement de la demande mondiale et restera à moins de 20 % (ou 30 %) des approvisionnements nécessaires [7] ». Quant aux composants de l'électrique et de l'électronique, selon un récent rapport de l'ONU, ils ne sont recyclés qu'à hauteur de 17 % [8].

D'autres éléments sont substituables (l'or par le platine) et d'autres non, tels l'argent, l'hélium, l'étain.

Dans ce contexte, le secteur médical, très loin d'être le plus dévorateur, est évidemment le premier à devoir être préservé : tous les appareils de détection et de contrôle post-opératoire nécessitent un ordinateur ou un renvoi sur écran, qu'il s'agisse des scanners, des IRM, des échographes, des fibroscopes, des endoscopes (qui doivent aussi disposer d'une micro-caméra numérique), ou de la radiographie. Les scanners et IRM ont aussi besoin de composants comme l'hélium, utilisé comme gaz refroidissant des métaux des aimants, et insubstituable pour cet usage. Ce secteur en consomme plusieurs dizaines de millions de mètres cubes par an. Le terbium et le sélénium sont nécessaires à la radiographie, le silicium à la fibre optique de l'endoscopie. Parmi les innovations, on note pour l'hélium de nouveaux modèles de scanners plus efficaces où ce gaz est bien conservé, et une innovation de 2018 qui réduit son usage pour un dispositif IRM à 7 litres contre quelques centaines, voire jusqu'à 2 000 litres d'hélium liquide auparavant [9].

Le secteur de l'électronique sera donc en mauvaise posture d'ici 10 à 15 ans, beaucoup d'éléments se trouvant alors en état de pénurie ou de criticité, dont certains non substituables. On peut supposer que l'amélioration du recyclage, la substitution, l'économie de matières dans d'autres secteurs et les innovations de la recherche puissent contribuer à faire reculer cette échéance jusqu'en 2040, surtout si l'on met fin à l'obsolescence programmée, un gâchis choquant au nom de la volonté d'une consommation incessante. Il faudrait également envisager de réduire la quantité d'appareils mis à disposition (par exemple un seul ordinateur par foyer, un seul téléphone portable par couple, etc.).

On a vu que les responsables des communications avaient pris la décision catastrophique de désactiver tout l'ancien réseau de téléphones fixes et de fax pour y substituer un système par box intégralement électronique, ce qui, avec la fin des services postaux en 2040, mettra fin à toute possibilité d'échanges. Alors que le plus judicieux pour l'avenir serait au contraire d'abaisser la fabrication de téléphones portables et d'ordinateurs et d'encourager le retour aux anciens téléphones fixes et fax, ce qui allégerait de beaucoup la pression sur le besoin en matériaux. De même que la suppression en cours des ampoules à filament au profit des seules LED pourrait nous conduire à l'obscurité. Il est essentiel également de penser aux équipements dont la médecine a besoin et de les lui délivrer en priorité et, pour ce secteur comme pour les autres, de fournir des machines à longue durée de vie.

Mais, à supposer que toutes ces conditions soient mises en œuvre efficacement, une poursuite de la technologie numérique après 2040-2045-(2050) se heurte à quatre obstacles majeurs :

– Premier obstacle : c'est essentiellement en Chine que se trouvent la majorité des terres rares (86 % de la production mondiale [10]). C'est en Chine également que les appareils sont assemblés, les pays du monde entier ayant, toujours par défaut d'anticipation, abandonné cette industrie (de même que celle des médicaments) à un pays où la main-d'œuvre est moins payée et donc le prix des équipements bas. Et les 10 années qui viennent ne suffiront pas à créer, sur les autres territoires nationaux, des usines à la hauteur de l'enjeu. Si bien que, si la Chine dépend des États-Unis pour l'importation des puces dernière génération, l'essentiel des pays dépendent de la Chine pour leur équipement numérique, qu'il s'agisse d'aimants, de batteries ou d'électronique.

– Deuxième obstacle : la crise financière, qui sera déjà dévastatrice à cet horizon 2040-2045. Rien ne permet de penser que les industries chinoises auront conservé leurs capacités de production en un tel contexte, ni que les pays demandeurs aient encore de quoi acquérir les produits en nombre, ou bien les particuliers de les acheter.

– Troisième obstacle : l'affaissement des transports. On a vu que le rapide déclin pétrolier mettrait à mal les importations des matières premières vers les pays producteurs, puis vers les usines, puis des produits finis vers les pays importateurs et jusqu'aux centres de distribution, ce dès 2035 avec une fin probable en 2040, mettant un terme au fret aéronautique. Et que les véhicules électriques n'auraient guère une durée de vie plus longue (sauf en Chine sans doute qui crée des stocks). Mais la Chine se prépare déjà à des navires au GNL (bien que devant importer aujourd'hui 41 % de son gaz), qui lui permettraient de poursuivre ses importations et livraisons (importations internationales dont elle a besoin, ne serait-ce que pour assurer l'alimentation de ses habitants). Sans océan à franchir, le transport ferroviaire des équipements électroniques sera aussi toujours possible. Mais la fin probable des camions électriques vers 2045-(2050) ne permettra plus de prendre en charge les matières ou les produits finis en gare dans les pays importateurs et de les distribuer à travers le territoire. Auquel cas les exportations chinoises ne seraient utiles qu'aux seuls pays disposant d'une flotte coûteuse de camions au GNL et d'installations portuaires adaptées, ce qui sera loin d'être le cas général.

– Quatrième obstacle : la criticité ou le risque de pénurie qui menace nombre des métaux nécessaires, aspect que nous avons exposé plus haut. Et plus la mine est ancienne (23 ans d'exploitation de plus en 2045), moins les métaux y sont densément présents et plus il faut utiliser d'énergie (pétrole, gaz, charbon…) pour les isoler du minerai. La déplétion énergétique accélère donc la déplétion minérale puisqu'on dispose de moins en moins d'énergie pour extraire des métaux, eux-mêmes de plus en plus diffus. Cette demande supplémentaire d'énergie n'est guère compatible avec un monde où cette énergie sera en décroissance.

Ces contraintes sévères laissent prévoir une fin du développement de l'électronique en 2045-(2050), et une utilisation ponctuelle plus tardive si de nombreux appareils non obsolescents ont été achetés et des stocks de matières premières constitués, le tout avant 2035. Auquel cas le secteur médical, à la condition que cette anticipation ait été mise en œuvre, pourrait encore fonctionner de la même manière s'il dispose d'un appareillage encore performant en 2040.

En tous les cas (sauf en certains domaines où les utilisateurs auront anticipé), faute de matières premières en suffisance, faute d'énergie, faute de transports terrestres et aéronautiques, faute de moyens financiers, l'électronique verra sa fin vers 2045-(2050). Ce sera un complet bouleversement de nos modes de fonctionnement actuels, un parmi tous les autres qui nous affecteront à cette période. Si l'on prend simplement l'exemple d'une banque, il ne sera plus possible d'effectuer des opérations diverses par Internet, ni de se servir d'une carte de crédit pour tirer de l'argent, ni d'utiliser notre ordinateur ou téléphone portable pour communiquer… et la liste est longue.

Dans ce domaine, comme dans quantité d'autres, le maintien de la distribution postale aurait été crucial. Et à l'horizon 2040, elle ne pourrait fonctionner qu'à l'aide des trains, des derniers véhicules thermiques et électriques, et des vélos-cargos, ce qui n'y suffira pas. Et l'on a vu aussi que l'immense parc roulant nécessaire aux services postaux ne pourra plus exister par la suite.

Après avoir très longtemps vécu dans l'illusion d'une éternité du pétrole et autres hydrocarbures, l'on se berce à présent de même, sans se poser de questions, de l'illusion de l'éternité des véhicules électriques et de celle de l'électronique. Ce qui n'adviendra pas.

La raréfaction puis la disparition du pétrole, du gaz et du charbon, en freinant le réchauffement, nous maintiendront dans le scénario RCP 4.5, à une hausse de température globale mondiale *inférieure à* +1,7 °C (par rapport à 1900) et donc en deçà de sa moyenne (+2 °C pour la période 2046-2065). Ce scénario, sans être le RCP 2.6 dont nous pouvions encore rêver en 2015, est cependant très éloigné de l'irréaliste RCP 8.5 et inférieur au périlleux RCP 6.0 : il aura le mérite de limiter la portée des effets du changement climatique en cours, entre autres la montée du niveau des eaux maritimes, la fonte des glaces, la gravité des sécheresses et des inondations, l'aridification des sols. Et de ne pas nous écraser sous la chaleur.

Le dernier et 6e Rapport d'évaluation du GIEC, publié fin février 2022 [1 2], alerte sur l'importance des conséquences entre un réchauffement à +1,5 °C ou à +2 °C et sur le fait que « *si les températures dépassent les 2 °C de réchauffement*, le développement résilient au changement climatique deviendra impossible dans certaines régions du monde ». Signalant néanmoins que

« s'adapter au changement climatique est possible si le réchauffement est limité à 1,5 °C ou 2 °C [3] ». Or nous avons vu que nous serons à au moins 0,3 °C sous cette barre fatidique des +2 °C.

Les chercheurs du GIEC estiment que, pour limiter le réchauffement à +1,5 °C, les émissions de CO_2 devront être réduites de 48 % d'ici 2030 pour devenir nulles en 2050, tout en abaissant aussi celles de méthane. La présente étude montre que nous n'y sommes pas, mais guère très loin, car la baisse des émissions de GES devrait être, selon notre analyse, de plus de 50 % d'ici 2040, soit 10 ans plus tard. Le GIEC évalue par ailleurs que notre budget carbone est estimé à 510 Gt CO_2 pour limiter le réchauffement à 1,5 °C sans dépassement « *ou avec un dépassement limité* ».

« Dépassement limité »... Moins de 1,7 °C est-il un « dépassement limité » ? Il est dommage que l'insuffisance des sources sur les réserves de gaz et de charbon et la chronologie de leur déclin ne nous ait pas permis de calculer la réduction de leurs émissions. Si nous savons qu'elles n'augmenteront plus après 2040, nous savons aussi qu'elles n'auront pas disparu en 2060, sauf si le chaos économique est tel qu'il empêche toute extraction.

Cette déflation des hydrocarbures, et particulièrement la fin précoce de l'exploitation du pétrole, provoquera en retour une crise économique gravissime aux conséquences très lourdes sur nos moyens d'existence et leur précarité. En même temps qu'elle sera évidemment bénéfique, affaissant quantité d'industries qui cesseront d'émettre du CO_2 et autres polluants, ralentissant l'acidification des océans, qu'elle mettra fin à l'agro-élevage industriel et à sa considérable consommation et pollution des eaux, à la dégradation qualitative des sols, à leur tassement qui enraie leur activité biologique, à la baisse de nutriments résultante, qu'elle nettoiera peu à peu les eaux fluviales au bénéfice d'une pluie plus saine qui les réalimentera, tous avantages cumulés qui sauveront des milliards d'existences, qui n'auraient pas survécu au scénario 8.5 et très mal au scénario 6.0. Un destin meilleur que nous ne devons en rien aux actions des gouvernements qui ne font, année après année, qu'empirer l'état du monde, mais aux seuls freins géologiques que nous impose la nature.

Un destin meilleur mais très difficile : il ne faut pas se cacher que, même en scénario RCP 4.5 modéré, la violence inédite de la crise économique aura des répercussions négatives sur la démographie mondiale. Mais, avec certitude, bien moindres que si nous avions dû vivre les deux autres scénarios, au-delà de +2 °C. On ne peut ignorer que nous connaîtrons une hausse de mortalité due aux possibles épidémies, à la rétraction du secteur médical et au manque de vaccins et médicaments dont nous avons laissé la production à la Chine et que nous ne pourrons plus transporter et distribuer. Et l'arrêt des possibilités de communication, par téléphone et fax non électroniques, empirera le grand déséquilibre de nos nouvelles sociétés. Cet arrêt, *qu'il faut absolument rendre provisoire*, est déjà réalisé ou en cours en Europe et s'étendra au monde entier.

Un exemple parmi tant d'autres qui nous met concrètement face au chantier colossal qui s'ouvre devant nous et devant lequel nous pourrions rester bras ballants, résignés, impuissants, nous courbant dans l'attente des tempêtes, car n'espérant rien de déterminant de la part de nos décideurs actuels et futurs, inaction gouvernementale que constate et dénonce très fermement le GIEC dans son dernier Rapport 2022. Alors qu'il n'a jamais été tant important d'agir, de repousser le déni, de ne pas recourir au fatalisme, et d'entraîner nos responsables à enfin *réellement penser et concevoir* cet avenir – au lieu de n'y accorder qu'un regard rapide et sans suite –, puis d'en prévoir les conséquences afin d'œuvrer pour amortir les chocs à venir, qu'il s'agisse de préparer nos nouvelles mobilités, de recomposer nos territoires et nos cultures, de relancer tous les artisanats, de défendre les moyens de communication et l'éclairage d'hier… et toutes mesures que j'ai énumérées et qu'il est indispensable d'organiser en amont.

Il manque une volonté politique, martèle le GIEC, qui voit comme nous, COP après COP, les gouvernants du monde promettre et ne pas tenir leurs engagements. Gouvernants auxquels fait défaut cette volonté mais aussi, car ils ne prennent pas le temps de l'acquérir, une connaissance approfondie de la situation et des déficiences graves que présentent les solutions proposées, sur lesquelles ils se reposent sans plus y songer. Gouvernants qui sont les premiers à placer leur foi en la mobilité électrique de masse, l'hydrogène, la biomasse, les biocarburants…, sans là non plus s'informer des limites et des failles de ces moyens et comprendre que tout cela ne nous secourra pas. Or sans la *connaissance*, connaissance totale et non superficielle, ne peut pas exister la *conscience* nette du futur, la conscience de devoir agir au plus vite. La dernière campagne présidentielle en France, où le thème de l'urgence écologique fut quasiment absent, est emblématique de l'écart dramatique entre la réalité factuelle et l'état d'esprit des politiques, en principe en charge de veiller sur l'avenir du pays. Et à ce titre, de devoir tout *connaître* sur le bouleversement qui vient.

Ce bouleversement va immanquablement nous plonger dans un autre monde, après un siècle passé, dans les pays favorisés, dans un état confortable et croissant jusqu'à la démesure. Un nouveau monde et un mode de vie face auxquels nous serons désemparés, démunis, inadaptés, voire menacés, *si nous n'avons pas fait les efforts d'anticipation nécessaires*, mais pour l'essentiel, vivants. Vivants mais avec des manques de produits de première nécessité, à commencer par les vivres et l'eau, restreintes dans bien des parties du monde. Les marchandises de base seront absentes : des vêtements et tissus aux savons, stylos, médicaments, des outils (depuis les aiguilles jusqu'aux pioches) au mobilier, des récipients aux instruments de cuisson – et la liste est fort longue –, puisque tout, absolument tout, nous était fourni par les industries, dont on connaîtra l'effondrement progressif d'ici 2040. D'où la nécessité de devancer ce futur proche et d'en convaincre nos décideurs. C'est là la première marche indispensable de ce « chantier colossal » dont j'ai parlé, et je doute que nous parvenions à la franchir. Nous reste, à notre mesure, à nous efforcer de restreindre nos consommations dans tous les secteurs possibles. Cet effort et cette vigilance aboutiraient *in fine* à une baisse significative des GES – comme on l'a vu durant le

Covid –, mais je conçois combien il est difficile de s'y soumettre, avec cette impression – sans doute fausse – que l'on est seul à le faire. En même temps qu'il est temps de penser à ne pas nous défaire inconsidérément de ce que nous possédons. À 3 ans du pic pétrolier, le temps est, déjà, à l'économie de nos biens.

Nous disposons de 13 ans pour nous préparer, et pas plus, sans perdre encore une seule année. Et pour créer à l'avenir des réseaux d'entraide locaux, d'échanges de biens et de services. Encore qu'en situation de précarité, je crois l'homme plus enclin à la violence qu'à la concorde, ce qui soulève bien sûr un vaste débat. Mais le fait de vivre sur des micro-territoires, où chacun connaîtra tous les autres occupants, où tous auront besoin les uns des autres, échangeant biens, services et savoirs, ou bien dans des villes, vidées d'une grande partie de leurs occupants, où se tisseront spontanément des liens et alliances propres à mieux résister à l'advenue d'adversités, villes où aujourd'hui l'anonymat et l'indifférence règnent en maîtres, seront des facteurs bien plus propices à la solidarité qu'à l'hostilité.

Et nous n'aurons pas le choix : cette solidarité, essentielle pour être en capacité de faire front ensemble, sera une nécessité pour tous. L'époque de l'individualisme et du repli sur soi sera révolue, au profit des temps du partage.

Annexe

Détails sur l'approvisionnement alimentaire et quelques autres biens

Ce chapitre, qui expose en détail la logistique du transport des biens alimentaires, sel compris, depuis leur production jusqu'à leur transformation et leur distribution dans les commerces, est nécessaire pour évaluer le nombre de camions et de véhicules utilitaires requis par rapport à celui qui nous est alloué par le RTE. Il est néanmoins fastidieux et vous le sauterez – ce que je comprends –, mais j'attire néanmoins votre attention sur certains biens non alimentaires étudiés en fin de ce texte, et susceptibles de vous intéresser : il s'agit de l'avenir du cuir, du lin, du chanvre et de la laine, et du renouveau indispensable de ces artisanats.

Parmi les produits devant être apportés aux fabricants (industries agroalimentaires) figurent :

Les fruits et légumes

La production de fruits en France est de 2 750 000 tonnes par an, dont nous exportons 930 000 tonnes [1]. Pour un département, et en moyenne très approximative bien sûr, elle sera de 27 500 tonnes par an. Car vu la précarité de la production alimentaire à cette date, qui sera abaissée par les sécheresses et canicules, les insectes ravageurs – qui seront moindres quand reviendra la biodiversité – et la conversion à l'agriculture bio (contraction progressive de la quantité de pesticides et d'engrais chimiques produits par des usines affaiblies puis disparition avec la fin du pétrole puis du gaz), le pays devra certainement cesser d'exporter et conserver sa production afin de couvrir ses propres besoins.

Des fruits, nous en importons aussi (bananes, mangues, kiwis, fruits de la passion, ananas, papayes, avocats, litchis, dattes...), d'origine très éloignée et sur lesquels on ne devra plus compter en 2040, sauf infrastructures coûteuses pour le GNL maritime, ce en quoi je ne crois pas dans un pays dépourvu de gaz. Notons que les Français consomment 670 000 tonnes de bananes et 210 000 tonnes d'autres fruits exotiques par an.

La récolte des fruits s'étend sur 6 mois. Je suis contrainte de généraliser car ces 6 mois additionnent tous les types de fruits, dont les dates et les durées des récoltes diffèrent.

Du côté de la consommation, il est impossible d'en connaître les chiffres exacts, car les fruits sont toujours systématiquement associés aux légumes dans les sources. On estimera donc que la production équivaudra la consommation des Français.

La production des légumes est de 3 500 000 tonnes par an dont 750 000 tonnes sont exportées [2]. De même que pour les fruits, nous devons miser sur la fin des exportations et des importations. Il existe 30 800 producteurs de légumes (chiffres 2019) [3], soit 308 par département. Différents d'une région à une autre, les légumes sont présents sur tout le territoire et leur récolte s'étend sur 9 mois. Vu la réduction du parc roulant, tous les habitants n'auront pas accès comme aujourd'hui à la totalité des légumes et des fruits, et leur type de consommation devra être régional : la moitié nord manquera de courgettes, de tomates, de melons, etc., tandis que la moitié Sud manquera de laitues, de choux-fleurs, de carottes... Dans ce secteur comme dans celui de l'huile ou de la viande, on retrouvera un type d'alimentation local.

La production de l'ensemble des fruits et légumes est ainsi de 6,25 millions de tonnes par an, soit de 17 000 tonnes par jour. Par département, on obtient 62 500 tonnes de fruits et légumes par an, et 170 tonnes par jour. Il existe par ailleurs 1 388 [4] usines de transformation des fruits et légumes, soit 14 par département.

Au niveau départemental, seule une part de ces 170 tonnes devra être livrée chaque jour aux industries : 39 % de la production de légumes et 15 % de la production de fruits leur sont destinées, soit 37 tonnes de légumes et 11 tonnes de fruits, et donc 48 tonnes de fruits et légumes. Resteront 123 tonnes de fruits et légumes à distribuer directement des producteurs aux magasins.

Les fruits

Les 11 tonnes de fruits par département seront à distribuer aux industries sur 6 mois : les fruits étant périssables, ces 11 tonnes seraient à livrer très régulièrement sur 6 mois (le temps de l'étalement des récoltes, depuis les cerises de juin jusqu'aux pommes de novembre, et tous fruits compris selon les régions, donc il s'agit d'un calcul très approximatif), soit sur 26 semaines, à raison d'une livraison par semaine, soit 433 kilos. Il faudra charger les fruits pas trop mûrs (prunes, abricots, tomates, pêches, etc.) pour pouvoir ne les livrer qu'1 fois par semaine. 2 VUL non complètement chargés y suffiront largement pendant ces 26 semaines.

Au retour des industries, où il ne faudra charger que des produits non périssables (conserves, confitures), il faudra employer de même 2 VUL pendant 26 semaines et effectuer 2 livraisons par semaine, desservant chaque fois 40 magasins (et donc les 1 005 futurs magasins). Je répète que ces calculs sont plus que globaux étant donné la variété de fruits dans le pays et les périodes différentes de récoltes.

La production annuelle de fruits étant de 27 500 tonnes par département, et 11 000 tonnes ayant été livrées aux industries, restent 16 500 tonnes de fruits frais à distribuer dans 1 005 magasins. Comme déjà dit, en chargeant chez les producteurs des fruits non encore à maturité, et en étendant les livraisons sur

26 semaines, on pourrait livrer les fruits 1 fois par semaine, soit 635 tonnes par semaine sur 6 mois. Ces 635 tonnes sont à répartir dans 1 005 magasins (soit plus d'une demi-tonne par magasin par semaine), ce qui réclamerait 2 camions, accompagnés de 2 VUL, livrant 4 à 5 fois par semaine, à raison d'un peu moins de 5 magasins servis par tournée.

La filière fruits nécessitera donc 2 camions et 6 VUL sur 26 semaines. Soit au plan national 200 camions et 600 VUL.

Les légumes

La production de légumes est de 3 500 000 tonnes par an, exportations comprises, soit 35 000 tonnes par département. La récolte (de durée variable selon les types de légumes) s'étend sur 9 mois, ou 39 semaines. 897 tonnes pourraient donc être livrées sur ces 39 semaines, soit 350 tonnes hebdomadaires aux industries et 547 tonnes par semaine aux 1 005 futurs magasins.

Le transport de 350 tonnes depuis les producteurs jusqu'aux industries demandera 2 camions les livrant 1 fois par semaine sur 39 semaines.

Une fois les produits transformés, leur livraison depuis les industries jusqu'aux magasins nécessiterait également 2 camions, à raison d'1 jour sur 39 semaines.

Restent 547 tonnes de légumes frais à livrer depuis les producteurs jusqu'aux magasins, sur 39 semaines, soit 4 camions non complètement chargés par semaine, qui suffiront à livrer les 1 005 magasins sur 9 mois.

La filière légumes emploierait donc 10 camions et 10 VUL sur 9 mois. Et au niveau national, 1 000 camions et 1 000 VUL.

Le blé

Par an, 5 millions de tonnes de blé tendre et 600 000 tonnes de blé dur sont utilisées pour l'alimentation humaine. Soit 56 000 tonnes de blé tendre et dur à récolter par département chez les producteurs (qui sont 256 000 en France, donc 2 560 par département), pour les livrer en partie aux usines (il existe 1 200 usines en France, soit 12 par département), en partie aux 330 boulangers par département, le tiers restant servant aux produits céréaliers, à la biscuiterie, aux biscottes pour le blé tendre, le blé dur servant à fabriquer de la semoule, des pâtes et du couscous [5].

En réalité, on produit 34,8 millions de tonnes de blé tendre en France et 1,8 million de blé dur et donc environ 36,6 millions de tonnes (tonnages variables selon les années). Sur ce total qui dépasse de très loin notre consommation intérieure de pain, 4,2 millions de tonnes sont destinées à l'alimentation animale, généralement préparée sur les exploitations d'élevage, ou utilisées telles quelles pour la volaille, 17 % pour l'amidonnerie (indispensable pour le papier) / glutennerie, 7 % pour la biscotterie / biscuiterie / pâtisseries industrielles, 10 % pour l'alcool, biocarburants compris. Et l'on exporte la moitié de notre production de grains [6].

Il existe 450 minoteries et 85 artisans meuniers [a] en France. Et donc une moyenne de 5 meuneries par département pour la boulangerie artisanale, ce qui est peu. Elles sont complétées par 270 boulangeries industrielles qui fabriquent également du pain (26,5 %) [7]. Donc au total 7,2 unités de traitement du blé par département. C'est très peu.

Traiter quelque 35 millions de tonnes ne peut pas être envisagé avec nos seuls camions électriques (129 629 camions sur les deux mois de moisson, soit plus que le nombre alloué par le RTE). Ce pourquoi, jusqu'en 2035-(2040), on laissera les camions thermiques se charger comme à leur habitude des transferts vers des industries (alimentation animale, sous-produits) et des convois pour les exportations.

Mais je m'intéresserai ici aux seuls transports des quantités produites – et donc aux 56 000 tonnes de blé tendre et dur à récolter par département – qui seront consommées sur le territoire.

---

a. Appartenant aux associations « Petits Moulins de France » et « Nos Moulins ».

Une contrainte : selon la date de semis, la récolte dure à peu près 2 mois et doit aller vite, avant que les grains ne sèchent, et c'est pourquoi, en changeant de conducteurs les week-ends et les jours fériés, il faudra y travailler tous les jours. Il est probable néanmoins que les minoteries ferment durant ces jours, auquel cas on ne pourra livrer en moyenne que 52 jours durant ces 2 mois. Sur ces 52 jours, 240 camions pourraient recueillir le blé depuis les différents producteurs et le livrer aux 7 minoteries et industries, si celles-ci ne sont pas trop éloignées des espaces cultivés. Ou bien, je le crains, 480 camions fonctionnant en relais. Camions accompagnés de 240 ou 480 VUL d'escorte.

En seconde étape, tout au long de l'année (261 jours en raison des 2 jours de fermeture des commerces par semaine), il s'agira d'une part de transporter 29 400 tonnes de farine depuis les 5 meuneries jusqu'aux 330 boulangeries-pâtisseries et, d'autre part, 24 700 tonnes de pains (tirés des 16 800 tonnes de farine) depuis les seules 2 boulangeries industrielles jusqu'aux épiceries généralistes. Soit d'un côté 25 camions par jour, mais au minimum 50 par jour en relais pour livrer la farine et, de l'autre, 21 camions, à multiplier par 3 en relais, soit 63 camions pour distribuer les pains issus des boulangeries industrielles.

C'est-à-dire au moins 113 camions de distribution monopolisés tout au long de l'année, et, au niveau national, 11 300 camions et autant de VUL uniquement pour la filière pain.

Jusqu'à 2045, nous resteront sans doute nos camions électriques qui se chargeront du pain, et seulement du pain (et de la part faible de semoule, couscous et pâtes), donc de 56 000 tonnes de blé tendre et dur sur une production totale d'environ 35 millions de tonnes de blé occupant 4,5 millions d'hectares, soit 25 % des terres cultivées.

La viande

Elle compte 250 000 éleveurs en France (et donc 2 500 par département), et figure parmi les gros postes de consommation. Si l'on se calque sur la consommation actuelle (2000-2019) pour les porcs, les bovins, les poulets et les ovins, elle est de 5,6 millions de tonnes[8] : 2,3 millions pour les porcs, 1,67 million pour les bovins, 1,47 million pour les poulets, et 160 000 tonnes pour les ovins. Ces chiffres sont exprimés en kilos par habitant par an par France Agrimer mais sans autre précision, introduisant une ambiguïté qui peut induire en erreur, erreur qui en effet se répercute de site en site. Pour la déloger, il faut donc s'étonner de cette consommation excessive et examiner avec soin le graphique de France Agrimer pour comprendre qu'il ne s'agit nullement de l'expression de la consommation de viande par habitant par an, mais de viande en poids équivalent carcasse (kgeqc), ce qui est tout différent de la consommation réelle. Car une fois les carcasses en boucherie, la découpe, le retrait des os, du gras etc. réduisent de beaucoup le poids réel et terminal de viande effectivement consommée, moindre en réalité que celui donné par quantité de sources. Je ne calculerai pas ici ce poids réel à l'assiette, car ce n'est pas notre propos, mais cette différence change tout en ce qui concerne le transport des viandes.

Car des poids équivalent carcasse sont eux aussi très différents des poids des animaux vifs, sur pied, que nous aurons à calculer aux fins de les transporter depuis les producteurs jusqu'aux abattoirs. Sur ce point aussi, les sources sèment la confusion, donnant le chiffre de 265 abattoirs, quand, selon le site gouvernemental, il est quatre fois plus élevé : « La France a la chance d'être dotée d'un réseau de plus de 1 000 abattoirs assurant un maillage territorial et des solutions de proximité qu'il nous faut soutenir et moderniser[9][10]. »

Si bien que par département, il n'existe en moyenne que 10 abattoirs (et 26 industries alimentaires, dont il est impossible de savoir si elles abattent ou non les animaux et, si oui, combien d'entre elles).

Ce nombre restreint d'abattoirs laisse prévoir l'utilisation de 2 camions en relais pour couvrir les kilomètres entre les éleveurs et ces abattoirs dont nous ne pouvons pas nous passer car c'est là que sont effectués les contrôles sanitaires par les services vétérinaires permanents, avant et après abattage. Là aussi qu'outre la préparation des carcasses, les peaux des animaux sont salées et séchées, prêtes pour leur départ vers les tanneurs-mégissiers, qui ne sont plus que 60 en France. Dans ce domaine encore, le gigantisme et l'aisance que nous procurent nos modes de transport thermiques posent de sérieuses difficultés quand nous ne disposerons plus, en 2035-2040, que de 129 000 camions thermiques de peu de tonnage et de faible autonomie.

Ainsi, en convertissant les tonnes équivalent carcasse en poids vifs d'animaux (à l'exception des équins et des autres volailles que les poulets), on se trouve face à une consommation annuelle répondant à 8,47 millions de tonnes d'animaux sur pied à convoyer, puis à 5,6 millions de tonnes de carcasses à rapporter aux boucheries, enfin à un transport de peaux jusqu'aux rares tanneurs-mégissiers qui demeurent et ne sont plus présents dans tous les départements.

Pour la première étape, et en se basant sur un transport par mois qui puisse convenir aux éleveurs comme aux capacités des abattoirs, nous aurons besoin de 1,88 million de camions. Soit de 18 822 camions par département pour convoyer 84 700 tonnes d'animaux vifs. Et, en ne les utilisant qu'une fois par mois, de 1 568 camions. Un nombre qu'il conviendrait de doubler en relais en raison des distances à parcourir, ce qui nous amène à prélever 3 136 camions une fois par mois.

En seconde étape (en sautant celle du transfert aux industries de la viande où sont fabriqués les produits transformés et les plats prêts-à-consommer, qui n'ont rien de valable pour notre santé), le transport de 56 000 carcasses dans des camions frigorifiques et désinfectés jusqu'aux chambres froides de toutes les boucheries-charcuteries du département (en moyenne 180 par département) occupera chaque jour (hormis les deux jours de fermeture hebdomadaire) 48 camions sur l'année entière, accompagnés des 48 VUL d'escorte.

Il serait extrêmement utile que des artisans récupèrent les omoplates des bovins et des ovins (pas des agneaux) dans les boucheries et de même en abattoir les métatarses et métacarpes des équidés, bovins et ovins (les os longs des pieds) : après avoir été enterrés quelques semaines, ces os sont parfaitement propres et fournissent une précieuse matière première pour fabriquer quantité d'objets :

avec les omoplates, qui présentent une large surface plane, on peut tailler des boutons, des rondelles, des baguettes, des peignes, des manches (de brosses), et dans les fines omoplates des ovins des aiguilles. Avec les grands os longs des pieds, parfaitement droits et d'une grande solidité, à double cavité pour ceux des ovins et bovins et une seule pour ceux des chevaux, on peut fabriquer des poignées, des anses, et là aussi des manches, à travers lesquels passer une courroie, des baguettes, des perçoirs, etc.

Quant aux peaux, et pour ne parler que des 30 % de peaux de bovins transportées, qui représenteront 9 185 tonnes (une peau de bœuf ne pesant plus que 5,5 kilos après séchage), donc 91,8 tonnes par département, à distribuer aux tanneurs, qui sont sûrement moins de 60 au niveau national car les mégissiers sont comptés dans ce nombre, les distances à couvrir, les livraisons en gare, leur chargement dans les gares d'arrivée demanderont à coup sûr un grand nombre de camions que nous n'avons pas la possibilité d'estimer, plus, en dernière étape, la livraison des produits finis aux magasins de vêtements et de chaussure et aux selliers.

Soit au total, pour la filière viande sur le territoire, et sans compter le cuir qui nous sera pourtant indispensable, l'usage de 3 136 camions par mois et de 48 camions 5 jours sur 7, avec leurs VUL, par département – au niveau national 313 600 camions à utiliser 1 fois par mois, mais en réalité immobilisés toute l'année pour des raisons d'hygiène (cf. *infra*), camions que nous ne possédons pas, et de loin, et 4 800 autres camions durant toute l'année. Nous pourrions contourner l'obstacle en étendant à 2 fois par mois les livraisons des bêtes sur pied, mais le système ne fonctionnerait guère mieux, outre que les camions en ce cas ne rouleraient pas en pleine charge. Ceci sans avoir résolu la question essentielle du cuir et du grand nombre de véhicules qu'il va utiliser.

Mais un frein de grande importance vient mettre un obstacle à ces livraisons, quelle que soit la manière dont on les aborde : les animaux vifs transportés sont susceptibles d'être porteurs d'agents pathogènes (parasites, bactéries, virus, champignons, prions…) qui peuvent se transmettre de bête à bête, se déposer sur toutes les surfaces du camion, se transmettre au personnel d'accompagnement, via les contacts avec la peau de l'animal (généralement souillée par des vers parasites qui se développent dans les excrétions et donc dans les litières des animaux), avec les fluides (salive par exemple) et par aérosol. Ce n'est pas pour rien qu'aux abattoirs on prête une grande attention à ce que lors du dépouillement, aucune partie de la carcasse n'entre en contact avec la peau. Si cela advient, la partie touchée du muscle est aussitôt ôtée.

Après le déchargement des animaux, ces camions doivent subir une désinfection complète et complexe, chaque jour s'ils sont utilisés en continu, puis rester isolés des autres camions et ne pas servir à d'autres usages en attendant un autre chargement. Autant dire que nos 3 136 camions de chargement seront immobilisés pendant un mois, deux mois ou plus. Les désinfecteurs usent aux différentes étapes de détergents et désinfectants épandus selon divers moyens (arrosage, épandage de mousses, pulvérisateurs), produits et moyens dont nous ne disposerons plus avec la fin du pétrole.

Et quand il s'agira de charger aux abattoirs les carcasses prêtes des animaux, les 48 camions utilisés chaque jour toute l'année devront avoir été de nouveau soigneusement désinfectés au préalable [11]. Et cela chaque jour… Comment, en 2040-2045, même si nous disposons d'éthanol tiré de plantations telle la vigne, comment en obtenir, chaque jour, les quantités considérables qu'exigerait l'utilisation de ces camions ? Comment se débarrasser de la litière souillée sans l'emporter en camion vers un incinérateur ? Camion devant être lui aussi soumis à la désinfection ? Comment disposer, pour les membres du personnel, des équipements spécialisés dont ils doivent être dotés et qu'ils devront désinfecter après le travail ?

Reste en marge de cette question des viandes le problème sanitaire que pose la mort des animaux d'élevage : leurs corps doivent être collectés par des équarrisseurs qui les détruisent par stérilisation à la cuisson ou à la vapeur après les avoir grossièrement broyés.

À ces transports qui concernent notre alimentation, il faut ajouter les trajets de longue durée qu'entraîne l'exportation d'1 million de bovins et de 500 000 ovins par an [12]. Et l'importation de 20 % de gros bovins âgés pour notre consommation, d'ovins en proportions bien moindres. Tous ces échanges se traduisent en un très grand nombre de kilomètres parcourus que nous devons, là encore, abandonner aux camions classiques.

Ces étapes de transport des viandes, des carcasses (à consommation égale à celle d'aujourd'hui) et des peaux nous contraignent à compter sur la flotte des camions thermiques, même si elle sera réduite de peut-être 30 % en 2035, puis sans doute de 40 % en 2040, s'il nous reste un peu de pétrole aux pompes. Si l'on veut apporter encore de la viande saine aux habitants, force sera jusqu'en 2035-2040 de laisser le soin de transporter les animaux jusqu'aux abattoirs et de désinfecter véhicules et personnel aux entreprises spécialisées, fortes de camions thermiques qui ne seront pas bridés par une faible capacité de charge et une autonomie très limitée. Puis de confier à d'autres sociétés la charge de convoyer les carcasses jusque dans toutes les boucheries du département, et enfin à d'autres encore celle, très importante, de transporter les peaux salées et séchées dans les abattoirs jusqu'aux 60 tanneurs-mégissiers de France, puis d'aller les y reprendre et les distribuer aux magasins de chaussures et vêtements et aux selliers qui en auront besoin pour fabriquer des millions de sangles de harnachement. En ce domaine, il convient de profiter au maximum de ces derniers camions thermiques pour apporter le plus de peaux possible aux tanneurs afin de disposer d'un stock déjà prêt sur tout le territoire quand nous devrons passer à la traction animale.

Puis viendra le temps, en 2035-2040, où ces camions n'auront plus le carburant nécessaire pour assumer ces tâches et où nous ne devrons compter que sur nos seuls camions électriques pour les accomplir, jusqu'en 2040 ou 2045.

La conclusion s'impose d'elle-même : à compter de ces dates, il ne nous sera plus possible de consommer de la viande de bœuf, de porc ou d'agneau. Je vous renvoie au texte pour quelques commentaires sur cet incontournable bouleversement, tant pour les consommateurs que pour les éleveurs.

Le lait et ses produits

La France produit 25 millions de tonnes de lait par an [13], dont 75 % sont transformés (en yaourts, fromages, beurre, crème, desserts…). 44 % de cette production et de ses produits est exportée [14].

En équivalent-lait, les Français consomment 10,5 millions de tonnes de lait et de ses sous-produits.

Par département, il s'agit de livrer 105 000 tonnes de lait aux industries et coopératives (une fois exclues les exportations que nous ne pouvons pas assumer en transport), puis de distribuer les produits finis par camions réfrigérés aux 1 005 commerces. Il existe en moyenne 540 producteurs par département et 456 entreprises de transformation (usines, coopératives et associés-coopérateurs) [15].

Le lait étant trait en moyenne toutes les 48 heures, donc 3 jours par semaine et 156 jours sur l'année, 150 camions réfrigérés seraient nécessaires pour cette première étape, voire deux fois moins car avec le nombre d'entreprises de transformation, il est possible qu'un camion puisse effectuer deux trajets. Puis, ces 150 camions réfrigérés et chargés de lait traité et de produits transformés pourront les distribuer aux 1 005 épiceries généralistes les autres jours de la semaine.

Soit au total pour la filière lait et produits laitiers 150 camions et 150 VUL tout au long de l'année, et 15 000 de chaque au plan national.

Le transport pour l'import-export des produits laitiers devra être laissé à la charge des camions thermiques jusqu'en 2035-2040. Après cette période, les 15 000 camions électriques s'en chargeront seuls pour la consommation intérieure jusqu'à ce que les chevaux viennent les remplacer. Il est très difficile de savoir lesquelles des différentes industries agroalimentaires auront résisté en ces temps, et combien. Car elles ont besoin d'énergie, de main-d'œuvre, de contenants. Mais en 2045, la micro-parcellisation sera effective et les chevaux transporteront aisément du lait depuis les élevages (plus petits mais plus nombreux) de parcelle en parcelle, jusqu'aux coopératives de transformation sans doute toujours présentes.

Les betteraves et le sucre

En 2019, sur 446 601 hectares, la France a produit 38 millions de tonnes de betteraves [16], dont environ 75 % pour le sucre et

25 % pour la production d'alcool/bioéthanol [17]. La production française de sucre blanc est d'environ 5 millions de tonnes par an. Le pays exporte 2 millions de tonnes de sucre [18] et 30 % de sa production d'éthanol pour les carburants (issus des céréales, des résidus viniques et des betteraves pour 23 %). 1 million de tonnes de sucre va aux deux tiers à l'alcool et l'éthanol et à un tiers au secteur de la chimie-pharmacie. La consommation de sucre en métropole, hors produits transformés, est de 35 kilos par personne et par an, soit au total de 2,2 millions de tonnes par an [19].

Mais la betterave sucrière n'est cultivée que dans 29 départements (principalement dans la région des Hauts-de-France, qui y destinent 230 000 hectares, soit un peu plus de la moitié des surfaces), et une seule industrie y est consacrée par département, et même seulement dans 25 sur 29.

Ce qui montre, sans qu'on ait besoin de détailler, et même sans s'occuper de l'export, à quel point cette filière, qui, outre les déplacements en relais de camions jusqu'aux industries aller et retour pour transporter le sucre à destination des départements qui en sont dépourvus, nous privera de bien trop de camions.

Il nous faudra donc nous passer du sucre des betteraves – mais nous avons vu combien de plantes étaient capables de nous en apporter –, ce qui libérera pour notre cheptel de bœufs, enjeu vital, 446 601 hectares.

Les huiles de tournesol, d'olive

Les huiles végétales sont complexes à étudier car généralement présentées ensemble et non pas par type d'huile.

La production d'huile de tournesol est de 130 millions de litres, soit une consommation par Français (ou par foyer ?) de 2 litres d'huile par an. Pour obtenir 130 millions de litres, donc 1 300 000 litres par département, il faut récolter 325 millions de kilos de tournesol, donc 3,25 millions de kilos par département. Mais la culture du tournesol n'est réellement pratiquée que dans 64 départements seulement (j'exclus ici les 23 départements qui cultivent moins de 5 000 ou 1 000 hectares, une production mineure). Cette production est affectée à l'ensemble de la France, mais nous n'aurons plus les moyens d'exporter à travers le pays en 2035. Il faut donc prévoir les quantités nécessaires pour ces seuls 64 départements : c'est-à-dire 2,03 millions de litres d'huile par an par département et 5,08 millions de kilos de tournesol par an.

La récolte se fait entre le 20 août et le 15 septembre (32 jours). Par département, une récolte de 5,08 millions de kilos de tournesol, ou 5 080 tonnes, exigera 1 128 camions pour être transportée à l'industrie de transformation en huile. Mais sur 32 jours de récolte, 36 camions suffiront pour faire la tournée des producteurs (nombre non connu) [20]. On ne trouve pas de données sur le nombre d'industries de transformation, qui ne seront sans doute pas très nombreuses au vu de la faible quantité à traiter. En supposant au pire 2 industries seulement par département, ces 36 camions ne suffiront peut-être pas à couvrir la distance. Il faudrait que 36 autres camions viennent les relayer à un point de recharge électrique, prennent en charge la récolte et l'apportent jusqu'à l'industrie (pendant que les premiers camions rechargeront un peu leurs batteries). Il faudrait donc – mais le manque de sources freine de beaucoup nos calculs – compter 71 camions pour cette opération, accompagnés de 71 VUL, qui rechargeront de même leurs batteries pour raccompagner les chauffeurs à leurs domiciles.

La distribution des bouteilles d'huile après transformation se fera directement de l'industrie aux 1 005 épiceries et supérettes dans ces 64 départements : 1 litre d'huile en bouteille en verre pèse environ 1,5 kilo. 1,3 million de litres pèse 1,95 million de kilos ou 1 950 tonnes. Un camion peut donc charger 433 bouteilles d'huile. Ce qui nécessiterait en un jour 433 camions pour distribuer dans 1 005 épiceries et supérettes. Mais l'huile, en flacon bouché, se conserve longtemps et on peut choisir d'opérer ces livraisons sur 2 mois, soit sur 45 jours. En ce cas, 10 camions suffiraient pour les livraisons pendant ces 45 jours, à raison de 2 à 3 épiceries livrées par jour sur le chemin du retour jusqu'aux points de charge. Le nombre *moyen* de bouteilles livrées sur 45 jours sera donc de 194 par magasin, soit 97 clients achetant par an 2 bouteilles par magasin. Enfin, même chose, 10 VUL accompagneront ces 10 camions pendant ces 45 jours.

La filière huile de tournesol emploiera donc 81 camions et 81 VUL, soit 8 100 au niveau national.

Mais 64 départements seulement seront servis en huile de tournesol et 13 en huile d'olive : resteront 23 départements privés d'huile (où les salades pourront s'assaisonner à la crème et la cuisson se faire au beurre). À moins d'envisager d'étendre à ces départements la culture de cette plante rustique et résistante, dont il existe de nombreuses variétés.

Quant à la production d'olives, elle ne concerne que 13 départements. « Chaque année, il se vend 110 000 tonnes d'huile d'olive dans l'Hexagone. Alors que la France ne produit que 3 000 à 6 000 tonnes d'huile d'olive par an [21]. » Ces importations proviennent d'Espagne, d'Italie, de Tunisie ou du Maroc [22]. On peut envisager que l'Espagne et l'Italie poursuivent leurs exportations en France par trains, relayés par des camions aux gares, mais rien n'est moins certain.

Le poisson

4 662 tonnes de poisson sont consommées en France par jour, soit 47 tonnes par département. Encore faudrait-il que ces poissons parviennent dans tous les départements, ce qui paraît techniquement impossible. Car même dans les 23 à 24 départements à façade maritime, il sera bien difficile d'acheminer les produits de la pêche à travers toute leur superficie. Il faudrait en effet mettre à disposition quantité de camions pour parcourir le département depuis les ports jusqu'aux commerces de l'intérieur. Et ces camions devront être frigorifiques, ce qui consomme une part importante d'électricité à une période où elle sera précieuse. Là aussi, seuls les camions thermiques pourront assurer cette distribution. Après 2035(-2040), seules les populations littorales ou proches du littoral pourront bénéficier de poisson, le reste des Français devant s'en passer.

Les boissons alcoolisées

Le cidre

Marginal dans la consommation des Français, on en boit 5,4 litres par an et par ménage, soit 930 000 hectolitres. Il est essentiellement consommé dans les régions Bretagne et Normandie. Il n'existe que 500 petits fabricants-producteurs en France et 2 coopératives concentrent près de 85 % de la production de cidre, situées en Bretagne [23].

La distribution de cidre est donc à oublier à l'échelle des départements français, à moins que ces coopératives ne livrent une part non connue de leur production, qui devra se faire par train, et le reste des trajets par camion.

La bière

La consommation de bière par an est de 20,6 millions d'hectolitres, avec une consommation moyenne de 30 litres par an et par habitant [24]. 70 % des bières consommées ont été produites en France, le reste étant importé. On se basera donc, en ces temps d'importations difficiles, sur une consommation de 14 millions d'hectolitres. Il n'est pas besoin que je détaille ici le nombre de camions nécessaires à cette filière, qui demanderait le nombre important de 14 900 camions au niveau national, puisqu'ainsi que dit dans le texte, l'on prélèvera les 1 972 010 hectares voués à ces cultures pour pouvoir nourrir notre indispensable cheptel bovin.

Le vin

Le vin est un poste assez lourd pour les transports, car il n'est produit que dans environ 15 régions [a] (au sens non administratif

a. L'Alsace, le Bordelais, le Beaujolais, la Bourgogne, la Champagne, la Provence, la Corse, le Jura, le Languedoc-Roussillon, la

du terme). Les départements vinicoles devront donc distribuer leur production dans tous les départements sans raisin, ce qui va compliquer la question de son transport à travers toute la France. Heureusement, ce produit se conserve et les livraisons peuvent être effectuées sur des périodes de temps étendues.

La consommation de vin en France est de 40 litres par personne adulte (51 millions de Français de plus de 20 ans) et par an. Soit 2 milliards de litres environ par an, donnant 2,67 milliards de bouteilles, le tout pesant 3,2 millions de tonnes. Soit encore, à l'échelle *générale* départementale, 26,7 millions de bouteilles valant 32 000 tonnes.

Il n'existe cependant que 66 départements vinicoles, dont la production moyenne est donc pour chacun de 30 millions de litres, ou de 40 millions de bouteilles, et un poids de 48 485 tonnes. Ceci pour la consommation intérieure, car la France exporte 2 milliards de bouteilles de vin et d'eau-de-vie vers 200 pays [25], exportations dont nous devrons laisser la charge aux transports thermiques.

Les 66 départements vinicoles, qui comptent à eux tous 85 000 exploitations, sont si fournis en lieux de production et de vinification que les trajets seront très courts entre les producteurs (eux-mêmes très souvent transformateurs) et les négociants vinificateurs et coopératives de traitement [26] : 23 en moyenne par département. Mais la récolte dure de 35 à 55 jours, et c'est donc seulement 1 camion tous les deux jours sur environ 40 jours qui transportera le raisin à mesure que les grappes mûrissent. Soit 66 camions pour ces départements au niveau national.

Au retour, en étalant les transports depuis les transformateurs jusqu'aux vendeurs sur 6 mois (177 jours) pour économiser le nombre de camions, il faudra compter 34 camions par département, soit 10 000 pour ces départements au niveau national.

En outre, les 66 départements vinicoles garderont pour eux 1,76 milliard de bouteilles par an, ayant donc à en livrer

---

Lorraine, le Centre-Val de-Loire, le Rhône (le Lyonnais), la Savoie-Bugey, le Sud-Ouest, le Poitou-Charentes.

907,8 millions en gare pour les 34 départements démunis, valant 1 million de tonnes et exigeant sur l'année entière, avec un roulement des chauffeurs, 10 camions par département. Les distances depuis les sites de transformation jusqu'à la gare peuvent aisément dépasser les capacités de nos camions et c'est 20 camions en relais qu'il faudra compter pour cet acheminement. Soit 1 320 camions au niveau national toute l'année.

Enfin, cette cargaison de 1 million de tonnes de bouteilles arrivera dans 34 gares différentes durant 1 an et chaque jour, à raison de 29 411 tonnes de bouteilles par département et de 81 tonnes par jour. Chaque jour tout au long de l'année, ce sont, en relais, 36 camions par département qui devront les distribuer depuis la gare jusqu'aux commerces. Soit 1 224 camions pour ces 34 départements.

La filière vin aura donc besoin de 12 564 camions et autant de VUL au plan national.

Les pommes de terre

On ne peut guère se douter, en abordant la question des pommes de terre, de la difficulté extrême qu'il y a à connaître tout simplement quelles quantités les Français en consomment, tant les chiffres proposés par de nombreuses sources diffèrent, allant, par personne et par an, de 10 à 50 kilos. Je pense que cette grande confusion provient de la prise en compte, ou non, des produits frais et des produits transformés, sans que la part des uns et des autres soit forcément exposée.

Environ 6 millions de tonnes (variations saisonnières) de pommes de terre sont produites en France. Sur ces 6 millions, 1,1 million de tonnes seraient consommées fraîches et 1,26 million de tonnes seraient livrées aux industries de transformation, fournissant les frites, les produits surgelés et déshydratés, les pommes de terre demi-cuites. Soit au total 2,36 millions de tonnes de pommes de terre consommées [27], et donc 35 kilos par Français et par an. Ce qui m'a fait proposer le chiffre de 64,65 tonnes par jour et par département dans la liste générale que j'ai énumérée dans le texte. Ce dernier chiffre étant tout à fait absurde, au vu de la répartition des cultures de pommes de terre en France.

Pour le reste de la production, qui s'étend sur 214 306 hectares, 2,1 millions de tonnes ont été exportées (chiffres 2018) [28], l'alimentation animale, les pertes et l'autoconsommation comptent pour 1,26 million de tonnes, et 960 000 tonnes d'amidon produites.

Mais les pommes de terre ne sont cultivées à grande ou moyenne échelle que dans 24 départements au nord de la Loire, et singulièrement dans la région des Hauts-de-France, qui en produit à elle seule 64 %. C'est bien évidemment de ces départements du Nord que partent les exportations, et là aussi que sont regroupées les 10 industries de transformation. C'est uniquement grâce à nos moyens de transport actuels que nous pouvons nous permettre de telles concentrations, mais qui nous freinent totalement avec nos 129 000 camions de 4,5 tonnes. D'ores et déjà, avec ce parc roulant, nous sommes contraints de suspendre le déplacement (aller et retour) des 1,26 million de tonnes de pommes de terre aux industries de transformation, comme des tonnes livrées aux amidonneries (10 industries en France, dont 5 dans la région Hauts-de-France), amidon dont nous exportons d'ailleurs 75 % de la production, toutes sources comprises. De même, nous nous passerons des produits transformés, économisant les va-et-vient entre producteurs et industries. Nous sommes loin du temps où chacun, au XIXe siècle, avec des cultures totalement dispersées et des petites parcelles, pouvait trouver des pommes de terre à sa table. En outre, c'est de ces régions de France que devraient partir, en se basant sur une consommation de pommes de terre fraîches de 20 à 25 kilos par Français par an [29] (hors produits transformés), très approximativement 15 400 tonnes de pommes de terre vers les départements à très faibles cultures, et demandant des quantités de camions en relais pour parvenir jusqu'aux destinations éloignées, où il faudrait encore distribuer ces pommes de terre aux 1 005 magasins par département. Soit des nombres de camions bien trop élevés pour nos capacités.

Jusqu'en 2035-(2040), nous devrons là encore laisser ce soin aux camions thermiques subsistants et chacun disposera de pommes de terre à volonté, et même de produits transformés. Sachant tout de même que la pomme de terre peut être cultivée dans la totalité des départements de France, même si elle préfère les régions tempérées pluvieuses, y compris dans le sud de la France, en effectuant les semis vers février-mars. D'ailleurs, hormis la Corse, tous les départements pratiquent encore aujourd'hui des cultures de pommes de terre, même si elles ne concernent qu'un petit nombre d'hectares. Mais les avantages climatiques des régions du Nord ont dû, au plan économique, rendre plus rentable l'importation intérieure que les cultures départementales.

En 2040, quand la place sera aux cheptels travaillant des micro-territoires, il sera de nouveau possible, et sans déplacements, de fournir toutes les tables du pays. Et, tenant compte, comme pour les autres cultures, des effets de la hausse des températures et des baisses de rendement (sans doute faudra-t-il semer plus tôt), je prends soin de conserver les très nombreux hectares dévolus à une production qui s'achève dans les industries, de même que ceux qui fournissent 2 millions de tonnes pour l'export. Ainsi serons-nous assurés, en toutes régions, d'avoir l'espace suffisant pour contrebalancer les pertes de rendement.

Le maïs

Il existe 85 000 exploitations de maïs. Cette céréale, présente sur tout le territoire français, comporte plusieurs variétés correspondant à différents usages et occupe 3 132 990 d'hectares [30].

Le maïs doux, destiné à l'alimentation humaine (en épis ou en conserve), est cultivé sur 22 009 hectares et produit par an 175 000 tonnes de maïs en conserve et 31 000 tonnes surgelées. Mais il ne compte que 750 producteurs, exclusivement situés dans le Sud-Ouest [31]. Pour une consommation de moins de 1 kilo de maïs par an et par habitant en France, et en raison des limites géographiques de sa culture, on peut oublier la part minime du maïs dans notre alimentation, qui demanderait des quantités de camions, que nous n'aurons pas, pour être exporté à travers tout le territoire.

Le maïs dur (ou « maïs grain ») que nous cultivons ne concerne pas directement notre alimentation, mais il le fait par ricochet car il est utilisé pour l'alimentation des animaux (volailles, porcs et ovins), pour la production d'amidon [32] (et l'industrie de la semoulerie). Il occupe 1,5 million d'hectares et produit 13 millions de tonnes, mais il est exporté à 45 % dans l'Union européenne. Restent 7 millions de tonnes : 4 à 5 millions de tonnes pour les bêtes, dont 3 millions de tonnes en moyenne via les fabricants d'aliments du bétail, le solde étant directement consommé à la ferme [33], et 2 millions de tonnes pour l'amidonnerie. Ce maïs est essentiellement cultivé dans 15 départements du Sud-Ouest et d'Alsace.

Le maïs fourrage, ensilé, qui occupe 1,4 million d'hectares et produit 16,1 millions de tonnes, sert aussi principalement à l'alimentation des bovins laitiers. Les trois quarts des jeunes bovins sont alimentés avec du maïs fourrage (c'est-à-dire la plante entière). Il est présent dans toute la France, à l'exception de l'extrême Sud-Est.

J'avais écrit de longues pages sur la filière maïs grain-amidon, dévoratrice de véhicules que nous ne possédons pas, mais ainsi que dit dans le texte, nous sommes dans l'obligation de nous passer de cette filière pour récupérer les hectares nécessaires à l'entretien d'un cheptel de 8 millions de bovins de trait.

Certes, le maïs est utilisé pour nourrir des animaux et sert à la production d'amidon mais on peut y trouver des substituts. Il est en effet très possible de nourrir les bovins autrement qu'avec du maïs grain ou du maïs fourrage : selon l'âge et le sexe des bovins, peuvent être utilisés, outre l'herbe, du foin, ou autres fourrages tels l'avoine, la luzerne, le sorgho, des céréales, des tourteaux de tournesol [a] [34]. S'agissant du maïs que l'on donne aux poules (42,6 millions de

---

a. Résidus solides issus de la fabrication d'huiles (de tournesol, de lin...).

poules pondeuses en France), il peut être substitué par du blé, du pain sec qui peut remplacer une partie du grain, mais aussi quantité d'autres aliments : de l'avoine, du seigle, de l'orge, des tourteaux de tournesol, des pois secs, des lentilles, mais aussi des déchets ménagers : restes de poisson, de viande, épluchures de légumes, légumes abîmés, gras du jambon, restes de plats cuisinés, peau des crevettes, coquilles d'œufs ou d'huîtres. Une alimentation à compléter par une simple poignée quotidienne de céréales. Les poules en liberté vont picorer l'herbe, les fleurs (de trèfle), les graines et gratter le sol pour y dénicher des vers, larves, œufs d'insectes, elles complémentent ainsi leur alimentation [35]. Ceci pour dire que bovins et volaille survivraient si disparaissait le maïs.

Quant à l'amidon, il peut être aussi extrait de la pomme de terre, du blé, des graines de lin moulu. À la condition, quand le parcellaire aura totalement changé à partir de 2040, de mettre en place plus d'amidonneries pour économiser les trajets.

Et en réalité, *nous n'avons pas le choix* : maintenir cette filière maïs grain-amidon nous empêcherait tout simplement de pouvoir nous alimenter et il sera donc vital de l'abandonner purement et simplement.

Le sel

La production du sel atteint en France 6 à 7 millions de tonnes selon les années [36]. D'autres sources l'estiment à plus de 4,2 millions de tonnes, dont 20 % servent pour le sel de table [37]. On en importe environ 464 000 tonnes et en exporte 189 000 tonnes [38], ces échanges représentant donc une part mineure de la production.

Notre consommation alimentaire serait de 840 000 tonnes par an. En comptant les apports en sel bien trop importants de l'industrie agroalimentaire, nous mangeons 2 à 4 fois trop de sel pour notre santé. Les centres de production du sel sont situés le long des côtes atlantiques et surtout méditerranéennes (il reste 1 mine de sel gemme en exploitation en France en Lorraine). Il est impossible de savoir combien d'entreprises ou d'industries commercialisent du sel en

France, que ce soit pour le sel de table, le sel pour l'industrie alimentaire, celui pour l'alimentation des animaux d'élevage, celui pour les industries chimiques ou pour le déneigement. Il semble qu'on puisse en compter 74 [39], offrant divers produits, et qui sont toutes concentrées à proximité des sources de production.

Or si nous consommons bien trop de sel, il est impossible à notre organisme de vivre sans un apport de 2 grammes par jour. Qui n'est pas présent dans tous les nutriments. Force est donc de répartir ce sel, tant pour l'industrie qui en utilise (et dont on ne sait quel sera le potentiel dans 15 à 20 ans) que pour la consommation des hommes et des animaux (les « pierres à sel » pour ces derniers).

Il s'agit donc que les 6 millions de tonnes de sel soient distribuées dans tous les départements, à raison de 600 000 tonnes par an, dont 10 % (ou 20 %) pour le sel alimentaire. Les distances jusqu'à des sites producteurs pourront être proches, dans le Sud ou dans l'Ouest, mais également longues de 500, 600 et jusqu'à 1 000 kilomètres pour les départements de la moitié nord et nord-est du pays. Un défi que ne peuvent pas relever nos camions électriques.

Jusqu'en 2035-(2040), nous confierons donc ces transferts aux lignes ferroviaires et au parc de camions thermiques circulant à travers tout le territoire.

À partir de ces dates, nous serons obligés de ne tenter de transporter que le sel destiné à l'alimentation des hommes : 600 000 tonnes en théorie, soit 6 000 tonnes par département. Mais si l'on suit les recommandations de l'OMS, nous ne devons pas consommer plus de 5 grammes par jour, donc 122 275 tonnes par an. Quant à connaître la quantité de sel consommée par les animaux d'élevage, cela relève presque de l'impossible et il faut procéder espèce par espèce [40]. Le cheptel bovin laitier subsistant et le cheptel de bœufs de trait consommeraient à peu près 11 680 tonnes de sel par an, celui des 500 000 chevaux lourds qu'on espère avoir réunis en 2040 107 tonnes par an, celui des poulets 99 280 tonnes. La part des ovins et caprins étant mineure, c'est environ 115 000 tonnes de sel par an qu'il faudrait apporter à l'élevage en 2040. Et donc quelque 237 275 tonnes pour l'alimentation humaine et animale. Soit 2 373 tonnes par département. Une fois les commandes passées aux fournisseurs, tant que subsisteront, même réduits, des services de courrier postal ainsi que des communications électroniques, les cargaisons arriveront en gare, où elles devront être stockées à proximité dans un entrepôt sec (mais même humidifié, le sel est parfaitement consommable).

Les 1 223 tonnes destinées à l'alimentation humaine devront être distribuées dans les 1 005 commerces du département par 1 630 VUL, ou plutôt 6,3 VUL sur 260 jours, multipliés par 4 en raison des distances à parcourir depuis la gare, soit 25 VUL non complètement chargés et 2 509 au niveau national. Quant aux 2 372 tonnes réservées pour l'alimentation des animaux, arrivées de même en gare, elles seront livrées non pas éleveur par éleveur, mais en vrac sur les parcelles, en en déposant en tas la quantité nécessaire pour 10 parcelles – que les chevaux pourront aisément répartir parcelle par parcelle, soit sur 1 200 parcelles. Là encore, on se servira de VUL. En théorie, 3 163 VUL pourraient les charger, mais comme pour l'alimentation animale, ils rouleront pendant 260 jours, soit 12,16 VUL sur les routes mais multipliés par 4 pour des raisons de distance, soit l'emploi de 49 VUL et 4 900 au niveau national.

Exemples de quelques autres produits de base

Le papier

La filière papiers-cartons (papier à usage graphique, papiers d'hygiène, et papiers et cartons d'emballage) produit environ 8 millions de tonnes, dont quelque 2 millions de tonnes de papier graphique, 1,3 million de tonnes de papiers d'hygiène divers (dont une majeure partie importée) et 4,5 millions de tonnes de papiers et cartons d'emballage[41], demandant 2,5 millions de m^3 de bois par an. Si l'on examine le seul cas du papier graphique, on ôtera un quart de cette production, destiné à la publicité, et restera 1,5 million de tonnes. 2,5 tonnes de bois environ étant nécessaires pour en fabriquer 1 tonne[42], pour en produire 1,5 million de tonnes, il faudra donc 3,7 millions de tonnes de bois, mais en réalité beaucoup moins car 64 % de la matière première provient de papiers et cartons recyclés[43], ce qui réduit la quantité de bois à 1,3 million de tonnes. Ces papiers et cartons recyclés seront déposés par les camions de collecte dans 100 entrepôts créés à travers le département, où les artisans papetiers pourront venir se servir avec leur VUL.

S'agissant du papier et de ses dérivés, comme pour bien d'autres produits, on compte un nombre d'industries et de fabricants trop faible, un écueil sur lequel nous butons sans cesse en raison de nos modes de transports : 1 233 entreprises[44], soit un peu plus de 12 entreprises en moyenne par département pour la filière papetière[a]. C'est dire que les trajets vont être plus longs entre les fabricants et les lieux de distribution, même si cette distribution n'est pas à faire au jour le jour, ce qui permet un usage plus raisonné des véhicules.

Jusque vers 2030-35, la collecte du bois coupé, puis sa distribution vers les sites de fabrication papetière, ne semblent pas soulever trop de difficultés (y compris pour le transport jusqu'aux sites de menuiserie-charpenterie et la vente aux foyers de bois de chauffage et de cuisson).

Mais la situation en 2035-2040, sera radicalement différente. *À supposer* que les industries de recyclage existent encore à ces dates, il s'agira de livrer aux industries, au niveau départemental, 13 000 tonnes de bois, ce qui peut se faire sur 318 jours de l'année avec 9 camions. Puis d'en récupérer le produit – 20 000 tonnes de papier – qui pourrait être distribué dans les 1 005 commerces sur 6 mois, d'avril à septembre (pendant les périodes tièdes et chaudes, afin d'éviter que le papier ne s'abîme), à l'aide de 30 camions.

Soit au niveau national 3 900 camions pour la filière du papier graphique.

---

a. Pour les deux branches d'activité, la fabrication de la pâte à papier, à partir de bois ou de papiers-cartons à recycler, et celle des différents produits qu'on en tire.

Le savon, les détergents, le papier hygiénique

Au niveau départemental, la consommation moyenne de savon s'élève à 960 tonnes par an. Il existe 1 212 entreprises de fabrication de savon [45], parfums et produits d'entretien, soit 12 en moyenne par département. À raison d'un jour par semaine, 8 camions pourraient charger le savon chez les fabricants puis le livrer dans les commerces, soit 800 au niveau national.

S'agissant des détergents, les données concernant leur consommation sont rares mais on l'estime à 80 litres par foyer et par an [46]. Soit, si l'on choisit une équivalence approximative de 1 litre égale 1 kilo, le besoin des 28 millions de foyers sera de 2,2 millions de tonnes. Un chiffre qui concerne la totalité des produits nettoyants mis sur le marché et que l'on peut aisément réduire à 1 million, les temps étant à l'économie et chaque acheteur sélectionnant selon ses besoins. Par département, il s'agit donc de charger et livrer 10 000 tonnes de ces produits sur l'année (318 jours), ce qui nécessite 14 camions à temps plein et 1 400 au plan national.

Par département toujours, charger et livrer sur la durée 4 020 tonnes de papier hygiénique par an nécessiteraient 6 camions et donc 600 au niveau national.

Vu le coût et la dépense en énergie de la production de papiers, neufs ou recyclés (un papier usagé ne peut être recyclé que cinq fois), on se passera bien sûr des papiers annexes tels les mouchoirs, les serviettes de table, l'essuie-tout, les lingettes, les gobelets et assiettes en carton… De même devra-t-on abandonner les couches pour enfant jetables, dont 3,5 milliards sont utilisées par an, représentant 351 000 tonnes de déchets, et des serviettes hygiéniques jetables pour les remplacer par leurs équivalents lavables. Il existe aujourd'hui dans le commerce des couches lavables faites de chanvre bio, matière absorbante, et de coton bio, produit en Turquie et en Tunisie et tissé en Europe, où le nombre de tisseries décline beaucoup, en Italie, en Espagne, en Grèce, mais connaîtra un très probable renouveau face à la demande ascendante. Il est donc possible d'envisager à l'avenir une importation de ces produits.

Encore n'ai-je donné ici l'exemple que de quatre produits nécessaires, qui à eux seuls exigeront l'usage de 6 700 camions et autant de VUL.

Le cuir

La production de cuir n'est malheureusement effectuée que dans 65 départements, et le nombre de tanneurs-mégissiers n'est plus que de 60, soit 0,9 par département. Il faut y ajouter 117 selliers, fabriquant des articles de sellerie-harnachement. Aujourd'hui sont produites 137 000 tonnes de cuir, provenant d'environ 457 000 tonnes de peaux brutes. Hormis les sacs, les vestes, les portefeuilles, les ceintures, ce sont surtout les chaussures qui absorbent cette quantité de cuir. En France, ce sont 6 paires de chaussures qui sont vendues par personne et par an. En 2016, les ateliers de maroquinerie-sellerie ont fabriqué 10 millions de sacs. Il est bien évident qu'en 2035-2040 et plus tard, ce train de vie aura considérablement baissé et qu'acheter une paire de chaussures tous les deux ans sera déjà beaucoup. Il est ainsi raisonnable de diviser la production par 12 : donc de ne prélever que 38 055 tonnes de peaux brutes et ne produire que 11 416 tonnes de cuir, surtout utilisées pour la confection de chaussures, mais aussi, et ceci est primordial, de harnais et de sangles pour la traction animale, mais aussi de selles pour les chevaux de monte. Et donc au niveau départemental (pour ces 65 départements), 380 tonnes de peaux et 114 tonnes de cuir seront à transporter.

On l'a vu dans le texte, ce transport de peaux fraîches et de cuir au retour des abattoirs devra être assumé par des camions thermiques frigorifiques désinfectés chaque jour. Il serait sans doute pertinent de hausser le nombre de peaux de bœufs pour le harnachement des futurs 9 millions de bêtes de trait, et *ce dans les années 2030*, tant que ces camions seront nombreux et disposeront d'assez de carburant, afin de préparer colliers et sangles pour 2035(-2040). Sans oublier la livraison de 74 tonnes de vêtements en cuir aux magasins d'habillement (car il faut en conserver 40 tonnes pour les départements démunis). En réalité il faut abaisser le nombre de ces tonnes de vêtements pour conserver du cuir aux fins de fabrication de millions de harnachements, fabrication qui devra débuter dès 2030, la distribution des peaux et des cuirs étant encore aisée à cette époque, afin que nous soyons prêts pour 2040. Et en constituer des réserves pour les temps où nous n'en aurons plus, tant pour les vêtements que pour les harnachements. Sans oublier qu'un futur élevage de chèvres angoras pour la laine (cf. *infra*) pourra nous en fournir une partie.

Le lin

Comme on sait, l'essentiel de nos textiles et vêtements est importé. En outre, ils sont pour une grande part mêlés de sous-produits plastiques pétroliers (acrylique, polyester) qui produisent des nanoparticules qui polluent largement les eaux. Avec la fin du pétrole, ne nous resteront que les fibres naturelles, coton, lin, chanvre, laine, soie. Sans tenir compte du coton, les filières de production des autres textiles ont disparu de France ou quasiment.

La production française de lin est très importante, de 90 000 tonnes de fibres, mais il n'est cultivé que dans 8 départements. 85 % de cette production est exportée en Chine et en Inde, une fois le rouissage [a] et le teillage [b] effectués. Mais le teillage doit être suivi de la filature, puis du tissage. Or la France a abandonné ces étapes et réimporte d'Asie les vêtements en lin. On doit donc malheureusement abandonner cette filière… Ou bien, mieux, la reconstruire, comme il semble que cela commence à être le cas avec celle du chanvre. De même que pour le chanvre, le manque patent de vêtements et tissus venus de Chine, qui s'aggravera avec les années, encouragera sans doute des artisans à recréer des filatures et des ateliers de tissage, et donner un nouvel essor à cette création de textiles, dont nous allons avoir grandement besoin, outre les fils, ficelles et cordes que la fibre de lin, très résistante, peut nous fournir.

---

a. Le rouissage, qui consiste à couper le lin et le laisser à plat sur les champs, permet la dégradation de la partie extérieure de la plante, grâce à l'humidité et aux bactéries, ce qui facilite l'étape suivante du teillage.

b. Le teillage est la seconde préparation du lin. Il consiste à en ôter les graines et à séparer la paille des fibres de lin.

Le chanvre

Le chanvre reste la seule matière convenant à des vêtements d'été en remplacement du lin. Il produit des vêtements plus doux et plus résistants que le coton. On produit en France 50 000 tonnes de chanvre, qui peut servir à de multiples usages[a] [47]. Sa production principale est en Champagne-Ardenne, mais il est aussi bien présent en Île-de-France, Normandie, Bourgogne et dans les Pays-de-la-Loire[48], et essentiellement dans 27 départements. Le chanvre peut cependant pousser sur presque toutes les terres à la condition qu'elles ne soient pas trop arides.

La France est le premier producteur de chanvre en Europe et le second producteur mondial. Après la généralisation des vêtements en coton ou en coton mêlé de fibres synthétiques, le pays a laissé tomber la filière textile pour se concentrer sur les produits industriels. Alors qu'on peut en tirer du tissu mais aussi du tissu éponge, des types de sergés, comme le jean, le chevron et la flanelle, ainsi que différents types de textiles tricotés tels que le jersey et le velours rasé, et des couches, des tabliers, des torchons, des rideaux[49]...

Mais la filière chanvre connaît un regain d'énergie et un intérêt croissant. Le nombre d'hectares cultivés augmente constamment et en 2020, 17 900 hectares y étaient alloués. Elle compte à présent 1 414 producteurs.

Une fois le chanvre à maturité, il est coupé et, comme le lin, mis à rouir sur le champ, afin de faciliter la séparation de l'écorce filamenteuse de la tige. Suit le teillage, qui, par broyage, sépare les parties ligneuses de la fibre pour en extraire du fil. Ces opérations ont lieu en France. Mais les entreprises de filature et de tissage ont en revanche déserté le territoire[50]. 90 % du textile vendu en France est importé d'Asie (50 %), d'Afrique du Nord et d'Europe (Italie, Ukraine, Roumanie[51]).

---

a. Les cordages, ficelles, textiles, pâtes à papier, litières, fibres techniques, matériaux composites, cosmétiques, pharmacie, isolants et composants de bétons légers, huiles alimentaires...

La filière textile est elle aussi à reconstruire en France et plusieurs acteurs travaillent activement à sa renaissance. Parmi les projets 2021 de l'association Lin et Chanvre Bio : assurer le suivi de teillage, filature, tissage et tricotage du chanvre récolté [52]. En outre, « si la production était auparavant fastidieuse, un nouveau procédé a vu le jour au cours des années 1980. La technique est simple, naturelle et efficace : un champignon nettoie les fibres de chanvre et ne laisse subsister que la lignine qui intéresse l'industrie textile. Les fibres ainsi obtenues sont très polyvalentes, douces et souples. Ce procédé enzymatique et microbien a le grand avantage d'évacuer toute forme de traitement nocif pour la peau et les milieux naturels [53] ».

Il semble très probable qu'outre ce renouveau, quand la contraction pétrolière commencera d'être sensible, en 2030, et que surtout les acteurs industriels du textile apprendront, ou prendront conscience que la fin du pétrole n'est pas loin, et avec elle la fin de l'importation de coton (qui peut se faire par voie ferroviaire mais nécessite des camions de distribution) et celle de la fabrication de fibres synthétiques, de même que la fin du monopole chinois guette, ils s'empareront de la filière chanvre, et de celle du lin, pour pouvoir produire des tissus et vêtements de manière indépendante.

La laine

Très importante est la laine : la France produit 14 000 tonnes de laine brute, dont elle exporte plus de la moitié, principalement en Chine et en Inde, et qu'il nous faudra conserver pour notre usage. Ces 14 000 tonnes seront à distribuer aux industries du textile, au nombre de 2 200 (22 par département), puis aux 1 150 industries de l'habillement (11 ou 12 par département) et enfin aux magasins. Au niveau départemental, transporter les 140 tonnes de laine (les toisons se conservent bien) jusqu'aux industries demandera 1 camion par jour sur 31 jours. Puis transférer les tissus de laine aux industries de l'habillement demandera de même 1 camion sur 31 jours. Enfin, ce sera à nouveau 1 camion sur 31 jours qui apportera les produits finis aux 43 magasins de vêtements. Il serait plus intelligent que nos 1 005 magasins répartis dans toutes les villes, bourgs et villages disposent également d'un entrepôt (fermé) où entasser les surplus de produits, tels les vêtements de laine (à enfermer dans des coffres étanches et protéger des mites par des répulsifs naturels efficaces tels que lavande, thym, romarin, menthe, laurier, savon de Marseille...), mais aussi quantité d'autres produits (huiles, vin, papiers...) susceptibles d'arriver en trop grande quantité.

Soit pour la filière laine un besoin de 3 camions sur 31 jours, et donc de 300 au plan national.

Ce secteur a comme les autres perdu de son importance. Mais, là encore, une reprise est en cours depuis une dizaine d'années, avec la prise de conscience des dégâts de la mondialisation.

Évidemment, avec la suppression de la consommation de viande de mammifères, nous perdrons la laine des moutons, aussi utile pour les pull-overs, gants, bonnets, écharpes, que pour la matelasserie et les couvertures. Il existe à cela des alternatives. Tous nos vêtements usagés en laine peuvent être recyclés (de même que ceux en pur coton), mais l'on compte seulement un peu moins de 100 usines pratiquant cette activité. Un nombre, vu les conditions futures, qui sera sans guère de doute amené à croître, ce qui nous sera absolument indispensable.

Nous aurons également conservé la volaille, dont nous pourrons utiliser les très précieux duvets et plumes, après traitement, tant pour la literie (matelas, couettes, oreillers) que pour les coussins ou les vêtements chauds (anoraks, capuches, gants). Là aussi, le secteur s'est effondré et il ne reste que 40 matelassiers en France. Mais la filière, comme les précédentes, connaîtra probablement un renouveau. Reste encore la possibilité, sur les millions d'hectares que nous avons récupérés sur l'élevage, d'élever un cheptel (dispersé dans tous les départements) de chèvres angoras, faciles à nourrir, peu demandeuses d'espace, et nous fournissant de la laine mohair.

Notes

1. Fred Vargas, *L'Humanité en péril. Virons de bord, toute ! Le combat pour nos enfants*, éd. augmentée, Flammarion, 2019-2020.

Quelles conditions climatiques allons-nous connaître ?

1. https://www.ipcc.ch/site/assets/uploads/2018/02/SYR_AR5_FINAL_full_fr.pdf.

2. Rapport d'études n° 2 – Données scientifiques et scénarios climatiques – Observations défense et climat (inspiré du 5e rapport du GIEC de 1013), 2017.

3. Rapport du GIEC, 2018.

4. *Op. cit.*, cf note 2 *supra*.

5. *Ibid.*

6. www.forecaast.eu>le-changement-climatique>les-scenarios-du-giec – Rapport de Synthèse du GIEC 2013-2014.

7. http://www.foreccast.eu/fr/le-changement-climatique/les-scenarios-du-giec.html

8. Rapport d'études n° 2 – Données scientifiques et scénarios climatiques – Observations défense et climat (inspiré du 5e rapport du GIEC de 1013), 2017.

9. IPCC (Intergovernmental Panel on Climate Change) – GIEC, Special Report on the Ocean and Cryosphere in a Changing Climate (SROCC), septembre 2019 https://www.ipcc.ch/report/srocc

10. https://www.defense.gouv.fr/content/download/509187/8602524/file/OBS_Climat%20et%20defense_201705_RE2.pdf – Rapport d'étude – 2017.

11. https://www.ipcc.ch/site/assets/uploads/2018/08/TAR_syrfull_fr.pdf

12. https://www.ipcc.ch/site/assets/uploads/sites/4/2020/06/SRCCL_SPM_fr.pdf

13. « Global Annual Mean Surface Air Temperature Change, NASA », 2020, graphique reproduit *in* https://fr.wikipedia.org/wiki/Réchauffement_climatique

14. https://www.ipcc.ch/site/assets/uploads/2018/03/WG1AR5_SummaryVolume_FINAL_FRENCH.pdf.

15. http://www.meteofrance.fr/climat-passe-et-futur/le-climat-futur-a-l-echelle-du-globe.

16. https://www.partagedeseaux.info/Les-consequences-du-changement-climatique-sur-les-ressources-en-eau.

17. https://www.ipcc.ch/ipccreports/tp-climate-change-water.htm

18. Rapport technique du GIEC/IPCC sur le changement climatique et l'eau. http://www.ipcc.ch/ipccreports/tp-climate-change-water.htm

19. https://www.partagedeseaux.info/Les-consequences-du-changement-climatique-sur-les-ressources-en-eau

20. https://www.eaufrance.fr/le-prix-de-leau

21. https://www.eaufrance.fr/les-volumes-de-precipitations

22. https://www.ecologie.gouv.fr/sites/default/files/ONERC_Climat_France_XXI_Volume_4_VF.pdf

23. http://www.drias-climat.fr

24. https://www.senat.fr/rap/r18-511/r18-511_mono.html – Travaux parlementaires – « Adapter la France aux dérèglements climatiques à l'horizon 2050 : urgence déclarée » – Rapport d'information n° 511 (2018-2019) de MM. Ronan Dantec et Jean-Yves Roux, fait au nom de la Délégation sénatoriale à la prospective, déposé le 16 mai 2019.

25. http://www.meteofrance.fr/climat-passe-et-futur/le-climat-futur-a-l-echelle-du-globe

26. https://www.cieau.com/eau-transition-ecologique/enjeux/rechauffement-climatique-les-consequences-sur-leau/

27. https://www.senat.fr/rap/r18-628/r18-6282.html

28. https://www.ipcc.ch/site/assets/uploads/2018/03/WG1AR5_SPM_brochure_fr.pdf

29. Rapport « Le climat de la France au 21e siècle » « Scénarios régionalisés édition 2014 » publié par le ministère de l'Écologie.

30. https://lempreintecarbone.fr/impact-rechauffement-climatique-sante/

31. https://www.statistiques.developpement-durable.gouv.fr/sites/default/files/2018-10/chiffres-stats595-emissions-de-co2-2012-janvier 2015.pdf

32. https://www.connaissancedesenergies.org/les-chiffres-cles-de-lenergie-dans-le-monde-170926

33. Jean-Marc Jancovici, *Dormez tranquilles jusqu'en 2100*, éd. Odile Jacob, 2015.

34. D. H. Meadows, D. L. Meadows, Jorgen Randers, William Behrens, *The Limits to Growth, A report of THE CLUB OF ROME'S Project on the Predicament of Mankind*, ed. Universe Books, 1972.

Le pic du pétrole et son déclin

1. https://www.connaissancedesenergies.org/quelle-est-la-difference-entre-petrole-conventionnel-et-petrole-non-conventionnel – 2014.

2. http://www.aspo.be/wp-content/uploads/2019/05/Peak_Oil_Lalouviere2019.pdf

3. https://www.connaissancedesenergies.org/fiche-pedagogique/agence-internationale-de-l-energie-aie

4. Matthieu Auzanneau, *in* : https://theshiftproject.org/wp-content/uploads/2020/06/Étude_Déclin-de-lapprovisionnement-de-lUE-en-pétrole-dici-2030_TSP.pdf

5. *Ibid.*

6. *Ibid.*

7. *Ibid.*

8. https://www.facebook.com/notes/jean-marc-jancovici/y-a-t-il-une-vie-après-le-pic-pétrolier-/10156715034093191/

9. https://aspofrance.files.wordpress.com/2017/03/pecc81trole-gaz-charbon-ii.pdf – 2017.

10. https://aspofrance.files.wordpress.com/2017/03/pecc81trole-gaz-charbon-ii.pdf – 2017.

11. https://iris-recherche.qc.ca/blogue/le-gouvernement-doit-coordonner-l-arret-de-l-exploitation-du-petrole-des-sables-bitumi neux.

12. https://www.science-et-vie.com/archives/le-grand-nord-ulti me-manne-petroliere-38770 – 2019.

13. https://www.picbleu.fr/page/fin-petrole-hydrocarbures-reserves-prouvees-probables

14. https://www.science-et-vie.com/archives/le-grand-nord-ultime-manne-petroliere-38770 – 2008, mis à jour 2019.

15. https://www.usinenouvelle.com/article/total-renonce-a-l-arc tique.N182822

16. Dépêches GoodPlanet Mag', 2020.

17. Matthieu Auzanneau, *in* : https://theshiftproject.org/wp-content/uploads/2020/06/Étude_Déclin-de-lapprovisionnement-de-lUE-en-pétrole-dici-2030_TSP.pdf

18. https://jancovici.com/transition-energetique/petrole/a-quand-le-pic-de-production-mondial-pour-le-petrole/

19. Matthieu Auzanneau, *in* : https://theshiftproject.org/wp-content/uploads/2020/06/Étude_Déclin-de-lapprovisionnement-de-lUE-en-pétrole-dici-2030_TSP.pdf

20. https://www.capital.fr/economie-politique/230-000-milliards-deuros-le-montant-stratospherique-de-la-dette-mondiale-1355437

21. https://www.capital.fr/economie-politique/230-000-milliards-deuros-le-montant-stratospherique-de-la-dette-mondiale-1355437 – 2019.

22. https://www.capital.fr/entreprises-marches/la-dette-record-fait-courir-de-grands-risques-a-leconomie-avertit-le-fmi-1354726 – 2019.

23. https://economie.fgov.be/fr/themes/entreprises/coronavirus/impact-economique

24. https://theshiftproject.org/article/nouveau-rapport-approvi sionnement-petrolier-europe/

25. https://www.connaissancedesenergies.org/petrole-shift-project-precise-les-risques-dapprovisionnement-de-lue-210528

26. Jean-Marc Jancovici, *Dormez tranquilles jusqu'en 2100*, *op. cit.*

27. https://jancovici.com/transition-energetique/petrole/a-quand-le-pic-de-production-mondial-pour-le-petrole/ – 2014.

28. https://www.ifpenergiesnouvelles.fr/enjeux-et-prospective/decryptages/energies-fossiles/tout-savoir-petrole – sd.

Les conséquences du déclin pétrolier

1. Pablo Servigne, Raphaël Stevens, *Comment tout peut s'effondrer*, éd. Seuil, 2015.

2. https://jancovici.com/transition-energetique/petrole/le-prix-du-petrole-gouverne-t-il-leconomie/ – 2014.

3. Voir graphique *in* : https://jancovici.com/transition-energetique/petrole/a-quand-le-pic-de-production-mondial-pour-le-petrole/ – 2014.

4. https://usbeketrica.com/fr/article/matthieu-auzanneau-du-shift-project-le-risque-de-problemes-d-approvisionnement-en-petrole-pour-l-ue-d-ici-a-2030-est-eleve

5. https://www.statistiques.developpement-durable.gouv.fr/edition-numerique/chiffres-cles-transport-2021/3-reseaux-ferroviaires-exploites-par-la

6. Bronick, C. J. and Lal, R., « Soil structure and management : A review », *Geoderma*, 124, 3-22, 2005.

7. Wilhelm, W. W. ; Johnson, J. M. F. ; Hatfield, J. L. ; Voorhees, W. B. ; Linden, D. R., « Crop and soil productivity response to corn residue removal : A literature review », *Agron. J.*, 96 (1), 1–17, 2004.

8. https://reporterre.net/methanisation-un-digestat-bien-indigeste-pour-les-sols-et-les-eaux

9. https://www.infometha.org/effets-socio-economiques/etat-des-lieux-de-la-methanisation-en-europe

10. https://projet-methanisation.grdf.fr/la-methanisation/la-dynamique-du-marche

11. https://www.lesclesdumoyenorient.com/Maghreb-et-Moyen-Orient-les-pays-producteurs-de-petrole-et-de-gaz-naturel-en-2743.html
12. https://www.senat.fr/rap/r05-259/r05-2595.html
13. https://jancovici.com/transition-energetique/petrole/a-quand-le-pic-de-production-mondial-pour-le-petrole/
14. https://www.fioulmoinscher.fr/Les-plus-grands-pays-producteurs-de-petrole-au-monde – 2016.
15. Selon le graphique proposé par J-M. Jancovici, *in* : https://jancovici.com/transition-energetique/petrole/a-quand-le-pic-de-production-mondial-pour-le-petrole/ 2014
16. https://jancovici.com/transition-energetique/charbon/comment-sexploite-le-charbon/ – 2009.
17. https://www.latribune.fr/opinions/tribunes/petrole-americain-ce-que-l-on-nous-fait-croire-837645.html
18. https://jancovici.com/transition-energetique/petrole/a-quand-le-pic-de-production-mondial-pour-le-petrole/
19. https://www.actu-environnement.com/ae/news/methane-emissions-energie-aie-fuites-satellites-39180.php4
20. https://www.foreccast.eu/fr-le-changement-climatique/les-scenarios-du-giec.html

Le parc roulant et aéronautique en France de 2022 à 2040

1. https://www.ecologie.gouv.fr/sites/default/files/Synthèse%20finale%20Projet%20de%20PPE.pdf
2. https://www.statistiques.developpement-durable.gouv.fr/parc-et-immatriculations-des-vehicules-routiers
3. https://www.statistiques.developpement-durable.gouv.fr/le-parc-de-poids-lourds-en-circulation-est-stable-au-1er-janvier-2020
4. www.facebook.com › jeanmarc.jancovici › posts › le-pic-pétrolier-est-maintenant-a-notre-porte – 2020.
5. https://www.bfmtv.com/economie/centrale-nucleaire-de-fessenheim-la-cour-des-comptes-met-en-garde-contre-le-cout-de-sa-fermeture_AN-202003040167.html
6. https://www.vie-publique.fr/en-bref/273769-demantelement-des-installations-nucleaires-mieux-maitriser-les-couts

7. Voir note 446.

8. https://www.gaz-mobilite.fr/dossiers/biognv-definition-biogaz/

9. https://atee.fr/system/files/2019-12/2015%2012_biogaz_documentation_guide_biognv_transporteurs.pdf

10. https://www.transportshaker-wavestone.com/le-biognv-un-carburant-pour-decarboner-le-secteur-du-transport/

11. https://www.gaz-mobilite.fr/dossiers/fonctionnement-voiture-gnv/

12. https://www.gaz-mobilite.fr/dossiers/camions-gnc-vs-camions-gnl-technologies-choisir-poids-lourds-gnv/

13. https://www.bfmtv.com/auto/l-interdiction-des-moteurs-thermiques-pas-rationnelle-pour-les-constructeurs-europeens_AD-202107140266.html

14. https://www.ege.fr/infoguerre/2020/12/guerre-de-linformation-emissions-de-polluants-gnv

15. https://www.ege.fr/infoguerre/2020/12/guerre-de-l'information-emissions-de-polluants-gnv

16. https://www.afgnv.org/wp-content/uploads/2019/02/2017.11-Plan_de_deploiement_gnv_france_2030.pdf

17. https://www.total.fr/pro/total-me-conseille/vehicules/utiliser-gaz-naturel-pour-son-vehicule

18. https://www.bioethanolcarburant.com/tout-sur-le-bioethanol/

19. « Towards Sustainable Production and Use of Resources : Assessing Biofuels analyse » du Groupe international sur la gestion durable des ressources du Programme des Nations unies pour l'environnement (PNUE).

20. https://www.notre-planete.info/actualites/2151-bilan_emissions_CO2_biocarburants – sd.

21. *Ibid.*

22. *Ibid.*, cf. *supra.*

23. https://swordprod.com/sarah-winter-yzf/voiture-neuve-flexfuel-2020-e2a5b5

24. https://www.autonews.fr/green/dossiers/bioethanol-e85-le-retour-gagnant-du-petrole-vert-89502

25. https://www.notre-planete.info/ecologie/energie/biocarburants.php

26. https://www.liberation.fr/france/2017/01/10/l-ed95-a-t-il-de-l-avenir-comme-substitut-au-diesel_1539539/

27. https://www.euro-energie.com/ed95-un-biocarburant-au-format-poids-lourd--n-5858

28. http://blog.dekra-norisko.fr/ed95-alternative-diesel/

29. https://www.bastamag.net/Comment-faire-le-plein-moins-cher-sans-polluer-grace-a-l-huile-de-friture

30. https://www.notre-planete.info/actualites/2151-bilan_emissions_CO2_biocarburants – sd.

31. https://jancovici.com/transition-energetique/renouvelables/que-pouvons-nous-esperer-des-biocarburants/

32. https://www.ecologie.gouv.fr/sites/default/files/Synthèse%20finale%20Projet%20de%20PPE.pdf

33. https://jancovici.com/transition-energetique/transports/la-voiture-electrique-est-elle-la-solution-aux-problemes-de-pollution-automobile/

34. https://www.capital.fr/auto/cout-recharge-vitesse-10-idees-recues-sur-la-voiture-electrique-1358847

35. https://pfa-auto.fr/wp-content/uploads/2020/02/rte_-_mobilite_electrique_-_principaux_resultats_-_vf.pdf

36. https://www.encyclo-ecolo.com/Lithium

37. https://www.encyclo-ecolo.com/Lithium

38. https://trustmyscience.com/batterie-lithium-ion-sans-cobalt-mais-performante/

39. https://www.focusgroupemedia.com/gabon-4eme-producteur-de-manganese-au-monde-et-2eme-en-afrique-en-2020/

40. https://fr.statista.com/statistiques/565212/principaux-pays-producteurs-de-nickel/

41. https://www.ipsos.com/fr-fr/80-des-francais-roulent-moins-de-50-km-par-jour

42. https://pro.largus.fr/actualites/lassemblee-nationale-vote-la-fin-des-ventes-de-vehicules-thermiques-9832394.html

43. https://jdlgroupe.com/2020/02/19/grues-mobiles-un-marche-qui-bondit-de-30/

44. https://www.statistiques.developpement-durable.gouv.fr/le-parc-de-poids-lourds-en-circulation-est-stable-au-1er-janvier-2020

45. https://reporterre.net/La-voiture-a-hydrogene-est-un-miroir-aux-alouettes-de-la-transition-energetique

46. https://www.imo.org/fr/MediaCentre/HotTopics/Pages/Reducing-greenhouse-gas-emissions-from-ships.aspx

47. https://www.journalmarinemarchande.eu/actualite/shipping/decarbonation-du-transport-maritime-quand-la-banque-mondiale-sen-mele

48. https://www.courrierinternational.com/article/aeronautique-boeing-promet-des-avions-sans-kerosene-dici-2030

49. https://www.nationalgeographic.fr/environnement/victime-de-lhomme-la-foret-amazonienne-aggraverait-desormais-le-rechauffement

50. https://www.novethic.fr/actualite/environnement/climat/isr-rse/les-carburants-durables-le-pari-de-l-aviation-pour-atteindre-la-neutralite-carbone-en-2050-150228.html

51. https://www.acte-international.com/web/aw_45570/fr/transport-aerien-vers-un-avion-moins-polluant

52. https://www.geo.fr/environnement/comment-les-compagnies-aeriennes-esperent-atteindre-la-neutralite-carbone-en-2050-206579

53. https://www.indemniflight.com/blog/les-carburants-daviation-durables-lavenir-du-transport-commercial/

54. https://informazout.be/fr/blog/power-liquid-ou-ptl-un-combustible-liquide-puissant

55. https://theshiftproject.org/wp-content/uploads/2021/03/Pouvoir-voler-en-2050_ShiftProject_Rapport-2021.pdf

56. The Shift Project, *Climat, crises : Le plan de transformation de l'économie française*, éd. Odile Jacob, 2022.

Les transports de biens jusqu'en 2040 (2045)

1. https://www.ania.net/presentation-ania/nos-chiffres-cles

2. https://www.insee.fr/fr/statistiques/3676833?sommaire=3696937

3. https://www.insee.fr/fr/statistiques/4474959#titre-bloc-6

4. https://www.cnpf.fr/n/les-chiffres-cles-de-la-foret-privee/n:33

5. https://www.expertschaleurbois.fr/nos-conseils/se-chauffer-au-bois/10-est-ce-une-solution-economique

6. ONF_en_chiffres_2019.pdf
7. https://www.simplyfeu.com/page/info-conseils/combien-pese-1-stere-de-bois
8. https://www.francetvinfo.fr/economie/emploi/metiers/agri culture/alertepollution-les-methaniseurs-qui-fabriquent-du-biogaz-avec-des-dechets-sont-ils-vraiment-ecologiques_3722153.html
9. https://www.grdf.fr/institutionnel/actualite/dossiers/biome thane-biogaz/unites-injection-gaz-vert
10. home.iesf.fr/offres.file_inline_sre/752/752_pj_181217_165 427.pdf
11. https://www.ademe.fr/expertises/dechets/passer-a-laction/tri-pretraitement/dossier/centres-tri-dechets/centres-tri-dechets
12. https://www.ademe.fr/sites/default/files/assets/documents/76 95-transport-des-dechets-etude.pdf
13. Voir note *supra*.
14. https://reporterre.net/En-France-la-consigne-en-verre-renait-grace-a-des-pionniers
15. https://www.techniquesdelevage.fr/2016/04/impact-du-ramas sage-des-crottins-sur-la-fertilite-d-un-paturage.html
16. https://www.planetoscope.com/Mobilite/1318-.html

Le déplacement des personnes

1. https://ventdecolere.org/actualites/Ademe-2030-2050-syn thèse.pdf
2. https://www.insee.fr/fr/statistiques/2381474
3. https://www.insee.fr/fr/statistiques/2381474
4. https://www.lefigaro.fr/international/l-artere-ferroviaire-du-commerce-sino-europeen-20210115
5. https://www.lemondedelenergie.com/fabrication-batteries-enjeu-mobilite-electrique/2021/01/22/
6. https://www.euractiv.fr/section/energie/news/lue-entend-pro duire-la-totalite-de-ses-batteries-electriques-dici-a-2025/
7. https://www.industrie-techno.com/article/l-alliance-europeenne-de-la-batterie-insiste-sur-l-aspect-decarbone-de-la-batterie.56610
8. https://www.thegood.fr/voitures-electriques-relocaliser-lextrac tion-des-metaux-en-europe-est-un-enjeu-ethique-et-politique/

9. https://eur-lex.europa.eu/resource.html?uri=cellar:72b1e42b-5ab2-11e9-9151-01aa75ed71a1.0003.02/DOC_1&format=PDF

10. https://eur-lex.europa.eu/legal-content/FR/TXT/HTML/?uri=CELEX:52019DC0176&from=en

11. https://www.aisne.gouv.fr/content/download/24281/160440/file/4_2_etude_impact.pdf

12. https://www.novethic.fr/actualite/energie/energies-fossiles/isr-rse/face-au-declin-de-la-production-l-europe-risque-de-manquer-de-petrole-d-ici-2030-selon-le-shift-projet-149853.html

13. *Ibid.*

14. http://www.euractiv.fr/section/energie/interview/la-norvege-exploitera-ses-reserves-gazieres-jusqu-a-la-derniere-goutte/

15. https://www.leparisien.fr/economie/vehicules-electriques-700-000-tonnes-de-batteries-a-recycler-en-2035-12-08-2019-8132193.php

16. https://www.veolia.com/fr/solution/recyclage-batteries-voitures-electriques-enjeu-ecologique

17. https://www.eramet.com/fr/quest-ce-que-le-projet-relieve-recycling-li-ion-batteries-electric-vehicle

18. https://www.suez.com/fr/actualites/communiques-de-presse/eramet-basf-suez-collaborent-developpement-procede-innovant-recyclage-batteries-lithium-ion-repondant-forte-croissance-marche-annees-venir

19. https://www.caminteresse.fr/sciences/peut-on-se-passer-de-petrole-pour-fabriquer-du-plastique-1188867/

20. https://www.sciencesetavenir.fr/high-tech/transports/le-pneu-increvable-de-michelin-roule-enfin_157668

21. https://librairie.ademe.fr/cadic/433/observatoire-pneus-usages-donnees_2017-201810-synthese.pdf?modal=false

22. https://www.ecoco2.com/blog/comment-fabriquer-des-pneus-neufs-avec-des-pneus-usages-trec-y-repond/

23. https://www.michelin.ca/fr/auto/conseils/pneus-101/comment-fabrique-t-on-un-pneu

24. https://www.goodplanet.info/2011/01/04/la-fievre-du-caoutchouc/

25. https://www.lefigaro.fr/matieres-premieres/2010/08/15/04012-20100815ARTFIG00204-la-demande-de-caoutchouc-reste-trcs-forte-dans-le-monde.php

26. https://fr.wikipedia.org/wiki/Recyclage_des_pneus

27. http://www.linternaute.com/actualite/savoir/07/petrole-yaourt/4.shtml

28. https://www.bbc.com/afrique/monde-56455815

L'avenir de notre mobilité après 2040-2045

1. https://www.notre-planete.info/actualites/4108-lampes-LED-avantages-inconvenients

2. https://www.ifce.fr/wp-content/uploads/2019/07/IFCE_OESC_Note_thematique-Effectifs-equides_juillet2019_V2.pdf

3. https://equipedia.ifce.fr/economie-et-filiere/economie/chiffres-cles-de-la-filiere/les-chiffres-sur-la-viande-chevaline?tx_web2pdf_pi1%5Baction%5D=&tx_web2pdf_pi1%5Bargument%5D=printPage&tx_web2pdf_pi1%5Bcontroller%5D=Pdf&cHash=241763c4d950d224e16808dac21123a3

4. https://www.classequine.com/races-chevaux/trait-du-nord/

5. https://www.veterinaire.fr/fileadmin/cru-1633601728/user_upload/Ressources_documentaires/Communication/publications/ODV-ATLAS-NATIONAL-2021.pdf

La traction animale et le remembrement : les deux clefs de notre survie

1. https://blog.spotifarm.fr/tour-de-plaine-spotifarm/tracteur-electrique-reve-ou-realite

2. https://solar.lowtechmagazine.com/fr/2008/06/horses-agricult.html

3. https://agriculture.gouv.fr/agriculture-et-foret/quelle-part-du-territoire-francais-est-occupee-par-lagriculture

4. https://www.la-viande.fr/animal-elevage/boeuf/alimentation-bovins

5. https://culturesetcompagnies.fr/lautosuffisance-alimentaire-en-france-est-elle-possible/

6. http://www.senat.fr/rap/r18-528/r18-5289.html – 2021.

7. https://www.senat.fr/rap/l98-129/l98-12921.html

8. https://www.franceagrimer.fr/fam/content/download/66150/document/BIL-VIA-LAI-Bilan2020-Perspectives2021.pdf?version=5

9. https://www.l214.com/animaux/chiffres-cles/statistiques-nombre-elevage-abattoir-france-viande/

10. https://www.grands-troupeaux-mag.fr/wp-content/uploads/2020/03/La-population-bovine-au-1er-décembre-2019.pdf

11. https://www.animalter.com/index.php?option=com_content&view=article&id=40:veaux&catid=9&Itemid=129

12. https://www.l214.com/vaches/elevage-veaux

13. https://www.fibl.org/fileadmin/documents/shop/1659-manipulation-bovins.pdf

14. http://gdsreseau3m.com/wp-content/uploads/2018/10/Castration-des-bovins-planches-imprimé-1.pdf

15. http://sg-proxy02.maaf.ate.info/IMG/pdf/AGRIFRA07c-2.pdf

16. https://www.insee.fr/fr/statistiques/4277860?sommaire=4318291

17. https://www.lafranceagricole.fr/actualites/cultures/biodiversite-diminuer-la-taille-des-parcelles-un-levier-considerable-et-sous-exploite-1,0,441235573.html

18. https://www.reussir.fr/grandes-cultures/des-avantages-limiter-la-taille-des-parcelles

19. https://www.alimenterre.org/l-agroecologie-peut-nourrir-le-monde

20. https://quoidansmonassiette.fr/perte-nutriments-dans-fruits-legumes-entre-1950-et-2000-cash-investigation/

21. https://www.terraeco.net/on-peut-nourrir-10-milliards-d,47024.html

22. https://www.nortene.fr/conseils-jardin/184/guide-de-lassociation-de-legumes-en-permaculture

23. https://agriculture.gouv.fr/plan-abattoirs-un-nouveau-plan-ambitieux-pour-des-resultats-concrets

24. http://tpe-viande.e-monsite.com/pages/les-impacts-sur-l-environnement/page-1.html

25. https://www.ciwf.fr/blog/2014/06/nourrir-la-population-de-facon-durable

26. https://www.insee.fr/fr/statistiques/3676823?sommaire=3696937

27. https://www.statistiques.developpement-durable.gouv.fr/sites/default/files/2019-06/datalab-36-environnement-agriculture-les-cc-edition-2018-juin2018.pdf

28. https://www.coordinationrurale.fr/lirrigation-en-france-les-disponibilites-en-eau-et-la-gestion-par-lorganisme-unique-ou/

29. https://www.statistiques.developpement-durable.gouv.fr/sites/default/files/2019-06/datalab-36-environnement-agriculture-les-cc-edition-2018-juin2018.pdf

30. https://sigessn.brgm.fr/IMG/pdf/ifen_etat_eau_souterraine.pdf

31. http://creuse-agricole.com/actualites/role-des-haies-quels-atouts-pour-les-haies-bocageres:VKWVQUQJ.html

32. https://www.arvalis-infos.fr/tassement-du-sol-de-la-prevention-a-la-correction-@/view-31362-arvarticle.html

33. https://www.maxisciences.com/environnement/les-sacs-plastiques-biodegradables-le-sont-ils-reellement-la-science-repond_art43174.html

34. https://www.bo-sens.ch/blog/2017/08/22/pe-polyethylene-plastique-ou-bioplastique/

35. https://www.labaraqueahuile.fr/quels-vegetaux-biocarburant/

36. https://www.soudureplastique.ma/certaines-applications-de-tuyaux-en-polyethylene-pe/

Le pic du gaz naturel

1. https://jancovici.com/transition-energetique/gaz/à-quoi-sert-le-gaz/ – 2014.

2. http://www.apse.be/petrole-web.pdf

3. aspofrance.files.wordpress.com – 2017.

4. https://jancovici.com/transition-energetique/gaz/a-quand-le-pic-de-production-mondial-pour-le-gaz/

5. Yves Mathieu, Institut du pétrole, 2010.

6. Jean-Marc Jancovici, *Dormez tranquilles jusqu'en 2100*, *op. cit.*

7. https://jancovici.com/transition-energetique/gaz/a-quand-le-pic-de-production-mondial-pour-le-gaz/ – 2013.

8. *Ibid.*

9. https://jancovici.com/transition-energetique/gaz/le-pic-de-production-il-y-en-aussi-eu-pour-le-gaz/ – 2015.

10. https://jancovici.com/transition-energetique/gaz/le-pic-de-production-il-y-en-a-aussi-un-pour-le-gaz/ – 2014, et : https://fr.statista.com/statistiques/565249/principaux-pays-en-termes-de-production-de- gaz-naturel-au-monde – 2017.

Le pic du charbon

1. Courbes dues à : Shilling *et al.* 1977 & BP Statistical Review 2010 pour la production passée ; Reserves, Resources and Availability of Energy Resources 2007, Annual Report, Federal Institute for Geosciences and Natural Resources, Germany pour les réserves ultimes, *in* : https://jancovici.com/transition-energetique/charbon/a-quand-le-pic-de-production-mondial-pour-le-charbon/ – 2014.

2. https://jancovici.com/transition-energetique/charbon/a-quoi-sert-le-charbon/

3. https://jancovici.com/transition-energetique/charbon/a-quand-le-pic-de-production-mondial-pour-le-charbon/ – 2014.

4. https://jancovici.com/transition-energetique/charbon/quel-potentiel-a-la-liquefaction-du-charbon/

5. https://www.lemonde.fr/blog/petrole/2021/10/12/metaux-critiques-charbon-gaz-petrole-nous-entrons-dans-les-recifs/#3

6. https://jancovici.com/transition-energetique/charbon/a-quand-le-pic-de-production-mondial-pour-le-charbon/

7. D'après Jean Laherrère, *in* : aspo.files.wordpress.com – 2017.

8. Philippe Gauthier, https://energieetenvironnement.com/2018/10/10/le-pic-charbonnier-a-ete-atteint-en-2013/#more-679

9. B. Durand et J. Laherrère, « L'évaluation des réserves ultimes de combustibles fossiles, clef de la modélisation du climat futur », https://aspofrance.files.wordpress.com/2016/10/bd_evaluation_reserves_ultimes_2015.pdf

10. Iñigo Capellán-Pérez *et al.*, « Likelihood of climate change pathways under uncertainty on fossil fuel resource availability », *in* : https://pubs.rsc.org/en/content/articlepdf/2016/ee/c6ee01008c – 2016.

11. Rutledge, D. Hubbert, *Analysis for Coal* – Rutledge2018ACS-2018.

12. *In* : aspo.files.wordpress.com – 2017.

13. Heinberg, R., Fridley, D. « The end of cheap coal », *Nature* 468, 367–369 (2010), https://doi.org/10.1038/468367a

14. Mohr *et al. Fuel*, 141, 120-135, 2015.

15. B. Durand et J. Laherrère, « L'évaluation des réserves ultimes de combustibles fossiles, clef de la modélisation du climat futur », *op.cit.*, cf *supra* note 9.

16. Philippe Gauthier *in :* https://energieetenvironnement.com/2018/09/23/la-faible-disponibilite-du-charbon

17. https://redsamovar.com/2018/10/01/dossier-la-locomotive-ep20-des-rzd/ – 2018.

Conséquences des pics des trois énergies fossiles sur le réchauffement

1. www.drias-climat.fr/decouverte/parcours/neo/temperature/carte

La consommation d'énergie finale à l'horizon (2040-)2050

1. https://www.gazprom-energy.fr/gazmagazine/2017/08/grand-carenage-principes/

2. https://www.actu-environnement.com/ae/news/nouveau-nucleaire-RTE-chiffre-pari-energetique-macron-39113.php4

3. https://www.publicsenat.fr/article/politique/relance-du-nucleaire-le-pari-industriel-d-emmanuel-macron-192535

4. The Shift Project, *Le Plan de transformation de l'économie française, op. cit.*

5. https://www.vie-publique.fr/en-bref/283969-construction-de-reacteurs-epr2-quel-cout-quels-risques

6. https://www.futura-sciences.com/sciences/actualites/ferromagnetisme-aimants-permanents-futur-seront-ils-terres-rares-58468/

7. https://www.renouvelle.be/fr/debats/lenergie-durable-se-developpera-sans-terres-rares

8. https://www.connaissancedesenergies.org/energies-renouvelables-lademe-fait-le-point-sur-les-besoins-de-terres-rares-191127

9. https://www.ademe.fr/sites/default/files/assets/documents/impacts-environnementaux-eolien-francais-2015.pdf

10. https://cordis.europa.eu/article/id/181113-new-materials-to-replace-rareearth-magnets/fr

11. https://www.statistiques.developpement-durable.gouv.fr/sites/default/files/2020

12. https://www.edf.fr/groupe-edf/espaces-dedies/l-energie-de-a-a-z/tout-sur-l-energie/l-electricite-au-quotidien/la-consommation-d-electricite-en-chiffres

13. https://www.vie-publique.fr/en-bref/281197-energies-renouvelables-2020-191-de-la-consommation-finale-denergie

14. https://presse.ademe.fr/2018/12/etude-quelle-trajectoire-devolution-du-mix-electrique-francais-dici-2060.html

15. https://assets.rte-france.com/prod/public/2021-01/Bilan%20Previsionnel%202050-consultation-complet.pdf

16. https://librairie.ademe.fr/cadic/1176/evolution-mix-electrique-horizon-2020-2060-010655.pdf?modal=false

17. https://habitat76.fr/les-chaufferies-bois-un-mode-de-chauffe-economique-et-ecologique/

18. https://www.quelleenergie.fr/magazine/gaz-naturel-renouvelable-france-2050

19. Voir Jean-Marc Jancovici, Cours à l'École des Mines, 2019.

20. https://www.choisir.com/energie/articles/104444/le-parc-eolien-en-france

21. https://www.projeteolien-plateauduvexin.fr/page/foire-aux-questions

22. https://www.strategie.gouv.fr/publications/maitriser-consommation-energetique-numerique-progres-technologique-ny-suffira

23. https://www.quelleenergie.fr/magazine/pompe-chaleur-efficace-zero

24. https://www.concertc.fr/system/files/concertation/GT%20Consommation%20-%20%20Industrie%20et%20secteur%20de%20l%27énergie.pdf

Le pic de la déforestation

1. https://news.all4trees.org/infographie-bilan-mondial-deforestation/

2. https://www.planetoscope.com/co2/1369-co2-capture-par-la-foret-d-amazonie.html

3. https://www.sciencesetavenir.fr/nature-environnement/plantes-et-vegetaux/les-forets-tropicales-risquent-bientot-d-emettre-plus-de-co2-qu-elles-n-en-captent-etude_142175 - 2020.

4. https://www.nationalgeographic.fr/environnement/victime-de-lhomme-la-foret-amazonienne-aggraverait-desormais-le-rechauffement

5. https://www.france24.com/fr/amériques/20201201-déforestation-en-amazonie-2020-la-pire-année-depuis-12-ans

6. https://www.globalforestwatch.org/blog/fr/data-and-research/donnees-mondiales-sur-la-perte-de-couvert-arbore-2020/

7. https://fr.wikipedia.org/wiki/Énergie_au_Brésil#Réserves_de_pétrole.

8. https://www.connaissancedesenergies.org/situation-energetique-du-bresil-190424

9. https://hal.archives-ouvertes.fr/hal-02004852/document

10. https://www.greenpeace.fr/biocarburants-lhuile-de-palme-dans-nos-moteurs-cauchemar-des-forets/

11. Nature Climate Change.

12. https://www.globalforestwatch.org/blog/fr/data-and-research/donnees-mondiales-sur-la-perte-de-couvert-arbore-2020/

13. https://www.globalforestwatch.org/blog/fr/data-and-research/donnees-mondiales-sur-la-perte-de-couvert-arbore-2020/

14. https://www.scidev.net/afrique-sub-saharienne/news/foret-congo-menace/

15. https://infocongo.org/fr/bassin-du-congo-la-perte-des-forets-primaires-saccelere-en-2020/

Le manque de matières premières et de batteries : la fin du numérique ?

1. https://fr.statista.com/statistiques/559045/ordinateurs-personnels-parc-mondial-de-pc/
2. https://www.clubic.com/pro/actualite-850479-smartphones-monde-repartition-inegale.html
3. https://www.clubic.com/photo/appareils-photo/actualite-869060-ventes-appareils-photo-atteignent-niveau-historiquement-bas.html
4. https://www.lopinion.fr/edition/wsj/en-2021-monde-comptera-1-milliard-cameras-surveillance-coin-rue-205359
5. https://eolienne.f4jr.org/energie_grise_d_une_eolienne
6. https://www.bfmtv.com/economie/entreprises/services/une-penurie-mondiale-de-fibre-optique-freine-le-deploiement-du-tres-haut-debit-en-france_AN-201806130203.html
7. http://www.mineralinfo.fr/sites/default/files/upload/documents/actu/ademe_epuisement-metaux-mineraux-201706-fiche-techniquev2.pdf
8. https://www.01net.com/actualites/dans-le-monde-seuls-17-percent-des-dechets-electroniques-sont-collectes-et-recycles-1965719.html
9. https://www.lepoint.fr/economie/la-course-des-fabricants-d-irm-pour-reduire-leur-dependance-a-l-helium-12-10-2018-2262434_28.php
10. https://www.notre-planete.info/actualites/4159-energies-renouvelables-batteries-terres-rares

Conclusion

1. https://www.unep.org/fr/resources/rapport/sixieme-rapport-devaluation-du-giec-changement-
2. https://resumegiec.wordpress.com/2021/08/11/rapport-du-giec-resume-pour-les-decideurs/
3. https://www.novethic.fr/actualite/environnement/climat/isr-rse/rapport-du-giec-s-adapter-au-changement-climatique-pourrait-etre-impossible-dans-certaines-regions-au-dela-de-2-c-de-rechauffement-150616.html

Annexe

1. https://www.libertyprim.com/fr/metiers/les-exportateurs-de-fruits-et-legumes.htm?id=7

2. *Ibid.*

3. Ministère de l'Agriculture, *in* : planfiliere_fruitslegumes_interfel_anifelt-2.pdf

4. https://www.insee.fr/fr/statistiques/3676833?sommaire=3696937

5. https://www.passioncereales.fr/dossier-thematique/la-filière-blé-farine-pain-biscuits-biscottes-en-chiffres

6. https://www.franceagrimer.fr/content/download/66409/document/FICHE%20FILIERE%20BLE%20TENDRE%202021.pdf

7. https://assets3.keepeek.com/permalinks/domain39/2013/06/04/927-B18-Des_chiffres_et_des_cereales__edition_2012-2013_-_page_a_page.pdf

8. https://www.franceagrimer.fr/fam/content/download/64687/document/NCO-VIA-Consommation%20de%20viandes%20en%20France-2019.pdf?version=1

9. https://agriculture.gouv.fr/plan-abattoirs-un-nouveau-plan-ambitieux-pour-des-resultats-concrets

10. Communiqué du ministre de l'Agriculture et de l'Alimentation, 2021.

11. https://inspection.canada.ca/sante-des-animaux/animaux-terrestres/biosecurite/normes-et-principes/transport/fra/1519235033628/1519235183948?chap=0#s4c1

12. https://www.ciwf.fr/nos-mobilisations/transports-danimaux/exportes-vers-ou/

13. https://www.franceagrimer.fr/filiere-lait/La-filiere-Lait

14. https://www.planetoscope.com/elevage-viande/651-production-de-lait-en-france.html

15. https://www.filiere-laitiere.fr/fr/chiffres-cles/filiere-laitiere-francaise-en-chiffres

16. https://agreste.agriculture.gouv.fr/agreste-web/download/publication/publie/Chd2107/cd%202021-7_SAA%202020%20Provisoire.pdf

17. https://www.terre-net.fr/actualite-agricole/economie-social/arti

cle/la-betterave-sucriere-une-racine-aux-multiples-debouches-202-172608.html

18. https://www.snfs.fr/site/index.php?option=com_content&view=article&id=7&Itemid=115.%20Page%20consult%E9e%20le

19. https://www.alcool-bioethanol.net/chiffres-cles/

20. http://www.fopoleopro.com/la-fop/nos-cultures/tournesol/

21. https://www.francebleu.fr/emissions/la-minute-conso/95-des-huiles-d-olive-consommees-en-france-sont-importees

22. Revue « 60 millions de consommateurs » *in* : https://www.francebleu.fr/emissions/la-minute-conso/95-des-huiles-d-olive-consommees-en-france-sont-importees

23. https://www.franceagrimer.fr/filieres-Vin-et-cidre/Cidre/La-filiere-en-bref/Production

24. https://www.planetoscope.com/boisson/954-.html

25. https://www.intervin.fr/etudes-et-economie-de-la-filiere/chiffres-cles

26. *Ibid.*

27. https://www.lespommesdeterre.com/chiffres-cles/

28. https://www.franceagrimer.fr/fam/content/download/63689/document/chiffres%20clés%20FL%202018.pdf?version=1

29. https://www.lespommesdeterre.com/chiffres-cles/

30. https://www.franceagrimer.fr/fam/content/download/63689/document/chiffres%20clés%20FL%202018.pdf?version=1 https://www.gnis-pedagogie.org/sujet/mais-importance-economique/

31. https://www.maizeurop.com/structure/agpm-mais-doux/chiffres/

32. https://www.passioncereales.fr/dossier-thematique/la-filière-mais-maiserie-et-mais-doux-en-chiffres

33. https://www.agro.basf.fr/fr/cultures/mais/basf_agro_et_la_filiere_mais/

34. https://www.la-viande.fr/animal-elevage/boeuf/alimentation-bovins

35. https://www.poulaillerdesign.com/content/12-comment-bien-nourrir-vos-poules-

36. https://www.selsdefrance.org/pour-aller-plus-loin/chiffres-cles-du-sel/

37. https://www.planetoscope.com/Autre/1447-la-production-de-sel-en-france.html
38. https://www.selsdefrance.org/pour-aller-plus-loin/chiffres-cles-du-sel/
39. https://www.europages.fr/entreprises/France/Fabricant%20Producteur/sel.html
40. https://www.salins-agri.com/le-role-du-sel-en-agriculture-et-limpact-des-carences
41. https://www.economie.gouv.fr/files/files/directions_services/cge/filieres-dechets-recyclage.pdf
42. https://www.consoglobe.com/papier-classique-vs-papier-recycle-4438-cg
43. http://www.lepapier.fr/bois_papier.htm
44. https://www.epsilon.insee.fr/jspui/bitstream/1/56729/1/SESSI_papier2008.pdf
45. https://www.entreprises.gouv.fr/files/files/directions_services/secteurs-professionnels/etudes/c32-cosmetique-entretien.pdf
46. https://www.europe1.fr/societe/environnement-sante-efficacite-les-produits-dentretien-naturels-ou-faits-maison-ont-ils-un-reel-interet-3640685
47. http://www.vegetal-e.com/fr/filiere-de-la-culture-du-chanvre-aux-utilisations_292.html
48. https://weedy.fr/la-culture-du-chanvre-en-france/
49. https://www.nuntisunya.com/chanvre-textile/
50. https://business.lesechos.fr/entrepreneurs/idees-de-business/0602322991943-made-in-france-ifa-se-lance-dans-le-textile-en-chanvre-333842.php
51. Les savoir-faire du chanvre textile. Document ministériel 2020 – pdf.
52. https://linetchanvrebio.org/index.php/le-chanvre-bio/
53. https://www.france-industrie.pro/industrie-textile-2/matieres-textiles/le-chanvre/

Table

Cet ouvrage a été mis en pages par

<pixellence>

Achevé d'imprimer en avril 2022
par Normandie Roto Impression s.a.s.
61250 Lonrai
N° d'impression : 2201475

N° d'édition : L.01ELKN000921.N001
Dépôt légal : mai 2022

Imprimé en France